천문학자의 관점에서 본
베들레헴의 별

천문학자의 관점에서 본

베들레헴의 별

전파과학사

차례

서문 / 7

1
마태의 별 / 13

2
하늘에 정말 별이 있었나? / 32

3
첫 크리스마스 / 53

4
핼리 혜성과 그 외의 후보들 / 91

5
유성과 유성우 / 131

6
베들레헴 초신성? / 159

7
동방박사 세 사람? / 192

8
삼중합 : 그것은 수수께끼를 푸는 열쇠인가? / 227

9
답이 한자(漢字)로 씌어있다? / 248

10
베들레헴의 별은 무엇이었나? / 277

끝맺는 말
베들레헴의 별은 실제 어느 별인가? / 298

부록
베들레헴에서 보이는 천구의 모습 / 307

연구를 위한 주석 … 319

옮긴이의 글 … 327

찾아보기 … 330

서문

　'베들레헴의 별'은 오랜 세월 동안 수수께끼였다. 크리스마스 무렵이 되면 베들레헴 별의 정체와 역사에 관심을 가진 전 세계의 과학자들이나 일반인들이 토론을 거듭한다. 베들레헴의 별은 크리스마스 카드 그림 중 가장 독특하기 때문에 수많은 사람들이 매년 베들레헴의 별을 떠올린다.

　이 수수께끼같이 하늘에 나타난 현상의 정체는 무엇일까? 우리가 알아낼 수는 있는걸까? 베들레헴의 별은 네 개의 복음서 중 단 한 군데에만, 그것도 짤막하게 언급되어 있다. 하지만 베들레헴의 별에 관한 수천 페이지에 달하는 책들이 발간되어 있다. 여기에는 갖가지 의견들이 제시되어 있다. 어떤 이는 베들레헴의 별이 실재했던 별은 아니며 예수 탄생의 중요함을 보여주기 위해 성경에 추가되었다고 한다. 또 어떤 이는 베들레헴의 별은 단순한 천체 현상일 뿐이라고 한다. 그런가 하면 많은 그리스도인들은 아기 예수의 신성함을 나타내기 위해 하나님이 베푼 하나의 기적이며 징표라고 믿고 있다. 이와 같이 이미 수십 가지의 이론과 수백 가지의 의견들이 존재하지만, 그 수는 매년 늘어나고 있다.

　　수많은 과학자들도 이 수수께끼에 매료되었다. 이들은 베들레헴의 별이 실제로 존재하는 천문현상일 거라는 생각 아래, 과학적인 방법으로 그 정체를 알아내기 위해 노력했다. 그 첫번째는 16세기 말에서 17세기 초까지 활동했던 저명한 천문학자 요하네스 케플러(Johannes Kepler)이다. 케플러는 장엄한 행성들의 합(conjunction)과 곧이어 터진 밝은 초신성을 목격한 뒤 베들레헴의 별에 관한 책을 저술했다. 하지만 케플러가 베들레헴 별의 정체를 연구한 최초의 과학자는 아니었다. 14세기 초엽 신학자들이 베들레헴 별의 정체에 관해 논쟁을 했다는 증거가 있고, 천 년쯤 전에 씌어진 기록에도 이미 베들레헴의 별이 등장하며, 그 중 일부는 미신적이기는 하나 그 별의 정체에 관해 언급하고 있다.

　　만일 성경의 기술(記述)을 그대로 받아들인다면 과학적인 설명은 불필요하며, 또 가능하지도 않다. 단지 기적 그 자체로 받아들이기 때문이다. 하지만 베들레헴의 별에 대해 언급한 성경의 구절들 뒤에는 수많은 우여곡절과 재미있는 이야기들이 숨어 있다. 우리는 오랜 세월 뒤에 쓰여진 기록들과 그들이 설명하고 이야기하는 현상을 풀어내야 한다. 예수 탄생 이야기는 입에서 입으로 꾸준히 전해져 오다가 약 1세기 말이 지난 뒤에야 글로 쓰여졌다. 오랜 세월 유지된 구전 전승의 전통이 있기는 하지만, 베들레헴의 별에 관한 이야기 중 약간 혹은 상당한 부분은 구전되는 과정에 바뀌었을 수도 있다. 하지만 얼마나 바뀌었는지, 또 어떻게 바뀌었는지를 우리는 아마 영원히 알아내지 못할 수도 있다! 복음서를 보건대 저자들이 그 글을 읽게 될 독자의 수준에 맞추어 문체를 사용했다는 것은 확실하다.

　　많은 사람들은 베들레헴의 별이 우리가 자연에서 보는

일상적인 수수께끼와 같아, 조사하고 추리하고 가설을 세우고 결론을 내리는 등의, 과학자들이 자연의 다른 수수께끼들을 알아내려고 할 때 사용하는 방법으로 접근하면 해결된다고 생각한다. 또 어떤 사람들은 이런 식으로 베들레헴의 별을 설명하려고 시도하는 것 자체가 베들레헴 별의 중요성을 떨어뜨리는 행위이고, 따라서 신에 대한 모독이라고 생각한다. 그리고 베들레헴의 별은 존재하지 않았으며, 따라서 베들레헴의 별에 대한 일체의 논의는 시간과 에너지의 낭비라고 생각하는 사람들도 있다.

베들레헴의 별은 모든 천문학적인 수수께끼 중 가장 난해한 것인지도 모른다. 베들레헴의 별은 확실히 가장 오랫동안 풀기 어려운 문제 중 하나였다. 사람들이 베들레헴의 별을 두고 과학적인 분석이 무의미한 기적이라고 생각하든, 단순한 망상이라고 생각하든, 다른 자연현상처럼 설명될 수 있는 천체현상이라고 생각하든 흥미로운 이야기인 것은 틀림없다. 아마도 우리는 베들레헴의 별이 정말로 무엇인지 영원히 알아낼 수 없을지도 모른다. 2천 년이 지난 지금 그에 대한 기록들은 너무 낡았고 불완전하며 부수적이다. 따라서 올바르게 읽거나 옳은 결론을 이끌어내지 못할 수도 있다.

이 책에서 나는 과학적인 증거들과 그 주변 상황들을 조사해보고 '불가능' 속에서 '가능'을 찾아보려고 한다. 때때로 우리는 어떤 특정한 이론이 오류나 오해에 근거하고 있다거나, 또는 이론이 가능하기는 한데 실현되기는 어려운 경우를 보게 된다. 나는 베들레헴 별의 정체에 관해 오랫동안 관심을 가져왔다. 그런데 나는 천문학자이다. 그러므로 이 책은 한 천문학자의 탐구과정을 담은 기록이라 할 수 있다. 하지만 이 책이 좀더 진실에 접근하기 위해서는 성경의 역사, 오래 전에 사라진 문명들의 역사, 종교적이고 천문학적인 실험 등등의 설명을 포함해야 할 것이다. 이런 문제에 접근하는 데에 천문학자가 가장 적합한 사람이 아닐 수도 있다. 특히 해당 분야의 최고 전문가들조차도 근본적인 차이를 크게 보이거나, 일치된 의견을 갖고 있어도 미묘한 단서에서 비롯된 통찰력과 복잡한 해석을 기반으로 하는 경우라면 더욱 그렇다. 이런 경우에는 권위 있고 믿을 만한 자료나 해당 분야 전문가의 도움을 구해야 할 것이다.

우리의 탐구과정에는 여러 시대와 수많은 문화권에서 나온 증거들을 점검하는 일이 포함돼야 할 것이다. 우리는 아랍어, 그리스어, 한자(漢字)로 쓰여진 글들을 분석하고, 행성과 별들의 기록들을 조사해야 할 것이다. 이 여행에서 우리는 식(食), 혜성(彗星), 신성(新星) 같은 현상들을 보게 될 것이다. 때로 우리는 단어 하나, 심지어 글자 하나 때문에 잘못된 방향으로 나아가거나 잘못된 대상을 따라갈 수도 있다. 하지만 이 여행은 값진 보람이 있을 것이다. 베들레헴 별의 수수께끼가 올바른 과학과 논리, 그리고 훈련된 추론에 의해 해결될 수 있는 성질의 것이라면, 우리는 그 정체를 이해하기 위한 가장 가까운 선까지 접근해야 한다.

수년 동안 나는 이 책에 담긴 내용을 여러 강연회와 기고문에 발표했다. 따라서 특별한 변화 없이 어느 정도만 고치고 개선해서 이 책을 내게 되었다. 베들레헴의 별이 천문학적으로 아주 쉽게 설명될 수 있다는 이 책의 결론 때문에 상처받는 사람은 없는 것 같다(딱 한 사람이 있기는 있었다). 하긴 상처받을 이유가 뭐 있을까? 과학적인 설명을 하고 싶어하는 사람이라면 그렇게 할 수 있을 것이고, 기적으로 설명하고 싶어하는 사람이라면 별이 존재했었다는 사실과 신약성경에 기록된 많은 사건들이 이를 증거하고 있다는 사실에 만족할 것이다. 또 1회적이면서(누군가는 이것마저도 기적이라고 일컬을 것이다) 여러 사건들이 복합적으로 일어나기만 한다면 그 수수께끼를 설명할 수 있을 것이다.

한두 가지 이유 때문에 이러한 이론이 논쟁의 여지가 있다거나 받아들일 수 없다고 생각할 수도 있다. 하지만 사실을 정립하기 어렵고, 많은 부분이 의견에 의해 좌우되는 경우라면 여러 가지의 의견들을 신중하게 살펴봐야 할 필요가 있다. 최근에 우연하게도 나는 베들레헴의 별을 다른 방법으로 설명하는 전문가 한 사람을 만난 적이 있다. 우리는 커피를 마시면서 오랜 시간 두 이론의 장단점들을 이야기했고, 서로 상대방의 결론에 동의하지 않기로 했다. 모든 과학적인 논쟁이 우리처럼 협조적이면 좋을텐데!

당신이 어떤 의견을 가지고 있든지, 그리고 당신이 이 책에 쓰여진 내용들이 타당하다고 생각하든 아니하든, 나는 당신이 모든 탐정소설보다 더욱 흥미로운 이 책을 읽어주기를 바란다.

1999년 3월
스페인의 떼네리페, 라 라구나에서

마태의 별

AD 85년부터 95년 사이 팔레스타인 지방에서 한 노인이 오래 전에 일어났던 사건들을 기록하고 있었다. 그는 이교도 로마제국의 변방 식민지였던 이 땅에서, 젊었을 때 세금 징수 원으로 일했던 자신의 경험들을 회상하며 글을 썼다. 그런데 노인은 자신에 대해서는 별로 적지 않고, 세 세대쯤 전에 그 땅을 주름잡았던 사람의 행적을 주로 기록했다. 노인의 이름은 마태(Matthew)였다. 마태는 갈보리(Calvary) 언덕에서 처참하게 처형된 젊은 나사렛(Nazareth) 예수에 대해 적고 있었다. 예수가 처형될 당시 그 언덕은 골고다(Golgotha) 또는 간단히 '해골의 장소'라고 불렸다.

마태가 지금 기록하고 있는 것은 이야기의 마지막이 될 십자가 처형의 날에 훨씬 못 미친 부분이었다. 또한 마태 자신이 등장하는 이야기도 아직 적지 못했다 :

예수께서 거기서 떠나 지나가시다가 마태라 하는 사람이 세관 에 앉은 것을 보시고 이르시되 나를 좇으라 하시니 일어나 좇으

니라. (마태복음 9장 9절)

마태는 예수의 탄생 직후를 기술하려고 애썼다. 이것이 바로 그리스도교의 시작이며, 2천 년이 지난 오늘도 읽혀지고 있는 부분이다. 마태의 글은 간결한 이야기체로 되어 있고, 특히 정적(情的)인 부분을 잘 묘사한 위대한 생애의 기록이다. 마태의 글에는 장소에 대한 서술은 거의 없고, 대신 단 하나의 천문 현상이 나온다. 그런데 이 천문현상은 오늘날 우리가 「사(四)복음서」라고 부르는, 예수의 생애를 기록한 책들 중 「마태복음」을 제외한 다른 3권의 책에는 등장하지 않는다.

　「마태복음」 2장 1~2절을 보면 다음과 같이 기록되어 있다.

　¹ 헤롯 왕 때에 예수께서 유대 베들레헴에서 나시매 동방(東方)으로부터 박사(博士)들이 예루살렘에 이르러 말하되
　² 유대인의 왕으로 나신 이가 어디 계시뇨 우리가 동방에서¹ 그의 별을 보고 그에게 경배하러 왔노라 하니

또 「마태복음」 2장 7~11절에는 다음과 같은 기록이 있다.

　⁷ 이에 헤롯이 가만히 박사들을 불러 별이 나타난 때를 자세히 묻고
　⁸ 베들레헴으로 보내며 이르되 가서 아기에 대하여 자세히 알아보고 찾거든 내게 고하여 나도 가서 그에게 경배하게 하라.
　⁹ 박사들이 왕의 말을 듣고 갈새 동방에서 보던 그 별이 문득 앞서 인도하여 가다가 아기 있는 곳 위에 머물러 섰는지라.
　¹⁰ 저희가 별을 보고 가장 크게 기뻐하고 기뻐하더라.

¹¹ 집에 들어가 아기²와 그 모친 마리아의 함께 있는 것을 보고 엎드려 아기께 경배하고 보배합을 열어 황금과 유향과 몰약을 예물로 드리니라.

마태복음은 한 노인의 기억만을 기초로 해서 쓰여진 것 같지는 않다. 실제로 세금 징수원이었다가 예수의 제자가 된 마태가 마태복음을 기록했는지의 여부가 확실하지는 않다. 하지만 마태복음 중 상당 부분은 마태가 아니었다면 기록될 수가 없었을 것이다. 또한 일부는 기록을 바탕으로, 일부는 초기 그리스도교 구전을 바탕으로 이루어졌다.

다른 세 복음서에 기록되어 있지 않은 놀라운 한 가지 사실은 예수의 탄생을 알리는 이 별을 마태가 비중있게 다루고 있다는 점이다. 사실 베들레헴의 별은 마가·누가·요한복음에는 언급조차 안 되었다. 반면에 베들레헴의 별에 대한 마태(혹은 마태복음의 저자)의 설명은 결코 짧지 않으며, 그 별이 '아기 예수가 있던 장소'로 떠올라서 질 때까지를 모두 묘사하고 있다.

이것은 아주 중요하면서도 동시에 혼동스러운 점이다. 베들레헴의 별이 예수의 탄생에 있어 그토록 중요한 사건이었다면 왜 다른 복음서들은 전혀 언급하지 않았을까? 어쩌면 다른 복음서들은 다른 사람이 기록했거나, 마태복음과는 다른 독자를 상대로 했기 때문이라는 것이 이유일 수도 있다. 우리에게 잘 알려져 있는 마태·마가·누가·요한복음 외에, 신약성경에 정경(正經)으로는 포함되어있지 않지만, 외경(外經)이라는 것이 있다. 아직 발견되지 않은 또 다른 기록들이 있을 수도 있고, 구전에 의한 전승(傳承)도 있을 수 있다. 요컨대 초기의 여러 그리스도교 종파들은 예수에 관한 다양한 내용의 이야기들을 보유하고 있었을 것이다.

마태복음에 기록된 베들레헴의 별 이야기를 올바르게 해석하려면 마태복음의 이야기체를 좀더 자세히 살펴봐야 할 것이다. 마태가 복음서를 기록하면서 어떤 내용에 얼마만큼의 중요성을 두었는지를 이해한다면, 그가 베들레헴의 별에 얼마만큼의 중요성을 두었는지 좀더 정확하게 알 수 있을 것이다.

신약성경의 네 복음서를 모두 읽은 사람이라면 쉽게 한 가지 사실을 깨달을 수 있을 것이다. 즉, 「요한복음」이 나머지 세 복음서와는 다르다는 것이다. 분명히 「요한복음」은 보다 신학적이고 영적이며, '전기'라기보다는 신비적인 기록에 가깝다. 실제로 이 네 번째 복음서는 다른 복음서와 달리 너무나 특이하다. 2세기 리옹(Lyons)의 감독이었고, 이론(異論)의 여지는 있지만 교회사적(敎會史的)으로 최초의 위대한 신학자로 받아들여지고 있는 이레니어스(Irenaeus)에 의해 요한복음의 저자는 요한(John)이라고 알려졌다. 그 이후 요한복음은 가장 나중에 신약성경의 정경(正經)에 포함되었다. 요한복음에서 우리는 공적(公的)인 사역(使役)의 시작을 알리는 사건인 요단강에서 세례를 받는 예수에 관한 기록을 읽을 수 있다. 하지만 요한복음은 예수의 유아기에 관해서는 전혀 기록하지 않고 있다. 마구간도 목자(牧者)도 '별'도 등장하지 않는다.

대략적으로 말하자면 요한복음 외의 다른 세 복음서는 예수의 생애에 관해 비슷한 기록들을 담고 있다. 그래서 이 세 복음서를 플라톤(Plato)은 자신의 책 『법률(Laws)』과 『공화국(Republic)』에서 처음 사용한, '전체를 볼 수 있게 한다'는 의미인 그리스어('개관'을 의미하는 'synopsis'와 같은 어원)를 따라 '공관복음(共觀福音)'이라고 한다. 마태 · 마가 · 누가복음의 상호 의존성의 정도와 이들의 기술(記述) 순서 때문에 '공관복음서 문제(synoptic problem)'가 생겨났다. 학자들은 이 문제를 해결하기 위해 문헌비평학이나 조직분석 등의 방법을 사용했다. 그 결과가 우리에게는 좋은 참고가 되면서 또한 왜 마태의 글에만 베들레헴의 별이 언급되어 있었는지에 대한 힌트를 준다.

학자들은 이 연구를 시작할 때 공관복음에 기록되어 있는 사건들을 약자로 모두 기록해 놓았다. 그렇게 하면 두 가지 사실이 쉽게 드러난다. 첫째는 동일한 사건이 세 복음서에 기록되어 있더라도 순서까지 똑같지 않다는 점이다. 예를 들어, 마가복음과 마태복음에서는 몇 가지 사건들의 순서가 같은데, 누가복음에서는 다르거나, 또는 마가복음과 누가복음에서는 순서가 같은데 마태복음에서는 다른 경우들이 있다. 하지만 셜록 홈즈 소설에서의 짖지 않는 개처럼, 마태복음과 누가복음에서는 일치하고 마가복음에서만 다른 경우는 전혀 없다. 둘째로 공관복음의 특별한 사건들에 대한 표현을 세심히 살펴보면, 마태복음과 누가복음의 표현들은 일치하는데 마가복음만이 다른 경우를 볼 수 있다.

이러한 두 가지 사실에서 생각할 수 있는 것은 마태와 누가(Luke) 모두 마가복음의 내용을 알고 있었고, 어느 정도는 그것을 자신들의 기록에 인용했다는 점이다. 다시 말하면, 마가복음이 가장 먼저 기록되었다는 것이다. 이런 사실을 뒷받침하는 다른 간접 증거도 있다. 예를 들어, 마가복음에는 당시에 '공격적'이라고 받아들여졌을 만한 문구들이 있는데, 다른 두 복음서에는 이들이 부드럽게 표현되거나 생략되었다. 또한 마가복음에는 아람어 단어들도 등장하며, 마태복음이나 누가복음보다 덜 세련된 문체로 쓰여졌다. 그런데, 마가복음이 가장 먼저 쓰여진 복음서라 하더라도 과연 누가, 언제 기록했을까?

마가복음에는 누가 저자인지를 알려주는 글귀가 없다. 마가복음의 그리스어본을 보면 라틴어에서 온 단어가 꽤 보이는데, 이를 보면 저자는 로마에 살았을 거라고 추측해 볼 수 있다. AD 130년에서 140년까지 그리스 히에로폴리스(Hieropolis)의 감독이었던 파피아스(Papias)는 2세기 초에 다음과 같은 말을 했다고 한다.

베드로(Peter)의 통역자였던 마가(Mark)는 자신이 기억하는 한 자세하게, 주께서 말씀하시고 행하셨던 일들을 기록했다. 하지만 원래의 순서대로는 아니었다. 왜냐하면 그는 주님이 말씀하시는 것을 들어보지도 못했고 주님의 제자도 아니었기 때문이다. 그렇지만 내가 전에 말한 것처럼, 마가는 후에 베드로의 제자가 되었고, 베드로가 그에게 그때그때의 상황에 필요한 교훈을 주었기 때문에 주님의 말씀이 원래의 순서와는 다르게 된 것이다. 그러므로 단순히 자신의 기억을 따라 기록을 남겼다고 해서 마가에게 잘못이 있다고는 할 수 없다. 마가는 나름대로 자기가 들은 것들을 빠뜨리지 않고, 들은 그대로 기록하려고 애썼기 때문이다.

유세비우스(Eusebius)의 『초대교회사(初代敎會史, History of the early Church)』에 실려 있는 이 글은 마가복음의 저자가, 베드로전서에 언급된, 이름이 요한이고 성이 마가인 사람이라고 밝히고 있다. 요한복음의 저자가 요한이 확실하다고 주장한 이레니어스는 『이단에 대항하여(Against Heresies)』라는 책에서 "베드로와 바울(Paul)이 떠난 뒤에 베드로의 제자이며 통역자였던 마가가 글을 통하여 베드로의 가르침을 우리에게 전해 주었다"라고 기록하고 있다. 초대교회가 마가를 마가복음의 저자라고 생각했고, 다른 복음서에서보다 마가복음에서 베드로가 더욱 비중있게 등장한다는 사실에도 불구하고, 현대의 학자들 모두 마가가 저자라고 확신하지는 않는다. 전통적으로 마가복음은 베드로가 순교한 직후인 AD 64년에서 67년 즈음에 로마에서 쓰여졌다고 본다. 많은 학자들은 마가복음 13장이 예루살렘 성전(聖殿)의 파괴를 예언한 것이라고 생각한다. 성경 외의 다른 자료에 의하면 로마는 AD 70년에 예루살렘을 점령했고, 성전을 파괴했다고 알려져 있는데, 만약 마가복음 13장이 역사적인 사건을 기록한 것이 아니고 예언을 기록한 것이라는 위의 해석이 옳다면, 이는 마가복음이 AD 70년 이전에 쓰여졌음을 의미한다. 반면에 일부 학자들은 마가복음 13장이 성전이 파괴된 후에 쓰여졌으며, 따라서 쓰여진 시기는 대략 AD 70년보다 약간 후가 될 것이라고 주장하기도 한다.

마태복음과 누가복음에는 또 다른 문제들이 담겨 있다. 마가복음에 실린 약 80%의 내용이 마태복음에 중복해서 실려 있으며, 약 65%가 누가복음에도 실려 있다. 하지만 마태복음과 누가복음에서 마가복음에 있는 내용을 다 빼더라도, 여전히 마태복음과 누가복음에는 공통된 점들이 많다. 두 복음서의 꽤 많은 부분이 예수님의 말씀과 가르침을 담고 있어, 학자들은 두 복음서가 마가복음 외에 또 다른 이야기를 참고했을 거라고 추측한다. 그것은 현재 존재하지 않는 글로 씌어진 문서일 수도 있고, 다른 구전일 수도 있다. 이를 일컬어 '자료(source)'를 의미하는 독일 말 'Quelle(크벨레)'의 첫글자를 따서 'Q' 자료라고 한다. 흥미롭게도 예수님의 탄생이나 유아기의 이야기는 마가복음이나 누가복음에만 등장함에도 불구하고, 전문가들이 추측으로 구성한 Q자료의 '차례'에는 예수의 탄생 이야기가 포함되어 있지 않다.

누가복음과 신약성경의 또 다른 책 사도행전은 전통적으로 사도 바울의 동역자였으며 골로새서에 의사로 소개된 사람이 쓴 것으로 알려져 있다. 누가복음과 사도행전에 1세기 때 사용되던 전문 의학용어가 등장한다는 사실은 19세기에 이미 소개되었다. 하지만 현대의 학자들은 누가가 이 두 책을 썼다는 사실을 의심한다. 예를 들어, 저자인 의사는 여러 부분에서 바울과 갈등을 일으키고 있고, 바울이 사도행전에서 사용한 신학적인 표현들이 그의 서신 속에서 사용된 표현들과는 차이를 보이고 있다. 이러한 차이들로 보건대 저자가 바울의 가까운 동역자 중 하나였다라고 보기는 어렵다. 게다가 누가복음과 사도행전은 유대인 역사가 요세푸스(Jusephus ; 대략 AD 37~100년)의 책에 기록된 유대 전쟁 중 마사다(Masada)에서 있었던 열심당의 '최후의 항전'과 함께 주요한 사건으로 평가되는, 로마에 의한 성전의 파괴 후에 쓰여진 것으로 알려져 있다. 마지막으로 저자는, 좀더 시간이 지난 후 그리스도인들 사이에서 생겨난 '교회'와 '신학'의 개념을 정확하게 파악하고 있었다. 따라서 성경 역사가들은 AD 85년 경 마가복음이 쓰여지고 나서 10~20년 후에 누가복음이 씌어졌다고 생각한다.

그렇다면 마태복음에 대해서도 살펴볼 필요가 있다. 50~80년쯤 지난 뒤 마태복음의 저자에 대해 처음으로 이야기한 사람은 앞서 이야기했던 감독 파피아스였다. 그는 다음과 같은 말을 남겼다.

"마태는 주께서 하신 말씀을 히브리어로 기록했고, 사람들은 그걸 번역하려고 최대한 노력했다."

파피아스의 이같은 의견을 들었을 것으로 보이는 이레니어스는 "마태는 히브리인들을 위해 그들의 언어로 복음서를 썼다"라고 말한다. 파피아스와 이레니어스가 '히브리어'라고 말할 때는 아마도 아람어를 의미했을 것이다. 이 아람어는 바빌론에서 사용되다가 히브리인들이 바빌론에서의 포로생활을 끝내고 팔레스타인으로 돌아오면서 계속 사용한 언어이다. 그런데 현대의 학자들은 파피아스나 이레니어스와는 반대의견이다. 마태복음은 분명히 설교나 말씀을 모아놓은 책이 아니며, 그리스어로 된 책을 보면 번역된 글로 보기 어려울 만큼 아름답기 때문이라고 그 반대의 이유를 든다. 사실 파피아스의 평은 마태복음보다는 오히려 Q자료에 대한 것이라고 볼 수 있다.

마태복음을 보면 성전은 이미 파괴된 것으로 여기고 있다. 또한 안디옥(Antioch)의 이그나시우스(Ignatius)는 2세기 초에 서머나 사람들(Smyrnans)과 폴리캅(Polycarp)에게 보내려고 쓴 편지에서 마태복음을 인용한 것으로 보인다. 그러므로 마태복음은 AD 90년 즈음에 쓰여졌으리라 결론지을 수 있다.

그런데 복음서가 이 즈음에 쓰여졌다고 해도, 처음으로 사용된 성경 사본은 한참 후에야 등장했다. 가장 오래되고 완벽한 성경은 AD 4세기에 등장한 바티칸 사본(Codex Vaticanus ; 바티칸에 보관)과 시내산 사본(Codex Sinaitacus ; 대영박물관에 보관)의 두 권이다. 하지만 그보다 훨씬 더 오래된 일부 성경 사본도 아직 남아 있다. 신약성경 사본 중 가장 오래된 것은 마태복음 사본인데, AD 200년 경의 것으로서 마태복음 원본이 쓰여진 때로부터 1세기쯤 지난 후에 만들어졌다. 이 사본은 현재 옥스퍼드 대학교의 막달라 대학(Magdalen College)에 보관되어 있다. 따라서 현존하는 가장 오래된 성경 본문도 아마 사본의 사본일 가능성이 높다.

만약 현대 성경학자들의 생각이 옳다면 베들레헴의 별이 마태복음에만 등장하는 것이 그리 이상할 게 없다. 예수님께서 돌아가신 뒤 그 제자들은 로마제국 전체로 퍼져서 설교와 가르침을 전했다. 제자들은 예수께서 어떤 일을 행하셨는지를 설명하고, 어떤 말씀을 하셨는지를 자기들이 기억하는 한 최선을 다해 재기술(再記述)했을 것이다. 초기 사도들이 죽고, (초기 그리스도교 공동체가 스스로 그 중 한 구성체라고 생각했던) 유대인의 영적·문화적 중심이 무너지면서 예수님에 관한 사건들과 행적들, 그리고 말씀들에 대해 글로 된 기록을 남길 필요가 생겼고, 결국은 복음서가 탄생하게 된 것이다. 복음서들이 독특한 문체로 쓰여지기는 했지만, 여러 가지 점에서 보아 복음서들이 '독창적인(original)' 글들은 아니다. 복음서들은 오랜 동안 전해져 내려온 갖가지 구전들에서 선택되고 편집되고 요약된 글이다.

앞에서도 말한 것처럼 예수님의 탄생을 묘사한 두 개의 복음서는 누가복음과 마태복음이다. 하지만 두 책의 내용이 똑같지는 않다. 누가복음은 신앙을 바탕으로 한 책이면서도 꽤나 역사성이 짙게 씌어졌다. 누가는 예수님이 말씀하신 구원은 사회적 신분에 관계없이 누구에게나 해당되는 것이라고 생각했다. 누가복음은 예수님의 생애에 있어 여인들의 역할을 아주 중요하게 묘사하고 있다. 아마 그런 이유로 마리아가 심대한 역할을 하는 예수 탄생 이야기가 이 책에 자세히 등장하는 것이라고 본다.

예수 탄생 이야기에 얽힌 가장 중요한 일화들은 누가복음에만 나온다. 마태복음은 축약된 형태로 쓰여진 반면에, 누가복음은 아주 자세한 설명을 해주고 있는데, 아우구스투스 황제(가이사 아구스도 : Caesar Augustus)의 영(令)에 의한 호적(戶籍), 마리아와 요셉의 베들레헴까지의 여정(둘 다 누가복음 2 : 4에 언급되어 있다), 예수님의 탄생 자체에 대한 간략한 설명 등이 그것이다. 또한 누가는 천사가 목자(牧者)들에게 나타난 일이나, 그 즉시 목자들이 아기 예수를 찾아가 경배한 일을 자세히 설명하고 있다. 하지만 누가복음 어디에도 동방박사나 베들레헴의 별에 관한 설명은 나타나 있지 않다.

만일 실제적인 사건들만 다루고자 한다면, 마태복음과 누가복음에 예수의 탄생에 관한 공통적인 기사가 별로 없다는 것이 문제가 될 수도 있다. 예를 들어, 마태복음에는 동방박사들의 방문이 나오지만 누가복음에는 목자들의 방문만 등장한다. 전통적인 크리스마스 카드나 연극의 내용과 달리, 보통은 이 두 사건이 비슷한 시기에 일어난 것이 아니라고 생각한다. 일부 전문가들은 목자들의 방문은 예수의 탄생 직후인 반면, 동방박사들의 방문은 태어난 뒤 몇 주, 몇 달 어쩌면 일 년 후의 일이라고 주장한다. 논쟁의 핵심은 헤롯(Herod)이 동방박사들과 예수에 관해 이야기할 때 사용한 그리스어 단어이다. 즉, 이 단어를 '갓 태어난 아기(infant)'로 번역할 것이냐, '걸을 수 있는 정도의 아이(toddler)'로 볼 것이냐가 관건이 된다. 걸을 수 있는 정도의 아이로 본다면, 누가복음에 나오는 이야기들은 모두 예수 탄생 즈음의 일만을 다룬 셈이고, 마태복음은 자세하지는 않지만 보다 넓은 시간 범위를 다루고 있다는 생각이 든다. 하지만 누가복음에 베들레헴의 별에 관한 왜 언급이 전혀 없는지는 이해하기 힘들다. 예수 탄생 이야기 중 베들레헴의 별이 차지하는 중요한 시점은 동방박사들이 아기 예수를 찾으러 예루살렘에 도착한 이후일 수도 있다. 만약 그렇다면, 베들레헴의 별이 밝거나 여러 지방에서 관측될 수 없는, 다시 말해 잘 알려진 현상이 아니라는 주장이 강하게 대두될 수 있다.

　　마태복음의 성격을 좀더 살펴보자. 마태는 유대인 출신의 그리스도인으로 보인다. 다시 말하자면 마태는 그리스도교를, 유대교를 대신할 새로운 종교로 보았으며, 상충되는 것으로는 보지 않았다는 의미이다. 따라서 마태의 글은 유대교의 경전 내용을 포함하고 있으며, 토라(Torah)의 글도 많이 인용하고 있다. 마태복음 전체에 걸쳐서 예수님의 생애에 일어난 많은 사건들이,

　　이는 …… 함을 이루려 하심이니라.

와 같이 유대교 예언자들이 말한 예언의 완성을 암시하고 있다. 예를 들어 마태복음에는 감정적으로 불안정한 헤롯왕에 의해 자행된 유아 학살을 피해 베들레헴에서 이집트로 이주해 간 마리아와 요셉, 그리고 아기 예수 가족의 이야기가 등장한다. 그렇지만 마태이든 누구든, 유대교와 그리스도교를 연결하는 일관적인 신앙과 설명을 시도했던 마태복음의 저자는 또 다른 예언을 강조할 수 있는 한 가지 기회를 놓치고 있는데, 그것은 바로 '베들레헴의 별'이다. 예수님이 태어나시기 수백 년 전 점술가 발람(Balaam)이 한 이 예언을 유대교 경전에 박식한 마태가 모를 리가 없었다. 발람의 예언은 민수

기 24장 17절에 쓰여 있다.

> 나는 한 모습을 본다. 그러나 당장 나타날 모습은 아니다. 나
> 는 그 모습을 환히 본다. 그러나 가까이에 있는 모습은 아니다.
> 한 별이 야곱에게서 나올 것이다. 한 홀(笏, scepter)이 이스라엘
> 에서 일어설 것이다. 그가 모압(Moab)의 이마를 칠 것이다. 셋
> 자손의 영토를 칠 것이다. (표준 새번역)

이 예언은 하나님의 기름부음을 받은 자, 즉 메시야가 탄생할
때 한 별이 나타날 것을 암시했다고 해석되어 왔다. 이 부분
은 발람이 여리고를 마주보는 요단강 지역인 모압의 왕 발락
(Balaq)과 헤어지기 전에 말했던 일곱 가지의 예언 가운데 마
지막에 속한다. 발락은 이스라엘인이 대거 자신의 영토인 모
압 안에 정착하자 발람을 부르고자 사자(使者)를 보낸다. 모
세의 군대가 최근 서쪽 아모리족의 왕 시혼(Sihon)과 북쪽 바
산족의 왕 옥(Og)을 물리쳤기 때문에 이런 상황은 모압 왕
발락에게는 위협적인 것이었다. 점술가 발람이 이스라엘의 신
야훼를 믿는 것을 알고 발락 왕은 발람이 '이스라엘은 저주를
받았고, 모압 땅으로 들어가면 재앙을 받을 것이다'라고 예언
해 주기만 한다면, 이스라엘이 자신의 모압 땅을 공격하는 것
을 막을 수 있다고 생각한 것이다.

썩 내키지 않는 길이었으나 발람은 모압까지 가기로 동
의하고, 모압 땅에서 제단을 만든 뒤 송아지와 양으로 희생제
사를 드린다. 발락은 발람이 이스라엘을 저주하기만 한다면
많은 재물을 주겠다고 약속한다. 하지만 발람이 예언한 것은
모압 거주민들 뿐 아니라, 가나안 땅에 살고 있는 또 다른 사
람들까지의 종말이었다. 또 다른 역사적 문헌을 보면, 발락

왕은 비보를 듣자, 분노하며 발람을 모압 땅으로부터 추방했다.

발람의 이 특별한 예언은 마태복음 전체에 걸쳐 연속성을 갖는 한 고리 역할을 한다. 발람은 "한 별이 야곱에게서 나올 것이다"라고 예언했다. 다윗 가문은 야곱으로부터 기원하며, 메시야는 바로 그 다윗 가문에서 나올 것이었다.

발람의 예언이 언제 쓰여졌는지는 명확하지 않다. 모세오경(창세기, 출애굽기, 레위기, 민수기, 신명기)을 이루는 구약성경의 다섯 책은 BC 5세기 경쯤에 지금과 같은 형태로 모아졌다. 민수기에는 가장 나중의 문서들과 함께 오래된 문서들도 일부 포함되어 있다. 어떤 학자는 민수기의 저자가 가장 나중의 글을 여기에 포함한 것은 BC 6세기라고 주장한다. 하지만 모세오경의 마지막(즉 민수기 다음의) 책인 신명기가 쓰여진 것은 BC 8세기로 거슬러 올라간다.

유대인은 전통적으로 발람의 예언을 다른 시각에서 바라본다. 유대인들이 한 번역에서도 위에 기술한 문구는 본질적으로 똑같지만 몇 가지 중대한 차이가 있다.

나는 한 모습을 본다. 그러나 당장 나타날 모습은 아니다. 나는 그 모습을 환히 본다. 그러나 가까이에 있는 모습은 아니다. 야곱에게서 별 하나가 나올 것이다. 한 홀이 이스라엘에서 일어설 것이다. 그가 모압의 머리를 칠 것이다. 셋 자손을 칠 것이다.

영국의 대(大) 랍비 고(故) 요셉 헤르츠(Joseph Hertz)는 이 글이 메시야보다는 모압을 처음 정복했던 다윗(David)왕을 가리킨다고 해석했다. 나중에 이 동일한 글은 로마의 아드리안(Hadrian) 황제에 대항해서 마지막 독립전쟁을 치른 유대인지도자 바아 코제바(Bar Cozeba)를 의미한다고 생각되었다. 바아 코제바의 이름은 전쟁이 끝난 뒤 바아 코체바(Bar Cocheba)로 바뀌어졌는데, 이것은 '별의 아들'을 의미한다. 홀(笏)은 지휘봉을 잡은 이, 즉 통치자나 군주를 가리키는 뜻으로 여겨진다.

마태복음 2장에서 '별'을 이야기할 때 "예언을 이루려 하심이니라"는 문구가 없다는 것은 중요한 의미를 함축하는지도 모른다. 만약 마태가 발람의 예언을 메시야가 태어날 때 별이 나타난다는 의미의 예언으로 받아들이지 않는다면, 마태복음에 '별'이 등장한다는 사실은 더욱 중요해진다. 그렇다면 그것은 성경적인 이유 외의 다른 이유까지 포함한다는 것일 것이다. 앞으로 보겠지만, 그 이유는 다름 아닌 점성술 때문이라고 생각한다. 하지만 예수님이 태어나실 즈음 하늘에 실제로 뭔가 이상한 것이 나타났고, 이 사건이 구전 속에 포함되었기 때문에 마태도 그의 복음서에 이를 기록했을 수도 있다.

여기서 우리는 신약성경에 베들레헴의 별 이야기가 포함된 것은 발람의 예언을 확실히 보여 줌으로써 예수 탄생의 중요성을 더욱 부각시키려던 저자의 결심이 있었다고 주장하는 이들을 기억해야겠다. 특히 다른 복음서들이 베들레헴의 별을 언급하지 않고 있기 때문에 이러한 관점은 심각하게 고려할 필요가 있다. 하지만 현존하는 문서 중 마태복음만이 유일하게 베들레헴의 별을 언급한 것은 아니다. 마태복음보다 훨씬 덜 알려져 있기는 하지만 최소한 두 개의 고(古)문서가 이에 대해 언급하고 있다.

그 중 하나는, 베들레헴의 별을 짧막하게 언급하고 있는 마태복음보다 훨씬 더 자세하다. 외경 중 야고보의 원복음

(The Protoevangelium of James)이 바로 그것이다. 신약성경에는 네 개의 복음서만이 예수님의 생애와 행적을 기록하고 있지만, 비슷한 시기에 쓰여진 다른 문서들도 에에 대해 기록하고 있다. 이 문서들 역시 예수님의 제자들이나, 그들의 다음 제자들이 기록했으며, 야고보, 도마(Thomas), 그리고 니고데모(Nicodemus)가 쓴 복음서가 그것들이다. 하지만 AD 367년에 알렉산드리아의 감독이던 아타나시우스(Athanasius)가 쓴 편지를 보면, 교회가 신약 정경을 선택할 때 이 복음서들은 '하나님이 우리에게 주신 성전(聖典)으로 믿어지는 책'들의 목록 가운데서 빠져 있다.

외경 야고보의 원복음을 보면 헤롯이 동방박사들에게 질문을 하는 장면에서 베들레헴의 별이 등장한다.

그가 동방박사들에게 묻고 이야기한다 : "새로 태어난 왕과 관련해서 어떤 정조를 보았소?" 동방박사들이 대답한다 : "엄청나게 밝은 별이 나타나서 다른 별들을 압도했고, 다른 별들이 보이지 않을 만큼 홀로 밝게 빛나기에 우리는 이스라엘에 새 왕이 태어나신 것을 알았습니다." 헤롯이 말한다 : "가서 찾아보고 그 분을 찾거든 나도 가서 경배하게 나에게도 좀 알려 주시오." 그래서 동방박사들은 길을 떠났다. 자, 보아라! 동방박사들이 동방에서 보았던 별이 앞서 가서 그들을 동굴에 이르게 했다. 그리고 별은 아이의 머리 위에서 멈춰섰다.

이 글은 마태복음과 여러 면에서 비슷하며, 베들레헴의 별과 동방박사들이 처음 여행을 시작한 경위에 대해 자세하게 이야기해 주고 있다. 정경 복음서가 어떻게 만들어졌는지에 관한 위의 이야기들을 고려하면, 마태와 야고보가 서로의 글을 참조했던가 아니면 제3의 글을 똑같이 참조했을 가능성도 있다. 만약 그렇다면 이 글은 베들레헴의 별에 관한 독창적인 것은 아니다. 그럼에도 이 글에 나타난 별도의 자세한 내용은 중요한 의미를 갖는다. 즉, 이 복음서는 베들레헴의 별이 상당히 밝았다는 것을 암시한다.

보다 나중에 쓰여진 글로 AD 2세기 초 즈음에 안디옥의 초기 감독이던 이그나시우스가 에베소인들에게 보낸 19번째 서신이 있는데 이것은 마태복음 이후 약 30년의 세월이 흐른 뒤에 쓰여졌다.

그 빛은 말할 수 없이 밝았고, 그 신기함은 경이를 자아냈다.

이그나시우스가 어디에서 이와 같은 사실을 알아냈는지는 알수 없지만, 이 글은 간략하면서도 핵심을 이야기해 주고 있다. 마태복음과는 달리 외경과 함께 이 글은 베들레헴의 별이 하늘에서 엄청나게 밝은 천체였다고 이야기한다. 이 간략한 글이 분명히 암시하는 것은 베들레헴의 별이 갑자기, 그리고 예기치 않게 나타났다는 사실이다. 앞으로 이 책에서 보겠지만, 천체현상 중 이런 종류는 많지 않으며, 그토록 갑자기 밝은 천체가 나타났다는 것은 천체의 범위를 상당히 좁혀 주고 있다.

결국, 베들레헴의 별에 관한 글로는 성경 중에 들어 있는 마태복음, 그리고 마태복음과 비슷한 시기에 쓰여진 두 개의 문구, 즉 야고보의 원복음과 에베소인들에게 보낸 이그나시우스의 서신이 있다. 마태복음은 베들레헴의 별이 얼마나 밝았는지에 관해서는 별로 암시하는 바가 없지만, 성경 외의 다른 두 글은 베들레헴의 별이 아주 밝았다고 전한다. 나중에 쓰여진 글(베들레헴의 별 이후 가장 뒤에 쓰여진 이그나시우스의 서신)은 베들레헴의 별이 갑자기, 그리고 예상치 않게 나타난 사건이었음을 암시한다. 하지만 그 어느 글도 베들레헴 별의 정체에 관해서는 별로 이야기해 주고 있지 못하며, 그 단서조차도 일러주지 못하고 있다.

많은 글을 남겼으며, 초대교회의 가장 화려한 인물 중의 한 사람이던 오리겐(Origen ; 대략 185~254년)은 AD 3세기 초에 베들레헴의 별에 관한 다음과 같은 흥미로운 내용을 남겼다. "베들레헴의 별은 널리 알려진 다른 행성들과는 다른 새로운 별이었다 …… 하지만 때때로 나타나는 혜성(彗星) 같은 천체처럼 우주의 법칙을 잘 따르는 천체였다." 오리겐이 AD 248년 경에 그의 작품 『콘트라 셀숨(Contra Celsum)』에 남긴 이 글은 1953년에 헨리 채드윅(Henry Chadwick)이 영어로 번역함으로써 널리 알려졌다. 오리겐의 글이 쓰여진 것이 실제 베들레헴의 별이 나타난 것보다 한참 후여서 크게 믿을 것은 못되지만, 베들레헴 별의 실제 정체가 무엇인지에 관해 최초로 이야기한 글로 보인다. 오리겐이 어떤 자료를 기초로 해서 이런 말을 했는지 알아내는 것은 불가능하지만, 앞으로 보게 될 것처럼, 그의 글은 과거에 한동안 받아들여졌던 몇 가지 해석들을 확실하게 제거하고 있다.

야고보의 원복음에 나오는 "엄청나게 밝은 별이 나타나서 다른 별들을 압도했고, 다른 별들이 보이지 않을 만큼 홀로 밝게 빛났다"는 글은 아주 흥미롭다. 이 책에서 자주 언급하게 될 영국의 천문학자이며 천문학사가(天文學史家)인 데이비드 휴즈(David Hughes)는 만약 이 내용이 문자 그대로라면, 베들레헴의 별은 아주 특별하게 밝아서 달빛처럼 환해야 '다른 별들이 보이지 않게' 될 것이라고 한다. 만약 베들레헴의 별이 정말로 그렇게 밝았다면, 중국이나 한국 같은 다른 고대 민족들의 천문 기록에도 틀림없이 등장할 것이다. 또한 야고보의 원복음만이 헤롯 왕이 그 별을 보지 못했다고 명시하고 있어 확신할 수는 없지만, 헤롯 왕이 그 별을 보지 못했다는 것도 이상하다. 마태복음은 단지 헤롯이 '그 별이 언제 나타났는지' 자세히 물었다고만 기록하고 있다.

베들레헴의 별은 정말로 밝았을까? 위의 초기 기록들은 문학작품에서 용인되는 파격일 뿐인가? 위의 기록들 중 '정확한' 것이 있기는 한가? 있다면 어느 것일까? 베들레헴의 별 이야기는 단순히 문학적으로만 해석해야 하는가? 성경과 외경 모두 예수의 생애에 관한 정확한 역사를 기록하기 위해 쓰여지지 않았다. 우리는 이 책들이 한 신앙인이 다른 신앙인을 위해, 그리고 저자가 변화시키고자 했던 이들을 위해 쓰여졌다는 사실을 기억해야 할 것이다.

하늘에 정말 별이 있었나?

성경이 베들레헴의 별에 관한 기록을 별로 제공해 주지 않는다는 사실을 고려하면, 이 수수께끼를 설명할 가능성으로는 다음의 세 가지가 있다.

1. 베들레헴의 별은 신화 또는 전설이다. 이 이야기는 메시야가 탄생할 때 별이 나타날 것을 예언한 구약성경 발람의 예언을 충족시키기 위해 마태복음에 추가되었다. 혹은 예수 탄생의 중요성을 강조하기 위해 기록되었을 수도 있다. 어느 경우이든 간에, 베들레헴의 별은 실제로 존재하지 않았다.

2. 베들레헴의 별은 실제로 일어난 정상적인 천체현상이었고, 오랜 세월 동안 전해지는 중에 또는 문학적인 상상력을 통해 조금씩 변형되다가 마침내 마태복음에 기록되었다. 따라서 베들레헴의 별은 예수께서 태어나실 즈음에 하늘에서 실제로 관측된 어떤 현상에 대한 사실적인 기록이다.

3. 베들레헴의 별은 과학의 영역에서 설명할 수 없는 기적이었

다. 이 경우 베들레헴의 별은 예수께서 태어나실 즈음에 실제로
존재했었고 보여지기는 했지만, 그 어떤 종류의 자연현상도 아니
었다. 과거 지구에서 볼 수 있었던 천체현상들은 지금도 우주 어
디엔가 여전히 존재하겠지만, 동방박사들을 인도했던 별은 영원히
사라졌다.

　　이러한 가능성들은 오랜 세월 동안 알려져 오면서 베들
레헴 별의 정체에 관한 논쟁의 근간이 되었다. 근본적으로 이
가능성들은 서로 배타적이어서 이 중 어느 하나만이 진실일
것이다. 위의 세 가지 중 두 가지 가능성에서 별은 어떤 방법
으로든 실제로 나타났었다. 세 가지 가능성 모두 이 문제를
연구한 학자들에 의한 주장들이다. 각각 주장하는 바가 무엇
인지 간략히 살펴보자.

베들레헴의 별은 신화이다

　　베들레헴의 별에 관한 성경의 기록이 쓰여진 때는 모든
왕이나 황제의 탄생과 죽음에 '천체현상'을 관련지었다. 셰익
스피어(Shakespeare)의 『율리우스 시저(*Julius Caesar*)』(2막
2장 30~31줄)를 보면,

　　거지들이 죽자 혜성도 보이지 않네 ;
　　왕자들의 죽음 위에 하늘이 불타네.

와 같이 시저의 아내 칼푸르니아(Calpurnia)가 꿈에서 본 징
조로써 시저를 경고하는 장면을 볼 수 있다. 로마인들은 이렇
게 징조를 굳게 믿었다. 소(小) 플리니(Pliny the Younger :

AD 61~113년)의 편지에는 사망한 황제들이 하늘에서 어떤 상태였는지를 언급한 내용이 자주 보인다. 예를 들어 티티우스 아리스토(Titius Aristo)에게 보낸 편지에서 소 플리니는 올림푸스 신전(神殿) 이야기에 덧붙여 '신성한 율리우스 시저와 신성한 아우구스투스 황제와 신성한 네르바(Nerva) 황제, 그리고 티베리우스 시저(Tiberius Caesar)'라고 했다. 황제들을 호칭하는 데 있어 이렇게까지 극존칭을 사용한 예는 그리 흔하지 않다. 하지만 로마문학에 있어서 이러한 존칭은 일반적이었고 너무나 진부해져서 번역가들 중 어떤 이들은 '전(前) 황제' 또는 '죽은 황제'라고 번역하기도 했다. 모든 황제가 죽은 뒤 신성시 되자, 이러한 문구는 더 이상 특별한 의미를 가지지 못하게 되었다. 한 황제가 신성시 되었다는 것은 그 황제의 죽음 직후에 혜성이나 이상하게 생긴 구름, 화산에서 기둥처럼 올라오는 연기 같은 형태의 징조가 나타났었음을 의미한다. 이러한 징조들은 보통 죽은 황제의 영혼이 올림푸스 산의 신들에게로 합류하는 것으로 해석되었다. 일단 전임 황제가 신성시 되고 나면 누군가가 어디에서건 꼭 이러한 종류의 징조로 해석될 수 있을 만한 일을 목격하더라는 사실이 냉소적으로 지적되기도 했다.

징조에 대한 믿음이 아주 강해서 왕이든 황제이든 또는 폭군이든 일단 지도자가 된 후에는 징조의 내용대로 평가되어졌다. 마태가 복음서를 기록할 때의 주 독자가 로마적 가치와 전통에 아주 깊이 잠겨 있던 사람들이었음을 고려해 보건대, 마태는 아마도 로마식을 따라야겠다는 의무감 같은 것을 가졌을 수도 있다. 마태는 단지 자기가 쓰는 메시야에 관한 글이, 그 글을 통해 변화시키고자 했던 이방인들 사이에 더 잘 믿어지도록 하기 위해 베들레헴의 별 이야기를 포함시켰을 수도 있다. 만약 마태가 별 이야기를 포함시키지 않았다면, 예수 탄생 이야기는 진지하게 받아들여지지 않았을 위험도 있다. 예수는 모든 통치자 가운데 가장 위대했으므로, 그의 탄생을 알리는 징조는 특별했거나 화려했을 것이다.

베들레헴의 별은 기적이었다

성경에 기록된 사건들은 하나님이 행하신 일의 기록이다. 성경은 기적을 '하나님의 일'이라고 설명한다. 하나님은 자신이 하는 일을 굳이 정당화시킬 필요가 없으며, 하나님은 얼마든지 하늘에 새로운 별을 빛나게 할 수 있다.

과학과 종교는 항상 좋은 관계를 유지해 온 것은 아니다. 증명한다는 것과 믿는다는 것은 서로 배타적이다. 그러므로 모든 것에 질문을 던지는 과학의 전통에 대해 신학자들은 항상 못마땅하게 생각한다. 예수의 탄생을 설명한 성경 중에 별은 하나님의 작품이 아니라 자연현상이라고 한 곳은 어디에도 없다. 그러므로 이 별은 분석하거나 설명해야 할 대상이 아니다.

성경 가운데 많은 부분이 과학적으로 설명할 수 없는 것들이다. 보통 별은 정확히 그 시간에 갑자기 나타날 수 없으며, 동방박사들을 인도할 수도 없다. 또한 아기 예수가 있는 곳 위에 멈추어 설 수도 없다. 휴즈에 의한 마태복음의 일반적 해석대로라면 베들레헴의 별이 나타난 장소와 사라진 장소가 다르다. 이 중 어느 것도 단순한 과학적 가설로 설명할 수 없으며, 여러 자연현상을 조합한다 하더라도 설명할 수 없다. 따라서 베들레헴의 별은 기적 그 자체였다.

베들레헴의 별은 천문학적인 현상이었다

성경이 비록 복음적인 관점에서 쓰여진 책이기는 하나, 그 중 상당한 양이 역사적인 사건들의 기록이다. 그러나 성경이 역사적 사건들의 정확한 기록이라고 주장할 사람은 아마도 없을 것이다. 하지만 구약성경과 신약성경의 상당한 부분이 신앙과 비전(vision)과 역사(이들을 구별하는 것이 쉬운 일은 아니다)를 가르치기 위해, 실제로 존재했던 사건이나 사람들을 기초로 해서 쓰여졌다는 것은 부인할 수 없다. 성경에 기록된 많은 사건들이 다른 방법으로도 확인되고 있기 때문이다. 예수 탄생 이야기에 등장하는 중심 인물들은 다른 자료를 통해서도 당시에 실제로 살아 있었음이 확인되었다. 헤롯왕 같은 인물이 그 대표적인 예이다.

아우구스투스 황제의 영에 의한 호적 같은 중요한 사건들 역시 실제로 있었던 것으로 알려졌다. 성경의 많은 사건들이 역사적인 기록에 의해 확실하게 증명되긴 했지만, 그렇다고 베들레헴의 별 이야기가 사실이라고 생각하는 것은 논리적이지는 않다.

마태복음과 다른 책들에 나온 이야기를 연구해 온 전문가들은 베들레헴의 별을 설명할 수 있을 것 같은 여러 천문학적 사건들을 조사했다. 우리가 이 책에서 살펴보게 될 천체 현상들, 예를 들어 합(合, conjunction)[1), 신성(新星, nova), 혜

---

1) 지구에서 보아 천체가 태양과 같은 방향에 놓여 있을 때를 말한다. 합일 때는 태양이 밝기 때문에 그 천체를 볼 수 없다. 내행성(수성·금성처럼 태양과 지구 사이의 궤도에 있는 천체)의 경우, 태양과 지구를 잇는 선 위에 있으면서 지구에 대해서 태양 건너편에 있을 때를 외합, 태양과 지구 사이에 놓여 있을 때를 내합이라고 한다. 외행성의 경우에는 태양 건

성, 달에 의한 행성의 엄폐(掩蔽 ; occultation)[2] 같은 현상들이 여러 전문가들에 의해 제안되었던 후보들이다. 이 중 일부 또는 모두는 베들레헴의 별을 설명할 수 있는 후보들이다. 하지만 전문가들 사이에서도 논쟁은 여전히 계속되고 있다. 올바른 후보 천체가 알려지는 것은 시간문제라고 본다.

천문학적인 해석을 하는 데 있어 유일하면서도 중요한 문제는 기록들이 직접 눈으로 보고 적은 것이 아니라는 점이다. 이런 이유 때문에 기록들은 왜곡되기도 하고, 과장되기도 하고, 모순된 것처럼 보이기도 한다. 기록들을 각각 보든 모두를 함께 보든 이로부터 별의 정체를 알아내는 것은 불가능할 수도 있다. 같은 맥락에서 보면, 기록들 중 그 진위를 구별하는 것이 불가능하기 때문에 베들레헴의 별을 그럴 듯하게 설명할 수 있는 천문학적 현상은 여러 개가 된다. 이제 우리는 이 흥미진진한 탐구를 시작하려고 한다. 이 신비한 여행을 잘 이끌어 나가기 위해 최대한 과학적인 법칙들을 따를 것이다.

불행하게도 베들레헴의 별처럼 아주 오래 전에 일어난 일의 경우, 고대의 기록만 희미하게 남아 있고 분석에 사용될 만한 직접적인 관측 기록들이 남아 있지 않기 때문에 현대의 과학적 방법들을 사용하는 것은 무척 어렵다. 베들레헴 별의 경우 컴퓨터로 처리할 만한 사진도 없고, 자기 테이프에 저장할 수 있도록 망원경으로 찍은 영상 자료도 없다. 보고 숙고해 볼 만한 단순한 스케치도 남아 있는 게 없다. 이런 상황에서 무언가를 증명한다는 것은 진정 쉽지 않은 일이다. 사실과

너편에 오는 합의 경우뿐이다. 둘 이상의 행성이나 달이 하늘에서 가까이 있을 때도 합이라고 한다.(역자 주)
2) 4장 '베들레헴의 별은 행성들의 합이었나?' 부분 참조.

드러나게 관련되지 않는 한, 제기된 많은 이론들의 대부분을 맞다고 또는 틀리다고 증명하는 것은 거의 불가능하다.

만약 복음서의 내용을 그대로 진실이라 받아들여 본다면, 좀더 자세하게 베들레헴의 별이 진짜 천체현상인지를 조사해 볼 수는 있다. 이렇게 하면 자료를 과장해서 해석하는 위험이 따르기는 하겠지만, 좀더 흥미로운 단서를 찾을 수 있을지도 모른다. 마태복음 2장 2절의 오래된 번역들을 보면 "우리는 동쪽에서 그의 별을 보았다"라고 되어 있는 것을 볼 수 있다. 문법학자들은 즉각 '동쪽에서'가 어느 쪽에 붙는 전치사구인 지 물을 것이다. 즉, 이 문장은 다음과 같이 적어도 세 가지 로 다르게 해석될 수 있을 것이다. 동쪽에 있던 것은 1)별이 었나, 2)동방박사들이었나, 3)둘 다였나? 현대의 번역판들은 '동쪽에서'라는 해석도 받아들이지만, 그보다는 '떠오르고 있 는'이라는 번역을 주로 택함으로써 이러한 문제점을 피해 가 고 있다.

전통적인 해석으로는 동쪽을 가리키는 성경 본문이 너무 모호해서 이 짧은 문구는 별과 동방박사들 문제에 혼동만 가 져다 주는 역할을 해왔다. 하지만 베들레헴의 별에 지대한 관 심을 가지고 있고, 『네이처(Nature)』지에 베들레헴 별의 신비 에 관한 권위 있는 평론을 기고했던 학자이며 저술가인 휴즈 가, 1970년대 중반에 마태복음 2장 2절의 전통적인 해석에 중 대한 의문을 제기했다. 휴즈는 그리스어 원본에는 '엔 테 아 나톨레'[1](단수 형태로, 동쪽에서)라고 적혀 있다는 사실을 지 적했다. 하지만 정확한 그리스어 문법은, 만약 어떤 물체가 동쪽에 있다고 말하고 싶다면 복수형 '엔 타이 아나톨라이'[2] (문법적으로는 '동쪽들에서')라고 해야 한다. 휴즈는 '엔 테 아 나톨레'라는 그리스어 구절에는 별이나 행성이 '태양과 같은 무렵에 떠오르는' 것을 의미하는 특수한 뜻이 내포되어 있다고 지적한다.

'태양과 같은 무렵에 떠오른다'는 의미를 이해하기 위해서는 하늘에서 극에 가까운 별들을 제외한 모든 별들이 1년 중 어떤 때에는 보이지 않는다는 사실을 기억해야 한다. 왜냐하면(그 별들이 황도, 즉 태양이 지나다니는 길에 놓여 있는 별들이라면) 태양이 그 별들의 앞이나 또는 근처를 지날 때 별을 가려버리기 때문이다. 한편 만약 어떤 별이 황도보다 훨씬 북쪽이나 남쪽에 있다면, 1년 중 어떤 때 그 별은 태양과 동시에 뜨거나 동시에 질 것이다. 이렇게 되면 낮 동안에만 지평선 위에서 그 별을 볼 수 있으며, 밤에는 볼 수 없다는 것을 의미한다. 조금 더 전문적으로 말하자면 석양 무렵 그 별이 지는 때부터 수주 혹은 수개월 후, 동틀 무렵 다시 떠오를 때까지 그 별은 태양과 합의 위치에 놓여 있다는 것이다.

보이지 않는 기간이 한참 계속된 후, 이 별은 동틀 무렵 아침 하늘에 다시 모습을 드러낼 것이다. 시리우스(Sirius)처럼 밝은 별은 태양으로부터 조금만 떨어져 있어도 새벽 지평선 위에 낮게 떠 보일 것이다. 이렇게 새벽 여명 속에서 별이 처음 보이기 시작하는 것을 태양과 함께 떠오른다고 한다. 성경에서는 이런 현상들이, 계절의 변화를 알려 주는 정확한 달력으로 사용되었고, 아주 중요시 되었다. 시리우스가 그 대표적인 예이다. 시리우스는 나일강이 언제 범람할지를 알려주는 데 사용되었다. 즉 시리우스가 동트는 새벽에 처음 보이게 되면 그것은 바로 홍수가 임박했음을 알려주는 신호였다. 또한 나일강 삼각주 지역에 살던 사람들은 이러한 관측을 통해 언제 씨앗을 뿌려야 할지를 알 수 있었기 때문에 그들에게는 그것이 아주 소중했다.

휴즈에 의하면, 동방박사들이 그 별을 엔 테 아나톨레 즉 동쪽에서 보았다고 했을 때, 그들은 동틀 무렵 첫 새벽에 그 별을 보았다는 것을 의미한다. 이러한 번역은 최근의 많은 성경에서 채택되었다. 한 예를 들자면 '동쪽에서 떠오를 때'라고 번역한 새개역표준성경(New Revised Standard Version)이 그것이다. 대부분의 사람이 믿는 것처럼 동쪽 하늘에 동이 터 올 때 동방박사들은 실제로 밝은 별 하나를 보았을 것이다. 하지만 이 짧은 구절은 사실 훨씬 더 많은 정보를 제공해 주고 있다. 이 구절은 동틀 무렵 베들레헴의 별이 동쪽 하늘에 낮게 떠 있었다는 것을 말해 주는데, 이것은 사소해 보이긴 하지만 대단히 중요한 의미를 지닌다. 왜냐하면 만약 베들레헴의 별이 처음 나타난 날을 알아낼 수 있다면, 그 별이 태양의 서쪽 어디쯤에 나타났었는지를 알아낼 수 있고, 또 하늘에서의 위치만 알아낼 수 있다면 그 별의 정체에 좀더 접근할 수 있을 것이기 때문이다. 이런 면에서 새개역표준성경의 좀 색다른 번역은 베들레헴의 별이 처음 나타났을 때가 꼭 동틀 무렵은 아니더라도 동쪽 혹은 남동쪽 하늘에서 매우 낮게 떠 있었다는 것을 암시하므로 그것이 중요하다는 의미다.

성경 어느 곳에도 다른 기록의 어디에도 동방박사들이 예루살렘까지 가는 길에 별이 그들을 앞서 갔다는 구절은 없다. 이런 구절이 나올 대목은 예루살렘에서 베들레헴까지 가는 여정에서 일 것이다. 만약 별이 동틀 무렵에 동쪽에서 나타났고 동방박사들이 전혀 예측하지 못한 곳 또는 실현 가능성이 거의 없는 곳에 나타난 것이 아니라면, 별이 '그들을 앞서 가는' 것처럼 보였다는 현상은 실제적으로 일어날 수 없다. 이유는 간단하다. 만약 동방박사들이 바빌론이나 페르시아(Persia) 또는 동방의 다른 어떤 곳으로부터 왔다면 그들이 이동해 오는 동안 별은 그들의 뒤에 있었을 것이기 때문이다. 그들은 서쪽을 향해 이동하고 있었으므로 해는 그들의 앞에서 지고 뒤에서 떠올랐을 것이다. 앞으로 이 책에서 더 자세히 보겠지만, 동방박사들은 어떤 징조를 기다리고 있었고, 그것을 보자마자 유대인들의 수도인 서쪽의 예루살렘으로 가야겠다고 생각했을 것이다.

성경 말씀을 문자 그대로 한번 받아들여서 동방박사들이 예루살렘에서부터 베들레헴까지 이동하는 동안 별이 그들의 앞에서 먼저 갔고, 그들을 인도했다고 가정해 보자. 그러기 위해서는 별은 하늘의 어디에 있어야 할까? 베들레헴은 예루살렘의 거의 남쪽 방향으로 겨우 몇 킬로 정도 떨어져 있다. 만약 별이 그들을 앞서 갔다면, 별은 동쪽에 있지 않고 남쪽에 있어야 한다. 따라서 동방박사들이 별을 처음 보고 나서부터 예루살렘에 도착할 때까지 별은 하늘의 동쪽에서부터 남쪽으로 이동했어야 한다. 이런 이유 때문에 어떤 학자들은 베들레헴의 별이 사실은 혜성이라고 주장한다. 하늘의 모든 천체 중 혜성만이 유일하게 이런 식으로 이동할 수 있다. 하늘에서 별의 위치 변화를 이야기해 주는 이 이야기와 동쪽에서 떠올랐다는 사실, 그리고 성경이나 다른 기록들을 종합해 볼 때, 베들레헴 별의 정체를 찾는 데에 도움이 될 몇 가지 사실을 알 수 있다.

정체가 무엇이었든 베들레헴의 별은 적어도 동방박사들에게는 아주 중요한 것이었음은 틀림 없다. 야고보의 원복음과 이그나시우스의 서신이 별의 밝기를 어느 정도(아마도 원복음의 경우는 상당히) 과장했으리라 생각되지만, 어찌됐든 그 천체는 특이한 천체였고, 적어도 몇몇 사람들의 주의를 끌었다. 이 책에서 보다 깊이 살펴보겠지만 동방박사들이 수많은 천체현상들 중 어느 것이 예수의 탄생이 긴박했음을 의미했는지 알았다는 것은 깜짝 놀랄 만한 일이면서도 분명한 사실이다. 베들레헴의 별이 헤롯 왕의 주의를 끌 만큼 중요하게 여겨지지 않아서인지 모르지만, 복음서가 암시하는 바와 같이 헤롯 왕이 그 별에 대해 알지 못했던 것을 보면 베들레헴의 별은 모든 사람들에게 잘 보이는 뚜렷한 현상이 아니었을 수도 있다.

내용이 어찌됐든 베들레헴의 별이 밝게 빛났던 것은 사실이었을 것이다. 이것은 아마 몇몇 사람들에게는 그 별이 보였을 것임을 의미한다. 별을 보았던 이 사람들은 동방박사들만큼 그 별의 중요성을 깨닫거나 또는 그들처럼 해석하지는 못했을 것이다. 고대 중국의 기록에서처럼 베들레헴의 별은 우리 머리 위에서 계속 빛나고 있었지만 우리는 아직까지 그것의 존재를 모르고 있을 가능성도 있기 때문이다.[3] 이 책에서 그 이유를 자세히 살펴보도록 하자.

또 하나 고려해야 할 점은 정체가 무엇이었든 베들레헴의 별은 꽤 오랜 기간 동안 보였을 것이라는 사실이다. 동방박사들의 여행은 틀림없이 긴 여정이었을 것이다. 사람들이 암묵적으로 받아들이는 것처럼 동방박사들이 정말로 바빌론에서부터 왔다고 한다면 그들이 예루살렘까지 이동하려면 직선거리로만 해도 약 900 km를 가야 한다. 그 당시 이런 거리를 몇 시간에 움직일 수는 없었다. 그들은 아마 낙타나 말을

---

3) 황소자리에서 폭발한 초신성이 1054년에 중국인들에 의해 발견되고 기록되었는데, 20세기인 1947년이 되어서야 그 자리에 있는 게성운이 1054년 초신성의 잔해라는 것이 밝혀졌다. 1천 년 동안이나 게성운은 우리 머리 위에서 빛나고 있었지만 우리는 최근에야 그것을 겨우 인식했음을 두고 하는 말이다. (역자 주)

타고 이동했을 것이다. 어떤 동물을 이용했든 낮의 뜨거운 햇빛을 피하기 위해서는 동틀 무렵 아침 일찍 주로 이동했을 것이다. 한 시간에 3 km를 걷는 낙타가 하루에 8시간 정도를 이동했다고 가정하면 동방박사들의 여행은 대략 한 달 반 가량 걸렸을 것이다. 그러므로 동쪽에서 태양과 같은 무렵에 떠오르던 별이 동방박사들이 베들레헴에 도착할 때쯤이면 남쪽으로 이동했을 것이다.

동방박사들이 바빌론보다 훨씬 먼 곳으로부터 왔을 가능성도 충분히 있다. 일부 학자들이 주장하는 대로 페르시아에서 왔다면 거리는 거의 두 배가 될 것이고, 훨씬 더 힘든 여행이었을 것이다. 만약 동방박사들이 바빌론에서 출발했고 예루살렘까지 도착하는 동안 여행을 무리하게 강행했다면 생각보다 빨리 도착할 수도 있었겠지만, 페르시아로부터 수주 안에 도착했으리라고 가정하는 것은 생각하기 어렵다. 예루살렘까지의 여행길에는 사막뿐만 아니라, 강(江)도 여러 개 있었으며(최소한 요단강 하나, 그리고 아마도 티그리스강과 유프라테스강까지) 이 강들을 건너기 위해서는 일행을 모두 태울 수 있는 큰 배가 강에 있어야 하며, 그들이 빌릴 수 있어야 했을 것이다(그림 2.1을 보시오).

동방박사들이 거룩한 땅으로 바로 출발할 수 있도록 미리부터 준비해 두었다는 것 역시 별로 신빙성이 없다. 그들은 별을 보고 나서야 그것의 중요성에 대해 깊이 생각했고(또는 논쟁했고), 그 다음 여행 계획을 짜고 물자를 준비했을 것이다. 지각없는 바보들만이 그토록 험악한 사막을 꼭 필요한 물자의 준비 없이 여행을 시작했을 것인데, 동방박사들은 당연히 지각없는 사람들이 아니었다. 여행 준비에서부터 실행에 옮기는 데까지 가장 짧은 시간이 걸렸으리라 가정하더라도,

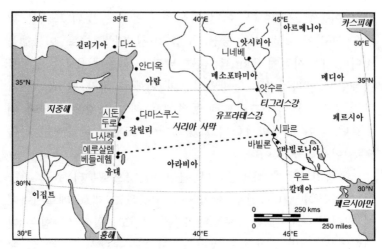

그림 2.1 이스라엘 부근 지역의 지도
(크리스 브레스트 Chris Brest 그림)

동방박사들이 별을 처음 본 이후 예루살렘에 도착하기까지는 적어도 두 달은 걸렸을 것이다. 어쩌면 그보다 여행기간이 훨씬 더 길었을 가능성도 충분히 있다. 동방박사들이 무척 서둘러서 여행준비를 끝내고 험한 길을 부지런히 갔다 해도 별을 처음 본 때부터 예루살렘에 도착할 때까지의 시간은 한 달보다 조금 덜 걸리는 정도였을 것이다.

여행을 시작한 때로부터 베들레헴에 도착한 때까지의 시간이 생각보다 훨씬 더 길었을 것이라고 추측할 만한 합당한 이유가 있다. 즉, 동방박사들은 아마 베들레헴으로 곧바로 가지 않았으리라는 것이다. 그럴 만한 이유를 생각해 볼 수 있다. 비록 그들이 아주 귀한 신분의 사절이었다고 하더라도 헤롯 왕이 바로 그들을 만나려 했는지는 확실치 않다. 또 동방 박사들은 왕을 만나기 전에 오랜 동안 사막을 지나온 여독을 풀 수 있는 휴식을 원했을 수도 있다. 그런 후, 당연한 얘기 지만 여행의 마지막 코스인 예루살렘에서부터 작은 마을 베들레헴까지의 10 km 여행이 있었을 것이다.

마태복음 2장 3~7절을 보면 동방박사들이 먼저 예루살렘에서 며칠 동안 머물렀으리라 짐작할 만한 또 다른 이유를 찾을 수 있다. 마태는 동방박사들이 가져온 뉴스에 대한 헤롯 왕의 반응을 자세히 기록하고 있다. 그 내용인즉 헤롯 왕이 예루살렘의 모든 제사장들과 율법학자들을 모아서 사건에 대한 그들의 의견과 해석을 물었다는 것이다. 제사장들과 율법학자들이 숙고해서 얻은 결론을 듣고 나서야 헤롯은 박사들을 두 번째로 불렀다. 이 자리에서 헤롯은 박사들에게 별에 대해서, 그리고 그것이 언제 나타났는지에 대해 더욱 자세한 내용을 묻는다. 헤롯이 이렇게 자세한 내용을 물었다는 사실은 그가 별을 직접 보지 못했다는 것을 확실히 증명해 준다. 여기에는 여러 가지 가능한 이유가 있다. 그 한 가지 이유로 별은 학자들이나 랍비들, 그리고 유대인의 전통을 굳게 믿고 지키는 사람들에게만 중요하게 여겨졌다는 점이다. 헤롯의 궁전에 있는 신하들 중에도 별을 보았거나 또는 별에 대해 알고 있었던 사람이 있었을 수 있지만, 그렇다고 해도 그들은 별의 중요성을 몰랐기 때문에 굳이 왕에게 알리려 하지 않았을 것이다. 또 별이 나타나던 날 날씨가 좋지 않아서 예루살렘에 사는 사람들은 아무도 별을 보지 못했을 수도 있다.

헤롯 대왕은 쾌활한 성격의 소유자가 아니었다. 그는 로마 관리들과 상당히 밀접한 관련을 가진 채 그들의 동의하에, 그리고 그들의 인정을 받을 수 있는 경우에만 행동하는 꼭두

각시였다. 유대는 로마의 보호령이었는데, 이것은 로마가 허락하는 경우에만 자유가 허락된다는 의미였다. 교활한 폭군이었던 헤롯은 BC 37년에서 BC 4년까지 통치했는데, 그는 자신의 왕위를 견고히 하기 위해 자신의 아내인 미람(Miramme)까지 살해하도록 명령했다. 아마도 헤롯 왕의 심기를 불편하게 할 만한 소식들은 되도록 그에게 전달되지 않도록 차단했을 터이므로, 헤롯은 별에 대해 전혀 듣지 못했을 수도 있다. 예루살렘에 새로운 왕이 태어났음을 의미하는 그 별의 출현을 헤롯에게 알린다는 것은 대단한 용기를 가진 사람이 아니면 어려운 일이었을 것이다. 왕궁에 있는 사람들의 입장에서 볼 때는 방문 사절들이 그 소식을 전하도록 하는 것이 훨씬 안전했을 것이다. "사자(使者)를 죽인다"는 말은 당시의 문학 작품에서만 등장하는 용어가 아니고 실제로 헤롯의 궁전에서 자주 일어났던 일이었을 것이다.

그러므로 성경이 암시하는 바는 분명하다. 예루살렘에서 왕과의 접견, 율법학자들의 소집, 그리고 회의 등 이런 일들이 벌어지는 동안 동방박사들의 여행은 한동안 지체되었다. 이런 일들로 인해 그들의 여행기간은 아마 상당히 길어졌을 것이다. 마태복음 2장 9~10절을 보면, 그들이 여행을 시작하기 전에 동방에서 보았던 별이 예루살렘을 출발할 때와 베들레헴에 도착할 때 보였다고 했다. 이것을 보면 별의 기원이 무엇이든 그 별은 최소한 두 달 동안 보였다는 것이다. 나중에 또 보게 되겠지만, 오래 지속되지 않는 현상들은 즉각 제거되게 마련이므로 이러한 제한 때문에 그 별에 대한 가능한 설명은 매우 축소되고 있다.

어떤 사람들은 마태복음의 말씀을 가리켜, 별이 나타나서 한동안 보이다가 사라졌고 마침내 다시 나타나서 동방박사들을 베들레헴까지 인도해 주었음을 의미한다고 해석한다. 한번 나타난 후 사라졌다가 다시 나타날 수 있는 천체현상은 아주 드물기 때문에 이러한 해석은 가능한 후보를 엄청나게 축소시킨다. 이러한 해석은 마태복음 말씀의 배경을 세밀히 조사해야만 내릴 수 있는 것이다. 이 해석에 따르자면 미묘하게도 박사들은 동쪽에서 별을 보았는데, 예루살렘을 떠날 때에는 동쪽에서 보이던 별이 그들보다 앞서 갔다는 것이 된다.

마태복음 말씀은 박사들이 별을 처음 본 이후부터 예루살렘에서 베들레헴을 향해 출발하려 할 때까지 별이 사라졌다가 다시 나타난 것이 아니고, 대신 동쪽에서 남쪽으로 이동했던 것임을 의미한다고 해석될 수도 있다. 베들레헴의 별이 혜성이나 행성, 또는 행성들의 합이라고 주장하던 이들이 이러한 해석을 주로 받아들였다. 행성은 보통 여러 주, 또는 여러 달 동안 하늘을 동(東)에서 서(西)로 지나가는 반면, 혜성은 동일한 곳을 단 며칠 만에 지나갈 수 있다.

마태복음 말씀을 보면, 전에는 아무도 그 별을 못 보았을 것이라는 흥미로운 단서를 찾을 수 있다. 성경을 보면, 별이 처음 나타났을 때는 새벽 동쪽 하늘 위에 낮게 떠 있다가 [다른 말로 하자면, 정동(正東) 또는 그 근처에서 떴다가] 동방박사들이 예루살렘에 도착해서 헤롯 왕을 접견할 때쯤에는 별은 남쪽에 있었다. 이러한 이동은 분명히 논리적이고, 베들레헴의 별을 천문학적으로 쉽게 설명할 수 있는 천체였다고 생각할 수 있다. 그러므로 이 관측은 중요한 의미를 가진다. 지구가 태양 주위를 도는 공전 때문에 두 주가 지날 때마다 별들은 한 시간씩 일찍 뜬다. 한 달 동안 지구는 태양 주위 궤도의 12분의 1, 즉 360/12＝30도의 각도를 돌고 있다. 즉, 우리는 매달 태양의 주변 별들이 30도씩 빨리 뜨는 것을 볼 수

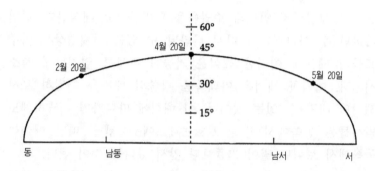

그림 2.2 석 달 동안 새벽에 베들레헴의 별이 보였을 위치의 변화를
보여주는 그림
(라몬 카스트로(Ramon Castro) 그림을 브레스트가 다시 그렸음.)

있다. 또한 지구는 하루의 12분의 1, 즉 두 시간에 30도씩 자
전축 주위를 자전한다. 다시 말하면 지구가 두 시간만 자전하
면 별들은 한 달 전에 보이던 위치에 놓이게 된다는 것이다
(그림 2.2를 보시오).

　그러면 동방박사들이 바빌론을 떠날 때 새벽에 동쪽에서
별을 보았다고 해보자. 석 달이 지난 후, 새벽 같은 시각에
별은 하늘에서 3×30도, 즉 90도를 움직인 셈이 된다. 새벽에
정동에서 보이는 대신 별은 이제 동일한 시각에 정남에서 보
일 것이다. 박사들이 별을 처음 본 후 베들레헴까지 오는데
석 달 정도 걸렸다면 마태복음의 설명은 정확히 논리적이다.
만약 베들레헴의 별이 천구(天球)의 적도보다 훨씬 남쪽에서
나타났다고 가정한다면, 처음에는 태양과 같은 무렵에 동쪽에
서 떠오르더라도 두 달만 지나면 새벽에 정남에서 보일 것이
다(하늘에서 별이 남쪽으로 많이 내려가 있을수록 떠오르는

시각은 점점 늦어진다). 천구의 적도보다 남쪽으로 많이 내려가 있는 위치의 별은 동쪽에서 떠오를 때 남동쪽 방향에서 보인다. 이 사실은 아래에서 다시 보겠지만, 베들레헴의 별을 설명하는 데 있어서 중요한 의미를 가진다. 이것은 베들레헴의 별이 항성(恒星)이나 신성같이 단순한 천체현상이라는 사실을 증명하지는 않는다. 대신 이것이 보여주는 의미는 마태복음의 간단한 설명이 천문학적 해석에 어긋나지 않으며, 오히려 잘 부합된다는 것이다.

휴즈는 천정(天頂, zenith)[4]에 있는 천체만이 도시나 마을, 또는 그 안에 있는 건물 위에 서 있는 듯이 보일 수 있으므로, 마태복음의 설명은 베들레헴의 별이 천정에 있었음을 의미하는 것이라고 주장한다. 이것은 흥미로운 주장이기는 하지만, 반드시 그렇다고, 또는 아니라고 말하기도 어렵다. 동방박사들이 북쪽에서부터 베들레헴으로 왔고(아마 그랬을 것이다), 또 별이 남쪽에 있었다면(마태복음이 암시하는 것처럼), 별이 "아기가 있는 곳 위에 서 있었다"고 한 마태복음의 설명이 별이 천정 또는 그 근처에 있었음을 의미한다고 생각할 필요는 없다. 그것은 단지 별이 남쪽 하늘 위에 높이 있었음을 의미하는 것이다.

기원은 불확실하지만 전해 내려오는 또 다른 이야기 하나를 살펴보자. 20세기 초에 천문학자이자 천문학사가(天文學史家)인 몬더(Edward. W. Maunder)는, 지금도 자주 인용되는 『성경의 천문학(*The Astronomy of the Bible*)』이라는 책을 썼다. 여러 나라 말에 능통했던 몬더는 태양의 흑점 주기 연구에 전념했는데, 3백 년간의 흑점 관측 기록에 대한 연구

---

4) 천체들이 있는 것으로 간주되는 상상의 구인 천구(天球) 상에서 관측자의 머리 위에 위치한 점.(역자 주)

를 통해 흑점이 거의 나타나지 않는 시기가 있었음을 알아냈다. 흑점이 거의 나타나지 않던 1645년부터 1715년까지의 시기를 그의 이름을 따서 몬더 극소기(Maunder Minimum)라고 부르는데, 이제는 태양천문학의 중요한 개념이 되었다.

성경에 관한 몬더의 책은 지금도 여전히 베들레헴의 별에 관한 중요한 글로 평가된다. 이 책에서 몬더는 오래된 전설 하나를 자세히 소개하고 있다. 동방박사들은 베들레헴에 도착할 때 별을 잃어버리자 쓸쓸히 방황하고 있었다. 그들이 지쳐갈 때쯤 박사 중 하나가 물을 마시러 우물가로 갔다. 그는 우물 속을 들여다봤다. 한데 대낮의 우물 물에 반사된 별을 보게 된 것이다. 이 전설은 유명하기도 하고 흥미롭기도 해서 많은 논쟁을 불러일으켰다. 이 전설을 믿는 이들은 이를 근거로 별이 정확히 천정에 있었으며, 따라서 "베들레헴 위에서 있었다"고 이야기한다. 실제로 대낮에 우물의 바닥에서 별을 볼 수 있는지는 오랜 동안 과학자들간의 논쟁거리였다. 이 전설을 믿는 사람들은, 종종 상식으로까지 여겨지는 '우물 내부의 어둠 때문에 별이 보일 수 있다'는 사실을 주장한다. 설사 우물 속이 어둡고 햇빛이 직접 들어오지 않는다고 하더라도, 우물 속의 어둠은 밝은 하늘빛에 별로 영향을 끼치지 못하며, 이 사실을 확인하기 위해 굳이 우물 속까지 들어가 볼 필요는 없다. 낮에 동굴에 들어가 본 사람이라면 동일한 '우물 효과'를 경험해 보았을 것이다. 즉, 동굴 안쪽에서 바깥의 하늘을 쳐다보면 동굴 입구에서부터 오는 빛이 동굴 안의 어둠에 비해 너무 밝아서 별은커녕 아무것도 볼 수 없게 된다. 우물에서도 동굴과 효과는 똑같다.

실험정신이 강한 어떤 사람들이 이 같은 이론을 실제로 확인해 보았다. 실험에 가장 적합한 장소는 미국 사우스 다코다(South Dakota)주 홈스테이크 금광의 밑바닥이었다. 이 금광은 깊이가 1,480 m나 된다. 몇 년 전에 영국의 천문학자이자 방송가로서 천문학의 대중화에 앞장서고 있는 패트릭 무어(Patrick Moore)가 실제로 대낮 하늘에 있는 별을 볼 수 있는지 확인해 보려고 이 금광의 맨 밑바닥에서 수직으로 갱(坑)의 위를 올려다본 적이 있다. 기대했던 대로 무어는 별은 전혀 보지 못했고, 단지 밝고 파란, 그리고 동그란 하늘만을 볼 수 있었다.

어떤 천체는 밝은 대낮에도 보이기도 하는데, 이것은 천체가 아주 밝은 경우에만 해당된다. 예를 들어, 사람들은 달이 낮에 보이면 종종 놀란다. 우리가 금성의 위치를 대략 알고 있기만 하다면 금성 역시도 쉽게 볼 수 있는데, 특히 햇빛을 피할 수 있는 음지에 있으면 더욱 쉽게 볼 수 있다. 가끔은 시력이 아주 좋은 사람들이 하늘이 맑을 때 낮에 목성을 보았다고 하는 경우도 있다. 드물기는 하지만 혜성이 아주 특별히 밝은 경우라면 역시 낮에 보일 수도 있다. 만약 베들레헴의 별이 우물 물에 반사되어 보였다면, 그 별은 엄청나게 밝았을 것이고, 그렇다면 틀림없이 맨눈으로 쉽게 볼 수 있었을 것이다.

베들레헴의 별에 관한 여러 기록들, 신화와 전설들, 그리고 추측들과 함께 우리는 어렵고 때로는 답이 없을 것만 같은 의문들을 여전히 가지고 있다. 베들레헴 별의 수수께끼를 풀기 위해 우리는, 어떤 질문들은 답을 찾지 못할 것임을 인정하고, 답을 찾을 수 있는 질문들에만 집중해야 할 것이다. 해결할 수 있는 질문들을 다음과 같이 몇 가지로 요약하더라도 상황은 여전히 쉽지 않아 보인다. 예수님은 언제 태어나셨을까? 동방박사들은 어디에서 왔는가? 베들레헴의 별은 예루살렘이나 바빌로니아 외의 다른 지역에서도 보였는가? 베들 레헴의 별은 얼마나 오랫동안 보였을까?

수수께끼들을 풀기 위해서는 이런 질문들에 답할 수 있 어야 한다. 이 질문들의 답을 얻기 위해 우리는 2천 년을 기 다려 온 셈이다.

3

첫 크리스마스

반드시 답해야 하는 근본적인 질문 하나는 '예수님은 정확히 언제 태어나셨는가? 예수님은 정말로 크리스마스에 태어나셨나? 그게 아니라면 왜 우리는 예수의 탄생을 12월 25일에 기념하는가?'이다. 많은 그리스도인들이 한 번쯤은 이런 질문들을 해보았을 것이다.

서양에서는 날짜를 기록하는 일반적인 방법으로, 라틴어로 '우리 주님의 해에'라는 뜻을 가지는 A.D.(Anno Domini, AD)와 '예수님 이전'을 의미하는 B.C.(Before Christ, BC)를 사용한다. 금방 알 수 있는 것은 올해가 만약 AD 2000년이라면 예수님은 2,000년 전에 태어나셨다는 의미이다. 하지만 이 배경에는 흥미로운 이야기가 하나 있다. 결론부터 미리 얘기하자면 예수님은 우리의 달력이 시작한 해에 태어나시지 않았다는 것이다.

베들레헴의 별이 무엇인지를 알아보기 위해 가장 먼저 찾아보게 되는 것이 예수의 탄생 시점이다. 이를 알기 위해서는 우리가 사용하는 달력체계가 어떻게 이루어졌는가를 알아보아야 한다. 앞으로 살펴보겠지만 우리의 달력이 얼마나 정확한가 하는 것은 세심하게 따져봐야 한다.

로마시대로 돌아가 보자. 중국, 인도, 일본, 한국 같은 아시아에서도 독자적인 문명이 일어나 서방세계와의 접촉 없이 유지되고 있었던 한편, 로마제국 역시도 그 전성기에는 전 세계의 상당부분에 영향을 끼치고 있었다. 유럽, 북아프리카 그리고 서아시아 사람들에게 있어서는 로마제국과 그 관습만이 그들이 알고 받아들였던 모든 것이었다. 물론 어떤 경우에는 자발적으로, 또 어떤 경우에는 시저의 군대에 의한 압력 때문에 받아들였을 것이다. 이러한 사실은 수백만의 로마시민들과 로마의 직접적인 영향 아래 놓여 있는 넓은 영토 안의 거주민들이 로마식 시간 계산법을 자연스럽게 받아들였음을 의미한다.

로마인들은 로마제국의 시작 이후 지난 해(Anno Urbis Conditae : A. U. C.) 수를 계산하는 방식으로, 세계에 대한 자신들의 영향력을 드러내는 달력체계를 만들었다. 1년이 10달이고 복잡한 방식으로 윤달을 계산했던 초기의 로마 달력은 아주 엉성한 것이었다. 반면에 바빌로니아식 달력은 아직도 아랍인들과 이스라엘인들이 사용하고 있을 정도로 크게 대비된다. 이 바빌로니아식 달력은 1개월이 29.5일이고, 1년이 12개의 음력 달을 가지고 있으며, 음력의 일년이 양력의 1년보다 열 하루가 짧다는 사실을 보정하기 위해 매 3년마다 윤달을 넣게 되어있다. 로마의 1년은 동시에 앞뒤를 볼 수 있도록 머리가 두 개인 문지기 신(神) 야누스(Janus)의 이름을 딴 달로 시작한다. 둘째 달은 로마인의 성결식 축제일이 들어 있어서 페브루아(Februa)라고 부른다. 세 번째 달의 이름은 전쟁의 신 마르스(Mars)의 이름에서 유래한다. 4월인 에이프럴

(April)은 로마 달력에서 1년 중(첫 달인 3월 March의 다음 달이며) 두 번째 달이었기 때문에 '나중의' 또는 '둘째의'를 의미하는 라틴어 단어 '아페로(apero)'에서 유래했다. 5월(May)은 번식의 여신인 마이아(Maia)로부터 유래했고, 6월(June)은 주피터(Jupiter)의 여동생(이면서 동시에 아내!)이었던 주노(Juno)로부터 유래했으며, 7월(July)은 율리우스(Julius)로부터, 8월(August)은 아우구스투스 황제(Augustus Caesar)로부터 유래했다. 그 다음에 9월(September : 일곱 번째 달), 10월(October : 여덟 번째 달), 11월(November : 아홉 번째 달), 12월(December : 열 번째 달)이 온다.

하지만 BC 46년에 율리우스 황제가 로마 달력 1년의 중간에 두 달을 집어넣으라는 칙령을 선포한다. 즉, 이때 7월(July : 율리우스 황제를 의미)과 8월(August : 아우구스투스 황제를 의미)이 달력 속으로 들어가게 된 것이다. 이렇게 새로 들어가게 된 두 개의 달 때문에, 위에서 본 것처럼 예를 들어 '열 번째 달'이라는 뜻을 가지는 디셈버(December)가 12월이 된 것이다. 시저의 칙령 때부터 한 달이 삼십 며칠이고, 일년이 열두 달인 현대의 달력체계가 시작된 것이다. 당시의 달력체계 개선작업에 참여했다는 사실만 알려져 있는 소시게네스(Sosigenes)가 이 문제에 관해 제기한 적절한 건의를 시저는 흔쾌히 받아들였다. 소시게네스는 달력의 체계를 개선했을 뿐 아니라 정확한 윤년 계산법도 도입했다. 그가 도입한 이 윤년 계산법은 천 육백 년 이상 잘 맞았으며, 사소한 개선을 통해 아직도 사용되고 있다.

새로운 달력은 우리가 지금 쓰고 있는 달력의 근본이 되었는데, 우리는 이것을 율리우스력(Julian calendar)이라고 부른다. 1년은 365일이고, 4년마다 돌아오는 윤년은 366일이다.

로마력에서는 새로운 따뜻함과 성장·희망을 상징하는 봄철, 우리로 치면 3월 25일에 새해가 시작되었다. 이 율리우스력은 상당히 정확해서 오랜 동안 지속되었는데, 1582년 교황 그레고리 13세가 날짜에 누적된 오차를 조정할 때까지 사용되었다. 4년마다 윤년을 둔 율리우스력은 보정을 지나치게 한 셈이 되어, 오랜 시간이 지나면 남는 날들이 생기게 되었다5). 천 년에 8일 정도의 차이가 나므로 이 차이는 작지만 수백 년이 흐르는 동안 누적되어 급기야는 달력이 계절과 안 맞는 결과를 야기시켰다. 교황 그레고리 13세 시대에는 열흘 정도나 차이가 생겼다. 이 문제를 해결하기 위해 두 가지 일이 시행되었다. 첫째는 달력 개혁이 이루어진 그해에는 열흘 정도가 짧아져 10월 4일 다음날이 10월 15일이 되었고, 둘째로 00으로 끝나는 연도 중 400으로 나누어지는 연도만 윤년이 되게 했다. 그래서 예를 들어, 1900년은 평년이고 2000년은 윤년이 된다6).

이 그레고리력(Gregorian calendar)은 3,300년에 하루의 오차가 생길 만큼 정확하며, 이 하루의 오차마저도 4000으로 나누어지는 연도를 윤년으로 둔다면 한결 정확히 보정될 수 있다. 다시 말하면, 보다 정확한 달력체계가 되게 하려면

---

5) 실제로 일년은 365.2422일인데, 율리우스력처럼 4년마다 한 번씩 윤년을 두게 되면 이는 1년을 365.25일로 계산하는 셈이므로 해마다 0.0078일, 즉 대략 11분 14초씩이 남게 되고, 128년이 지나면 율리우스력은 거의 하루가 늦게 시작된다.(역자 주)

6) 우리가 지금 사용하는 달력 체계인 그레고리력에서의 윤년 계산법을 정리하면 이렇다. 먼저 1년이 365일이 되는 해를 평년이라 하고, 1년이 366일이 되는 해를 윤년(leap year)이라 하는데, 윤년에는 2월이 29일이 된다. 연도가 4로 나누어지면 윤년이고, 나누어 떨어지지 않으면 평년이다. 하지만 4로 나누어지는 수 중 100으로도 나누어지면 평년이 되고, 다시 400으로 나누어지면 윤년이 된다.(역자 주)

2000년은 평년이 되게 하고, 3000년 역시 평년이 되어야 하지만, 4000년만은 윤년이어야 한다는 것이다.

그레고리력으로의 달력체계 변경은 16세기 사회에 진기한 현상을 불러일으켰다. 예를 들어, 어떤 나라에서는 사람들이 자기들 생애의 일 주일 이상을 도둑맞았다며 폭동을 일으켰다. 영국은 거의 이백 년이 지나서 그레고리력을 받아들였다. 영국은 1752년이 되어서야 달력 개혁을 더 이상 회피할 수 없는 현실로 받아들이고, 9월 2일 다음날을 9월 14일이라고 함으로써 달력을 11일 조정했다. 아주 진귀한 현상은 영국의 회계연도에서 나타났다. 영국의 회계연도는 로마력을 따라 3월 25일에 끝나도록 되어 있는데 새로운 달력에서는 4월 5일(3월 25일 더하기 잃어버린 11일)에 끝나므로 사람들은 이상하게 받아들일 수밖에 없었던 것이다.

이렇게 새로운 달력체계를 사용하는 데에는 어떤 영향이 있을까? 고(古) 문서에서 그 예를 들어보자. BC 2년 12월 25일에 어떤 일이 일어났다고 하자. 그 날짜는 우리가 지금 사용하는 달력에서의 12월 25일과는 다르다. 이런 원형(原形 ; '구식')의 옛날 날짜를 현대의 그레고리력 날짜로 변환하는 것이 전통인데, 이런 변환은 원서(原書 ; original documents)에서는 고려되기 힘들었다.

현대적인 계산법을 따르자면, 로마는 BC 753년에 건설되었다. 로마제국이 서방세계를 휩쓰는 동안, 로마력의 근간은 유럽 민족들 대부분이 생각하기에 논리적이었고, 쉽게 받아들일 만한 것이었다. 하지만 그 당시에도 지금처럼 대체(代替) 달력은 서방세계 안에 존재하고 있었다. 예를 들어, 요세 벤 할라프타(Yose ben Halafta)가 BC 2세기에 도입했다고 생각되는 유대인의 달력을 생각해 볼 수 있다. AD 1년은 이 유대

인의 달력에서는 3761년에 해당된다. 5세기 초에 로마제국이
멸망하고 로마시가 약탈되자, 로마 건국 이후의 햇수를 세는
셈법은 더 이상 유럽 민족들에게 시간의 경과를 표시하는 데
이용되기가 어려워졌다.

　우리가 지금 사용하는 현대의 달력은 로마제국의 멸망
이후 대략 1세기가 지난 뒤부터 셈한 날짜들이다. 크리스마스
의 연도와 날짜는 AD 525년에 디오니시우스 엑시구스
(Dionysius Exiguus)가 정립했다. 디오니시우스는 로마제국
멸망 이후 시기에 살았던 스키타이족의 승려이자 교리학자였
다. 디오니시우스는 2세기 전에 활동했으며, 초기 그리스도교
에 큰 영향을 끼친 저술가였던 동일한 이름의 디오니시우스
와 자신을 구별하기 위해, 겸손의 표시로 '작은 자'라는 뜻의
'엑시구스'라는 이름을 스스로 선택했다.

　달력은 고대 로마제국의 이방인 전통과 깊은 관련을 가
지고 있었다. 달력에서 이방인과 관련된 부분을 씻어내고, 당
시 유럽 전역을 휩쓸기 시작했고, 급속히 성장한 그리스도 교
회에 부합하도록 만들 필요가 있었다. 디오니시우스는 교회를
위해 새로운 부활절 계산법을 만들라는 요청을 받았다. 부활
절은 교회력에서 가장 중요한 날이다. 또한 토마스 보켄코터
(Thomas Bokenkotter)가 그의 『가톨릭 교회 소사(小史)
(Concise History of the Catholic Church)』에 적은 기록에 따
르면, 전세계 교회가 함께 기념할 만한 첫번째 축제의 날이
다. 디오니시우스에게 새로운 부활절 날짜를 결정하게 한 것
은 사실상 과거의 달력을 대신할 새로운 달력 체계를 만들라
는 것과 같은 얘기였다.

　디오니시우스는 자신이 만들게 될 달력을 로마의 달력과
다르게 하기 위해 예수의 탄생일을 기초로 삼기로 결심했다.

전해지는 바에 의하면 디오니시우스가 새로운 달력을 만들 때쯤 디오클레티아누스(Diocletian) 황제가 죽었고, 디오니시우스는 스스로가 '사악한 박해자'라고 표현했던 이 황제의 이름을 아예 지워버렸다. 이러한 행동은 절실히 필요했던 그리스도교화(敎化)를 확실하게 이룩했다. 하지만 디오니시우스는 먼저 예수님이 탄생하신 시점을 스스로 계산해 봐야 했다. 디오니시우스는 그때까지 사용되던 가장 좋은, 그리고 가장 신뢰할 만한 방법을 사용했다. 그것은 로마 황제들의 재위기간을 셈하는 방법이었다. 황제들의 재위기간을 모두 더하고 시간을 거꾸로 거슬러올라감으로써 디오니시우스는 예수님이 태어나신 날을 정할 수 있었다. 이것은 아주 만족할 만한 방법으로 생각되었다.

하지만 디오니시우스는 이 계산을 하는 데 있어서 두 가지의 큰 실수를, 아니 어쩌면 우리가 아는 것만 두 가지인, 실수를 범했다. 첫째로 그는 0년을 빼먹었다. 우리의 달력은 가운데에 0년이라는 해가 없는 채로 BC 1년에서 AD 1년으로 건너뛰었다. 즉 Y0K 문제(Y0K problem)[7]가 존재하는 것이다. 따라서 우리는 그리스도 이전 1년에서 그리스도 이후 1년으로 바로 건너뛰면서 1년을 잃어버리게 된다.

두번째는 더 큰 실수였다. 일반적으로 로마 황제들의 재위 기간을 거꾸로 셈하는 것은 아주 뛰어나고 믿을 만한 방법이다. 하지만 디오니시우스는 이 방법을 제대로 사용하지 않았다. 더구나 천 년이 지나서야 겨우 디오니시우스의 이 실

---

7) AD 2000년에 생기는 문제를 Y2K라고 불렀는데, 이것은 2000을 영어로 year two thousand라고 부르는 것에 착안해 thousand를 천(千)을 의미하는 K로 바꾸어 약자로 만들어 부른 것이다. 같은 원리로 0년을 year 0 thousand라고 부를 수 있으므로 Y0K라고 부른 것이다.(역자 주)

수를 깨달았다는 데 더 심각한 문제가 있다. 1605년에 로렌티우스 수스리가(Laurentius Suslyga)라는 폴란드 사람이 디오니시우스의 달력은 4년이나 오차가 생긴다는 주장을 담은 책을 출간했다. 수스리가의 주장은 옳았지만 불행하게도 그 역시 5분의 4만 옳았다. 디오니시우스의 달력은 4년이 아니라 5년이 틀렸다. 디오니시우스는 아우구스투스 황제가 옥타비아누스(Octavian)이라는 이름으로 황제의 자리에 있었던 길지 않은 기간 중 4년을 빠뜨렸거나 또는 다른 이유로 제외시켰다. 아우구스투스는 예수님이 태어나실 때 황제였던 인물이므로 이 실수는 단순한 것이라고 보기는 어렵다.[1]

그러므로 디오니시우스는 예수님의 탄생일을 계산하는 데 있어서 두 가지의 실수를 하면서 결국 5년을 틀리게 계산했다. 그가 이것 외에 또 다른 실수를 했다는 뚜렷한 증거는 보이지 않는다. 다만 우리가 분명히 말할 수 있는 것은 예수님은 (존재하지 않는) 0년에 태어나지 않았다는 것이다. 만약에 디오니시우스가 다른 실수를 하지 않았다면, 예수님은 BC 5년에, 역설적이지만 '그리스도 이전' 5년에 태어나셨을 것이다.

예수님의 탄생일이 정말로 BC 5년이라고 확실히 말할 수 있을까? 그 대답은 간단히 '아니오'일 수밖에 없다. 그 이유는 디오니시우스의 계산에 있어서 다른 어떤 실수가 또 있는지 우리가 모르기 때문이다. 만약 또 다른 실수가 있다고 해도, 우리는 그것이 우리의 시작점으로 생각하는 BC 5년에 더해야 하는 것인지, 또는 빼야 하는 것인지도 알지 못한다. 단지 우리는 "예수님이 태어나신 해는 BC 5년 플러스 마이너스 몇 년이다"라고밖에 말할 수 없기 때문이다. 정확한 날짜를 알아내고 디오니시우스 계산의 정확성을 점검해 보기 위해서는 예수 탄생의 정확한 날짜에 관한 자료를 좀더 찾아보아야 할 것이다. 만약 우리가 BC 5년이 가장 타당한 해라고 결론짓게 된다면, 디오니시우스는 두 개의 알려진 실수를 범했음에도 불구하고 셈을 제대로 했다는 이야기가 된다. 실제로 몇몇 학자들은 5년의 실수만 보정하면 디오니시우스의 계산 연대는 아주 정확하며, 예수님은 정말로 BC 5년에 태어나셨다고 주장한다. 하지만 그에 동의하지 않는 학자들도 여전히 존재한다.

노르만 페린(Norman Perrin)과 데니스 덜링(Dennis Duling)은 신약성경 소개문에서 '예수 탄생의 해'에 대해 다음과 같이 요약한다. "AD 6세기에 계산한 예수 탄생의 해는 적어도 4년 정도 틀렸다. 일반적으로 현대의 학자들은 예수께서 BC 6년에서 BC 4년 사이에 태어났다고 생각한다."[2] 예수께서 언제 태어나셨는지에 관한 귀중한 단서가 담긴 역사적 자료들을 조사해 보면, 이러한 결론에 도달할 수 있다. 하지만 일부 단서들은 다른 것들과 상충되기 때문에 결국에는 가능한 범위를 축소시켜 줄 뿐이다.

이러한 탐정 같은 이야기 속에서 천문학은 중요한 열쇠를 제공해 준다. 성경은 예수께서 태어나실 때 헤롯 왕이 왕위에 있었다고 이야기한다. 현대 역사가들은 헤롯 왕이 여러 고에서 볼 수 있었던 월식[8]이 일어난 뒤 얼마 지나지 않아서, 그리고 유월절 절기 전에 죽었다고 주장한다. 다시 말하면,

---

8) 태양-지구-달의 순서로 늘어설 때, 즉 달이 지구 그림자 속으로 들어가서 태양빛을 반사하지 못하므로 우리 눈에 보이지 않게 될 때를 월식(月食 : lunar eclipse)이라고 한다. 태양-달-지구의 순서로 늘어설 때, 즉 달이 태양과 우리 사이에 들어와서 태양을 가려 보이지 않게 될 때를 일식(日食 : solar eclipse)이라고 한다.(역자 주)

헤롯 왕은 음력(한 달이 29일인)으로 한 달, 두 개의 사건 사이의 기간 중9)에 죽은 것이다. 이렇게 운좋게 두 개의 사건이 있어서 우리는 다행히 헤롯이 죽은 때를 아주 정확히 계산할 수 있는 것이다.

유월절 축제는 우리의 양력과는 다른 유대인의 음력으로 계산하기 때문에 3월과 4월 사이 어디에도 올 수 있다(표 3.1을 보자). 유월절은 니산(Nisan)월 제14일에 시작하는데, 음력에서는 한 달의 시작부터 보름달까지가 15일이므로 이 날은 보름달 하루 전이 된다. 유대인의 달력은 로쉬 하사나(Rosh

표 3.1 BC 10년과 AD 1년 사이의 유월절 날짜

히브리 달력	니산월 15일의 날짜	그레고리력
3750	3월 27일	BC 11
3751	4월 16일	BC 10
3752	4월 4일	BC 9
3753	3월 25일	BC 8
3754	4월 12일	BC 7
3755	4월 1일	BC 6
3756	3월 21일	BC 5
3757	4월 10일	BC 4
3758	3월 29일	BC 3
3759	3월 18일	BC 2
3760	4월 6일	BC 1
3761	3월 27일	AD 1

9) 월식은 달이 지구를 중심으로 태양의 반대편, 즉 보름달의 위치에 있을 때 일어나므로 음력 15일에 일어나고, 유월절은 음력 14일이므로 그 사이의 한 달 기간을 의미한다.(역자 주)

Hashanah)로부터 셈하는데, 로쉬 하사나는 보통 9월에 들어 있고, 이로부터 니산월은 7번째 달이 된다.

그러므로 과거나 현재, 혹은 미래의 어느 해이든 유월절을 쉽게 계산할 수 있고, 예수님이 탄생하신 무렵의 모든 연도에 대해서도 유월절을 정확히 계산할 수 있다. 미국 아리조나주 투산시에 있는 스튜어드 천문대(Steward Observatory)의 수잔 스톨로비(Susan Stolovy)가 저자를 위해 예수님이 탄생하신 무렵의 여러 연도에 대해서 유월절을 계산해 주었다. 스톨로비는 다음과 같은 말을 전한다. "유월절의 첫날은 (니산월 14일 저녁에 시작하므로) 반드시 니산월 15일이 된다. 니산월 15일의 그레고리력 날짜가 표에 있다. 유의해야 할 점은 유대인의 달력에는 19년 주기가 있고, 이 중 0, 3, 6, 8, 11, 14, 17년에는 2월 또는 3월에 들어 있는 아다르(Adar : 30일)라는 윤달이 있다는 사실이다. 나는 이 주기의 0년이 AD 2년(히브리 달력으로 3762년)에 시작한다는 것을 발견했는데, 그 이유 때문에 어떤 해에는 유월절이 다른 해보다 꽤나 늦게 오는 것을 볼 수 있다." 우리는 헤롯의 죽음 전에 보였던 월식이 음력으로 유월절 한 달(29일) 전에 일어났었다는 사실을 알고 있으므로(만약 유월절보다 더 오랜 기간 이전에 월식이 일어났었다면 헤롯의 죽음 직전 보름달은 월식이 생기지 않는 보통의 보름달이었을 것이다), 우리의 시간표를 만드는 데 있어 다음으로 해야 할 일은 여리고에서 볼 수 있었던 월식(들) 중 음력으로 유월절 한 달 전에 일어났던 월식(들)을 찾는 것이다.

월식이 흔한 현상이기는 해도 아주 흔하지는 않다. 지구상의 어느 한 위치에서 한해 동안 관측할 수 있는 월식이 세 개일 때, 다른 지역에서는 같은 해 동안 월식이 한 번도 안 일어날 수도 있다. 예를 들어, 내가 지금 글을 쓰고 있는 스페인 떼네리페에서는 1996년 한해 동안 두 번의 개기월식이 일어났었다. 하지만 1993년에 개기월식이 일어난 이후 그 사이에는 한 번도 개기월식이 일어나지 않았다. 이렇게 월식의 간격이 긴 편이므로 헤롯 왕이 죽기 전에 일어났던 월식이 어느 월식이었는지를 찾아내는 것은 그리 어려운 일이 아니다.

여리고는 요르단강의 서쪽 둑 위에 있고, 예루살렘에서 북동쪽으로 24 km밖에 떨어져 있지 않다. 그러므로 둘 중 한 도시에서 볼 수 있는 식(食)은 (날씨가 허락하는 한) 다른 도시에서도 볼 수 있었을 것이다. 컴퓨터 계산을 해본 결과 BC 9년과 BC 1년 사이에 예루살렘에서 볼 수 있었던 월식은 단 여덟 개뿐이었다(표 3.2를 보자). 이들 중 어느 것이 헤롯의 월식인가? 표 3.1의 유월절 날짜와 표 3.2의 당시 예루살렘에서 볼 수 있었던 월식의 날짜를 비교해 보자. 유월절 기간에 포함되는 월식은 단 두 개가 있는데, 그 중 BC 5년 3월 23일의 월식은 유월절 직후이므로 제외된다. 유월절 한 달 전에 일어난 월식은 BC 4년 3월 13일이 유일하다. 표에 있는 기간 동안 유월절에서 3개월 안에 일어났던 다른 월식은 없었으므로 혼동될 여지는 별로 없다. 우리의 계산에 크나큰 실수만 없다면, 헤롯 왕은 틀림없이 BC 4년 3월 말과 4월 초 사이에 죽었을 것이다. 대부분의 역사가들과 성경학자들은 이러한 결론을 거의 틀림없는 사실로 받아들인다. 새개역표준성경은 이 결론을 받아들여서 신약성경 부록에 팔레스타인을 다스렸던 지배자들인 로마 황제들, 헤롯가(家)의 왕들, 그리고 유대 행정관들의 연대기를 적고 있다. 새개역표준성경은 헤롯의 재위 기간을 BC 37에서 BC 4년으로 적고 있다. 헤롯이 죽고 난

표 3.2 BC 9년과 BC 1년 사이에 예루살렘에서 볼 수 있었던 월식

날짜	연도	개기/부분월식
6월 3일	BC 9	개기월식
11월 28일	BC 9	개기월식
11월 18일	BC 8	부분월식, 43%
3월 23일	BC 5	개기월식
9월 15일	BC 5	개기월식
3월 13일	BC 4	부분월식, 35%
7월 17일	BC 2	부분월식, 81%
1월 9일	BC 1	개기월식

후, 그의 왕국은 셋으로 나뉘어졌다. 유대에서는 헤롯에 이어 아켈라오(Archelaus)가 지배자가 되었다.

BC 4년 3월에 일어났었던 월식은 예루살렘에서 보기에 특별히 장관(壯觀)은 아니었다. 이 월식이 지역 시간으로는 자정 한참 후에 시작되었지만, 세계시(Universal Time, UT : 과거의 그리니치 평균 시간)로는 3월 12일 밤 12시 전에 시작되었기 때문에 이 월식을 보통 BC 4년 3월 12~13일에 일어난 월식이라고 이야기한다. 이 밤 시간에 대부분의 도시들은 깊은 잠에 빠져 있었을 것이다. 파수꾼, 경비병, 목동 들만이 자정이 되기 20분쯤 전(예루살렘에서는 20분 전 새벽 두 시)에 희미한 그림자가 마치 유령처럼 달의 왼쪽 위 부분, 즉 북동쪽에 나타나기 시작하는 것을 목격했을 것이다. 이 희미한 그림자가 바로 지구의 어두운 반(半) 그림자(반암부 : 半暗部)이다. 예루살렘 시각으로 오전 1시 45분에는 달이 지구 그림자의 가장 어두운 부분인 암부(暗部)에 들어가기 시작했을 것이고, 몇 분 후에는 달의 일부분이 없어진 것이 뚜렷이 보였

을 것이다. 이때쯤 달은 남서쪽 하늘에 높이 떠 있었을 것이
다.

이 당시에 지구 그림자의 중심은 달의 북쪽으로 약간 치
우쳐서 지나갔으므로 지구상의 어느 지방에서도 개기월식은
보지 못했을 것이다. 예루살렘 시각으로 오전 2시 53분에 월
식이 최고조에 달하면서 달의 35%가 가려졌을 것이다. 온 도
시가 잠들어 있었을 이 즈음에 달의 위 부분 3분의 1이 가려
지면서 지구의 그림자는 달의 가장 커다란 '바다'들인 비의
바다, 추위의 바다, 그리고 맑음의 바다 일부를 가리고 있었
을 것이다. 헤롯 왕의 신하들도 처녀자리에서 가장 밝은 별
스피카의 서쪽, 처녀자리 안에서 일어난, 달이 가려지는 현상
을 목격했을지도 모른다.

달이 서쪽으로 지기 시작할 무렵, 지구의 그림자는 걷히
기 시작했다. 예루살렘 시각으로 오전 4시에는 아주 희미한
그림자의 일부 조각만이 달의 북서쪽에 조금 남았다가, 오전
4시 1분이 되자 그림자의 희미한 가장자리만이 겨우 보이다
가 이마저도 몇 분 정도 후에는 보이지 않게 되었을 것이다.
월식이 일어나기 전이나 후에 지구의 반(半) 그림자가 10분
이상 보이는 일은 거의 없다.

그러므로 이 월식 덕분에 우리는 헤롯 왕이 사망한 날짜
를 어느 정도 정확히 알게 되었다. 월식이 BC 4년 3월 12~
13일에 일어났고, 유월절이 그해 4월 11일에 시작했다면 우리
가 얻을 수 있는 유일한 결론은, 헤롯이 BC 4년 3월 말이나
4월 초에 죽었다는 것이다. 마태복음에 헤롯에 관한 부분과
아울러 예수 탄생 소식에 반응하는 헤롯의 모습이 자세히 기
록되어 있는 것을 보면, 예수님은 헤롯이 죽기 전에 태어나셨
다고 확실히 말할 수 있다. 헤롯이 죽기 얼마전에 예수님이

태어나셨는가를 알기 위해서는 보다 더 자료가 필요하다.

　마태복음에는 또 다른, 흥미로우면서도 무시무시한 얘기가 등장한다. 마태복음 2장 16절을 보면 동방박사들이 예루살렘으로 돌아오지도 않고, 이스라엘의 새로운 왕으로 태어난 아기 예수가 어디에 있는지 헤롯에게 알려주지도 않았을 때 헤롯 왕이 어떻게 반응했는가가 나온다. 얼마 후에 분노한 헤롯은 아기 예수를 죽이기 위해 베들레헴과 그 인근 지역에 사는 두 살 이하의 사내아이를 모두 죽이라고 명령한다. 자신의 권력에 대한 위협을 느끼자 이를 제거하기로 결심한 냉혈한(冷血漢) 헤롯은 자신의 정적이 빠져나갈 틈을 주지 않기 위해 철저를 기했다. 두 살 이하의 사내아이를 모두 죽이라고 한 명령을 보면 아기 예수는 그 명령이 있었던 때에 두 살보다 더 어렸을 것이라고 추측해 볼 수 있다. 헤롯은 예상되는 나이보다 한 살 정도 더 나이 많은 아이들까지 죽임으로써 소름끼칠 정도로 안전을 기했던 것이다. 또한 헤롯이 이런 명령을 내리기까지 오랜 동안 숙고했을 것 같지는 않다. 동방박사들이 돌아오지 않을 것임을 깨닫게 되는 데는 몇 주정도 또는 며칠밖에 안 걸렸을 수도 있고, 헤롯에게는 1년 이상 기다릴 인내심조차 없었을 것이다. 하지만 헤롯의 명령이 실행되기 전에 마리아와 요셉, 그리고 예수는 이미 이집트로 떠나버렸다.

　마태복음 2장 19절에는 마침내 헤롯의 죽음이 언급된다. 성경은 헤롯의 죽음이 죄 없는 아이들의 학살이 자행된 뒤 오래 지나지 않아서였음을 암시하고 있다. 만약 학살이 일어났을 때 아기 예수가 만(滿) 한 살이었고 (성경에서 아기를 뜻하기 위해 헤롯이 사용한 말은 그리스어로 '아장아장 걷는 아기'이지 '갓난 아이'가 아니다) 얼마 지나지 않아 헤롯이 죽었다면, 예수님은 BC 5년 초 즈음에 태어나셨을 것이다. 설사 학살이 일어났을 때 예수가 두 살이었고 학살 후 만(滿) 1년 이 지난 뒤에 헤롯이 죽었다고 가정하더라도, 예수께서 BC 7 년보다 그 이전에 태어나셨을 가능성은 거의 없다. 내 개인적 으로는 예수께서 BC 5년 초 즈음에 태어나셨을 가능성이 높 다고 본다. 왜냐하면 예수께서 BC 7년에 만약 태어나셨다면, 이것은 헤롯이 상당히 늦게서야 학살을 결정했다는 것이 되 며, 이것은 다른 곳에서 보이는 그의 무자비한 행동들과는 부 합되지 않는 내용이기 때문이다. BC 6년에 태어났을 것이라 는 가능성에도 이런 점에 비쳐볼 때 문제가 있다. 하지만 BC 5년에 태어났을 것이라는 가능성은 여러 증거들과 잘 부합된 다.

아기 예수가 BC 5년에 태어났을 것이라는 가능성을 뒷받 침하는 또 다른 증거를 누가복음에서 유추할 수 있다. 누가복 음 2장 1~7절에는 예수의 탄생과 전통적인 크리스마스 이야 기에 기본적으로 등장하는 배경들이 묘사되어 있다.

¹ 이때에 가이사 아구스도(Caesar Augustus)가 영(令)을 내려 천하로 다 호적하라 하였으니
² 이 호적(戶籍)은 구레뇨(Quirinius)가 수리아(Syria) 총독 (governor) 되었을 때에 첫번 한 것이라
³ 모든 사람이 호적하러 각각 고향으로 돌아가매
⁴ 요셉도 다윗의 집 족속인고로 갈릴리 나사렛 동네에서 유대 를 향하여 베들레헴이라 하는 다윗의 동네로
⁵ 그 정혼(定婚)한 마리아와 함께 호적하러 올라가니 마리아가 이미 잉태되었더라.
⁶ 거기 있을 그 때에 해산할 날이 차서

⁷ 맏아들을 낳아 강보(襁褓)로 싸서 구유(manger)에 뉘었으니 이는 사관(舍館)에 있을 곳이 없음이러라.

보통 마태복음의 내용과 함께 합쳐져서 크리스마스 연극에 주로 사용되는 내용이 여기에만 유일하게 등장한다. 여관은 만원(滿員)이고 갓 태어난 아기는 구유에 뉘어 있다. 마리아와 요셉은 단지 가이사의 명령에 따라 베들레헴에 왔고, 이것은 보통 세금을 거두기 위한 것으로 해석되어진다. 또한 마리아와 요셉은 먼 길을 지나 왔는데 더구나 마리아는 해산 직전의 만삭(滿朔)인 상태였다.

1절과 2절은 위의 일들이 언제 일어났는지를 정확히 결정하는 데 아주 중요한 몇 가지의 역사적 단서(역사가들이 보통 '정황 단서 contextual clues'라고 부르는)를 제공해 준다. 이 구절들에는 역사적인 문건들에 의해 확증된 아주 귀중한 정보들이 포함되어 있다(하지만 다른 자세한 내용들까지 완전히 일관적이지는 않다). 아래의 내용들을 보자.

1. 예수님은 아우구스투스 황제(Caesar Augustus)가 로마의 황제로 재위 중일 때 태어나셨다.
2. 예수님이 태어나시기 직전에 대대적인 인구조사가 실시되었다.
3. 당시 시리아(Syria)의 총독(governor)은 구레뇨(Quirinius)였다.

아우구스투스 황제는 BC 27년부터 AD 14년까지 예수님이 태어나신 즈음에 40년 이상이나 되는 긴 세월 동안 재위했다. 그러므로 이 기간은 예수님의 탄생 범위를 좁혀 주지는 못한다. 반면에 좀더 정확한 시기는 시리아 총독이던 구레뇨의 임기로부터 얻을 수 있다. 정확히 말하자면 구레뇨는 헤롯이 죽기 전에는 총독의 자리에 오르지 못했고, AD 6년이 되어서야 마침내 총독에 취임했다. 하지만 우리가 이제까지 보아 온 대로라면 AD 6년은 예수의 탄생과 관련되기에는 너무나 미래의 사건이다. 여기 어딘가에는 착오가 있을 것이다. 누가가 '특사(legate)'를 '총독(governor)'이라고 잘못 쓰는 실수를 했을지도 모른다.

영국의 천문학자이며 천문학사가(天文學史家)인 휴즈는 이 문제를 해결할 수 있는 방안으로, 역사적인 문서들에 근거하여 구레뇨는 BC 6년부터 BC 5년 사이에 사투르니우스(Saturnius)가 총독으로 있던 시리아에 파견된 황제의 특사였다는 사실을 제시한다. 이것은 헤롯이 죽은 때로부터 계산한 예수의 탄생일과 가장 근접하게 겹치는 기간이다. 우리가 누가복음을 올바르게 해석했다면, 이것은 우리가 생각하는 연대기를 뒷받침해 주는 좋은 증거이다. 반대로 누가복음의 문구가 잘못 번역되었다는 주장도 있다. 누가복음 2장 2절의 또 다른 해석은 이렇다. "구레뇨가 수리아 총독이 되었을 때 한 인구조사 전의 인구조사가 실시되었다". 다시 말하면 예수님이 태어나시기 직전에 인구조사가 실시되었는데, 이 인구조사는 구레뇨가 총독이었을 때 이루어진 인구조사와 비슷한 것이었다.

구레뇨의 총독 재위기간을 둘러싼 이와 같은 차이 때문에 어떤 이들은 예수님이 예상보다 훨씬 나중에, 아마도 AD 2년 즈음에 태어나셨을 것이라고 주장한다. 구레뇨가 시리아에 처음으로 오게 된 것은 예수님 탄생 시기로 생각되는 BC 7년과 BC 5년 사이와 일치한다. 이것으로 보면, 시간 계산에 커다란 실수가 있었다는 생각은 배제할 수 있다. 여기에는 누가복음에서 구레뇨의 공식적인 직함을 틀리게 표현했거나 아니면 단순히 누가복음의 문구를 잘못 해석했을 가능성도 가정해 볼 수 있다. 이 두 가지 가정 중의 하나는 충분히 가능성이 있다.

하지만 가장 심각한 문제가 남아 있다. 인구조사는 예수님이 태어나시기 전에 실시되었다고 했다. 그렇다면 얼마나 오래 전에 실시되었는가? 아우구스투스 황제는 로마 시민들에게 세 번 호적등록을 하라고 명령을 내렸다. 첫번째 호적등록은 BC 28년에, 두 번째는 BC 8년에, 그리고 세 번째는 AD 14년에 영을 내렸다. BC 8년의 인구조사를 명령한 실제 문서가 몇 년 전에 터키의 앙카라에서 발견됨으로써 그 날짜들도 알려지게 되었다. 아우구스투스 황제가 인구조사를 명령한 BC 8년과 구레뇨가 특사로 파견된 BC 6~5년 사이의 이 상당한 시간차는 어떻게 생각해야 할까?

이 시간차는 여러 가지 방법으로 설명될 수 있다. 첫번째는 로마제국 내에서의 통신이 느려, 인구조사 명령은 BC 8년에 내려졌더라도 실제 인구조사는 BC 5년 또는 BC 6년이 되어서야 가능했을 것이라는 점이다. 하지만 로마 제국의 일부 변두리에서는 통신이 아주 느렸다 하더라도, 이것은 우리가 일반적으로 알고 있는 로마의 기간시설과 효율에 부합되지 않는 내용이다. 로마의 역대 황제들은 통신이 빠르고 효과적이지 않으면 제국을 통치하기 어렵다는 것을 알고 있었기 때문에 원활한 통신 전달을 위해 최상의 도로들을 건설하기 위해 엄청난 노력들을 기울였다.

하지만 시리아는 지중해에 연(連)해 있는 나라였고, 주요 도시와 마을들은 해안에 가까이 있어서 최악의 경우에는 로마로부터 해로와 육로로 여러 주(週)가 걸려야 도달할 수 있었다. 자신들로부터 세금을 거둬들이기 위해 실시하는 인구조사 명령같이 즐겁지 않은 일을 하기 위해 개개인들이 아주 천천히 이동했을 것이라고 가정하더라도(실제로 그랬겠지만), 명령이 있고 난 뒤 그것을 실행하기까지 BC 8년에서 BC 5년의 3년씩이나 걸렸다고는 생각하기 어렵다.

또 다른 가능성은 아우구스투스 황제가 앞서 이야기한 것처럼 명령을 내리기는 했지만, 그것을 배포하고 실행하는 데 있어 그리 급하게 하지 않았으리라는 점이다. 명령은 BC 8년에 내렸으되, 실행은 BC 6년에 이루어지게 했으리라는 것이다. 이런 식으로 아우구스투스는 로마로부터 아무리 먼 곳에 있는 지역일지라도 늦어지거나 누락되는 이가 없도록 안전장치를 마련했을 것이다. 모든 사람들이 명령을 접수하고, 여행을 위해 필요한 준비를 하고, 한동안 집을 비울 것에 대비할 수 있도록 충분한 시간을 가졌을 것이다.

세 번째 가능성은 BC 8년의 인구조사는 누가복음에 등장하는 인구조사가 아니라는 것이다. BC 8년의 인구조사는 로마 시민들을 대상으로 한 것이었는데, 요셉은 로마 시민이 아니고 식민지 백성이었으므로 호적 등록을 할 필요가 없었다는 점이다. 더 나아가 누가복음에 나오는 인구조사는 세금을 거두기 위한 것이 아니라, 오히려 아우구스투스 황제에게 대한 충성 서약을 받고 군역(軍役)에 동원할 수 있는 모든 사람들의 명단을 확보하려고 했던 것일 수도 있다. 요셉이 비록 로마 시민은 아니었을지라도 이 의무로부터는 자유로울 수 없었다. 만약 이 가능성이 맞다면 이 인구조사는 헤롯 왕이 죽기 1~2년 전인 BC 6~5년에 있었을 것이다. 로마의 입장에서 본다면 이 등록은 유대인들이 어떤 지방자치단체에 소속되어 있든 자신들이 식민지 백성임을 확인시켜 주는 유용한 목표를 이루어 주는 것이다. 로마 역사에 있어서 그러한 인구조사는 여러 차례 있었다. 베들레헴의 별 연구자인 영국의 콜린 험프리스(Colin Humphreys)는 정황 단서들을 볼 때 이 인구조사는 헤롯이 죽기 1년 전, 즉 BC 5년쯤에 있었던 것으로 보인다고 주장한다.

그러므로 BC 8년의 인구조사가 누가복음에 언급된 인구조사와 같은 것이라고 결론짓기는 쉽지 않다. 아마 같은 것이었으리라 보여지지만 아니었을 수도 있다. 누가복음에 '천하(the whole world)로 다 호적하라' 한 것을 보면 로마 시민에게만 해당되는 것은 아니었던 듯싶다. 하지만 '천하로 다 호적하라' 또는 다른 번역인 '땅위의 모든 이들(the inhabited earth)'이란 문구는 과장된 어법으로 쓰였으며, 공문(公文)에 사용되는 문장 중의 일부일 뿐이지 문자 그대로 실현하기 위해 적은 것은 아니라는 주장도 있다.

그러므로 증거자료들을 이용해서 예수님이 탄생한 정확한 때를 찾아내는 것은 어렵지만, 연도의 범위를 세밀하게 좁힐 수는 있다. 헤롯 왕이 죽은 때를 비교적 징확히 정할 수 있으므로 BC 5년보다 이후일 가능성은 거의 없다. 대부분의 증거자료들을 살펴보면 BC 5년일 가능성이 가장 높고, BC 6년일 가능성도 조금은 있다. BC 7년처럼 더 이른 시기나, BC 4년처럼 더 이후의 시기는 가능성이 아주 적어 보이고, 또 다른 확실한 증거자료들과도 상치(相値)된다. BC 7년일 가능성은 아우구스투스 황제가 내린 인구조사 칙령과는 부합되지만, 잘 어울리는 증거들보다는 상충되는 증거들이 더 많다. BC 5년일 가능성은 비교적 만족스러운 편이어서 역사는 디오니시우스가 어느 정도 이해해 줄 수 있을 만한 두 개의 실수만 제외하고는 거의 옳았다고 입증해 주고 있다.

만약 최상의 이론과 가장 진실에 가까운 이론은 가장 단순한 것이라는 원칙이 옳다고 한다면, 예수님은 BC 5년에 태어나셨을 가능성이 가장 높다고 할 수 있다. 개인적으로 나의 좋은 벗이자 과거 동료이기도 했던, 스페인의 신학자 안드레스 브리또(Andrés Brito)는 베들레헴의 별을 비롯한 여러 종류의 성경적인 주제를 놓고 많은 강의를 했는데, 브리또는 BC 5년이 여러 증거자료들과 잘 부합하는 가장 그럴듯한 해라고 생각하는 전문가이다.

과연 BC 5년이 답이라고 한다면 이렇게 질문을 해볼 수 있을 것이다. "예수님은 정말로 BC 5년 12월 25일에 태어나셨는가?" 전통적인 크리스마스 날짜는 여러 세기 동안 바뀌지 않았다. 실제로 크리스마스 날짜는 로마가 멸망하기 거의 1세기 이전에 고정된 것으로 보인다. 미국의 신약성경 역사학자인 잭 피니건(Jack Finegan)은 그의 대표작 『성경 연대기 편람(Handbook of Biblical Chronology)』에서 크리스마스는 AD 336년 경부터 12월 25일이었다고 주장한다. 물론 이것은 그저 크리스마스가 처음 기재(記載)된 날짜일 뿐이다. 12월 25일이라는 날짜가 선택된 이유는 간단하다. 이 날은 이방인의 한겨울 축제인 '솔 인빅투스(Sol Invictus : 무적의 태양)' 축제와 날짜가 겹친다. 이 축제는 켈트(Celts)족이 지켰다고 생각되는 로마시대에조차 아주 오래된 축제였다. 이 축제는 동지(冬至), 즉 1년 중 낮이 가장 짧고 밤이 가장 긴 날을 기념한다. 현대에도 그렇지만 낮이 가장 짧은 날이 지나갔다는 사실은 겨울 중 가장 혹독한 날이 마침내 지나간 것 같은 위안의 느낌을 준다. 물론 천문학적으로는 여섯 주 정도 더 지나야 겨울의 중간이긴 하지만 말이다.

크리스마스의 오래된 이름에 '율레티드(Yuletide)'라는 게

있는데, 이 이름은 율(yule) 또는 로렐(laurel ; 월계수)이라는
단어로부터 나왔고, 이것은 이 이방인 축제기간 동안 행해졌
던 의식과 관련되어 있다. 구체적인 내용들은 현대의 크리스
마스 때 행해지는 의식들과 거의 똑같다. 다만 그리스도교의
다른 분파 교회들이 옛 축제의 각기 다른 의식을 더 중요시
한다는 점만 다를 뿐이다.

축제기간은 꼭 해야 하는 일들을 제외하고는 모든 일이
멈춰지는 공식적인 휴일이었다. 일터에서의 일보다 자기 집을
장식하는데 더 많은 노력들을 기울였다. 이 점에 있어서는 현
대와 과거가 거의 똑같다. 19세기 중엽 이후 전세계로 퍼진
독일식 풍습을 따라 오늘날에는 모든 가정들이 자기 집에 상
록수인 소나무(또는 그와 비슷한 것)를 가져다 놓고 잔가지들
로 장식한다. 로마시대에도 집집마다 상록수로 장식을 했는
데, 단 이때는 월계수 또는 율(yule)을 이용했다. 지금도 그렇
지만 당시에 이것은 고도로 상징적인 행동이었다. 즉 다른 나
무들은 나뭇잎 옷을 모두 벗고 앙상한 가지만 남아 있는 반
면에, 집을 장식하고 있는 초록빛 나뭇가지들은 겨울이 모든
푸른 것을 파괴하지는 못한다는 것을 보여주는 것이다.

놀랄 만한 사실 한 가지는 이 축제 때는 항상 선물을 주
고받았다는 것이다. 크리스마스 때 선물을 주고받는 풍습은
동방박사들이 아기 예수께 선물을 드린 데서 기원한다는 잘
못된 주장이 있곤 했다. 마태복음 2장 11절을 보자.

[11] 집에 들어가 아기와 그 모친 마리아의 함께 있는 것을 보고
엎드려 아기께 경배하고 보배합을 열어 황금과 유향과 몰약을 예
물로 드리니라.

사실 예수님이 태어나신 즈음에는 이미 한겨울 대축제 때 선물을 주고받는 것이 오래된 전통이었다. 마태복음에 기록된 동방박사들의 행동은 이 이방인의 전통을 그리스도인들의 풍습과 전통으로 바꾸었다. 지금은 이 풍습이 또 다시 약간 바뀌어서 개인의 취향대로, 겨울 축제가 들어 있는 달의 각기 다른 날에 선물을 가져온다.

많은 사람들이 현대적이라고 생각하는 다른 전통들도 사실은 이 오래된 겨울 축제의 풍습이었다. 현대에도 파티와 특별 음식이 빠진 크리스마스를 생각하기 어려운 것처럼, 한겨울 축제에도 비슷한 것들이 있었다. 아마 술도 이 축제에서 중요한 역할을 했을 것이다.

영국이나 미국처럼 개신교 국가에 사는 이들에게는 전통적인 한겨울 축제의 마지막 부분이 생소하게 느껴질 것이다. 하지만 스페인이나 이탈리아, 중남미 같은 독실한 가톨릭 국가에 사는 이들에게는 친숙한 이것은, 원하는 사람은 누구나 보고 참가할 수 있도록 거리에서 행하는 의식인 시가행진 (parades and processions)이다.

그러므로 그리스도교가 옛 로마제국에 영향력을 더욱 넓혀가게 되면서 백성들은 자신들이 지켜오던 휴일과 축제를 잃고 싶어하지 않았으리라는 것은 당연하다. 화해하고 적응하는 오랜 전통을 가진 그리스도교는 이렇게 인기 있는 축제를 억압하는 희망 없는 일을 시작하는 대신 그것을 그리스도교의 새로운 전통으로 흡수해서 오히려 교회력에서 가장 중요한 날 중의 하나로 삼기로 결정했다. 그러므로 12월 25일을 예수의 탄생일로 정한 것은 어찌 보면 '우연히' 일어난 셈이다. 역사적으로 보면, 이 날은 예수의 탄생과 별다른 관련이 없다.

실제로 역사 기록들을 보면 예수의 탄생일로 다양한 날짜
들이 등장한다. 예를 들어 아르메니아 사도 교회(Armenian
Apostolic Church)와 그리스 정교회(Greek orthodox)는 예수님
의 탄생일을 1월 6일에 기념한다. 가톨릭 교회 역시 이 날을
주님 공현 대축일(公顯 大祝日 ; the Feast of the Epiphany)이
라 해서 동방박사들이 아기 예수를 방문한 것을 기념하며, 크
리스마스 선물을 주고받는다. 하지만 현대의 상업주의 때문에
어떤 곳에서는 이런 풍습이 변형되기도 한다. 예를 들어 스페
인에서는 많은 가족들이 12월 25일과 1월 6일 두 번 모두 선물
을 주고받는다. 반면에 영국의 왕실에서는 독일식 전통을 따라
12월 24일에 선물을 주고받는다. 다른 여러 나라들에서는 여전
히 산타 클로즈(Santa Claus)의 원조인 성 니콜라스(Saint
Nicholas) 축일, 즉 12월 6일에 선물을 주고받는다.

예수님의 정확한 탄생일을 찾아보려는 시도는 여러 번
있었는데, 피니건은 몇 가지의 흥미 있는 초기 시도들을 제시
한다. 가장 먼저 있었던 시도는 소위 첫번째 대립교황(anti-
Pope)으로 불리는 히폴리투스(Hippolytus ; 대략 AD 165~
235)에 의한 것이었는데, 1551년에 로마에서 발견된 히폴리투
스의 조상(彫像)에는 그의 부활절 표(Easter tables)와 저작
목록이 함께 새겨져 있었다. 히폴리투스에 의하면 예수는 아
담 후 5502년에 태어났는데 이것은 BC 2년 혹은 3년 정도가
된다. 히폴리투스는 이 날짜를 좀더 개선해서 "4월의 노네스
(Nones) 전 네 번째 날에" 태어났다고 주장한다. 어느 달이든
노네스(The nones)는 이데스(ides ; 15번째 날 또는 16번째
날) 전 아홉 번째 날을 의미한다. 4월에는 노네스가 5번째 날
이 되므로, 예수님이 나신 정확한 날은 4월 2일이 될 것이다.[3]
피니건이 보여주는 또 다른 놀라운 계산은 무명의 북아프리

카 작가가 『데 파스카 콤푸투스(*De Pascha Computus*)』라는
자신의 작품에 남긴 것이다. 이 작가는 일요일에 창조가 시작
되었고, 이 날 빛과 어두움이 나뉘었다고 기록한다. 빛과 어
두움이 같았으므로 이 날은 춘분 또는 추분이었을 것이고, 로
마력에서는 창조의 날이 3월 25일이었을 것이다. 태양은 수요
일에 창조되었고, 그리스도는 "의(義)의 태양"이시므로 예수님
은 틀림없이 수요일인 3월 28일에 태어나셨을 것이다.

AD 194년에 알렉산드리아의 클레멘트(Clement of
Alexandria)는 예수님의 탄생일을 BC 3년 11월 18일로 결정
했다. 클레멘트조차도 아주 조심스러웠으며, 두 가지의 또 다
른 가능성도 제시했는데, 즉 4월 19/20일과 5월 20일이다. 키
프로스 섬 살라미스(Salamis)의 감독이었던 에피파니우스
(Epiphanius ; 대략 315~403)는 클레멘트보다도 약 한 세기
반이나 뒤에 쓴 글에서 예수님의 탄생일을 1월 6일로 이야기
하면서 동시에 5월 20일이 잉태된 날이라고 주장했다. 에피파
니우스는 5월 21일과 6월 20일일 수도 있다고 기술했다. 만약
5월 말에 잉태되었고, 임신기간을 다 채우지 못했다면 1월 초
에 태어날 수 있다(5월 20일에 잉태되었다고 한다면 7개월 반
만에 태어난 것이 된다). 이 날짜들이 사실이라면 아기는 심
각할 정도로 자라지 못한 상태였을 것이고 분만은 아주 위험
했을 것이다. 6월 말에 잉태되어 1월 초에 태어났다면 신생아
는 생존이 어려웠을 것이고, 더구나 누가복음에 나오는 것 같
은 분만 상황에서는 더 말할 나위도 없다.

아마 5월의 날짜는 단순한 혼동이었을 것이고 잉태된 때
라기보다는 태어난 때를 의미하는 것일 것이다. 1950년대에
독일의 저널리스트이며 작가인 베르너 켈러(Werner Keller ;
켈러가 쓴 책 『역사로서의 성경(*The Bible as History*)』은

바로 이 분야를 개척했다)는 누가복음에 나오는 예수님 탄생
의 이야기는 그때가 겨울이라고 보기 어렵다고 지적한다. 누
가복음 2장 8~19절에는 목자(牧者)들에게 예수 탄생 소식이
전해지고 그들이 아기를 방문하는 이야기가 등장한다. 여기서
중요한 구절은 바로 8절이다.

> 8 그 지경에 목자들이 밖에서 밤에 자기 양떼를 지키더니

켈러는 팔레스타인의 겨울 날씨가, 위도가 더 북쪽인 지방보
다는 덜 춥지만 그래도 만만하지는 않다고 지적한다. 12월에
는 보통 폭우가 쏟아지고, 겨울 내내 비와 서리, 그리고 가끔
은 심한 눈까지 번갈아 내린다. 특히 베들레헴은 해발고도가
780 m나 되기 때문에 바다에 가까운 마을들에서보다도 훨씬
더 춥다. 따라서 바다처럼 고도의 영향을 없애 줄 수 있을 만
큼 따뜻한 무언가가 가까이에 없다면 날씨는 상당히 추울 것
이다. 강설 지역은 상당히 남쪽까지 내려와 종종 언덕 위에
눈발을 날려서 짐승들의 먹이를 덮어버리곤 했을 것이다. 그
러므로 적어도 현대에는 (물론 과거에도 그랬지만) 이 지방의
목자들이 겨울에 짐승들과 함께 들판에 있을 꿈조차 꾸지 않
는다. 해마다 이 시기에는, 양들이 새끼 낳을 시기가 되어 바
깥에서 풀을 뜯을 수 있게 되기까지 실내에 머무른다. 목자들
이 24시간 내내 짐승들을 돌보게 되는 때는 1년 중에서 3~4
월이다. 이때에는 양들이 새끼를 낳기 때문에 목자들은 밤낮
을 가리지 않고 양을 돌보며 위험으로부터 지키고 암 양들이
새끼 낳을 때 문제가 생기지 않나 보살핀다. 누가복음의 내용
은 예수님이 태어나신 때가 십중팔구는 양들이 새끼를 낳는
시기인 3월이나 4월 또는 5월 같은 초봄이었을 것이고, 그렇

지 않다면 갓 낳은 새끼 양들을 돌보아야 하는 때였음을 암시한다. 재미있게도 이때는 종종 예수님을 묘사하기 위해 사용되는 말인 '하나님의 거룩한 어린 양'이라는 표현의 근원으로 딱 맞는 시기이기도 하다.

만약에 예수님이 태어나신 때가 BC 5년 3월 또는 4월이었다면, 두 살부터 그 아래의 모든 사내아이를 죽이라는 헤롯의 명령은 여전히 너무 심한 면이 있기는 하지만, 그의 기준으로 본다면 논리적인 것이다. 이때는 학살이 BC 5년 또는 BC 6년에 행해졌다고 주장하는 휴즈의 말과도 일치한다.

베들레헴은 그 당시에나 지금이나 여전히 작은 마을이라는 점 때문에 이 학살은 생각보다는 작은 규모에서 행해졌다는 주장도 있다. 베들레헴 주변 마을들까지 모두 포함한다고 하더라도 학살의 대상이 된 두 살과 그 아래의 사내아이들은 그리 많지 않았을 것이다. 하지만 복수 또는 자기보호의 명목으로 살해된 아이들의 수가 몇 백 명이든 "겨우" 몇 십 명이든 이 사건은 헤롯이 어떠한 사람이었는가를 말해준다. 역사는 그가 행한 것에 비하면 그에게 지나치게 관대했던 것 같다.

어떤 학자들은 마태복음 2장과 누가복음 2장에 기록된 사건들을 더 심층 분석해서 이 두 복음서에 기록된 내용들의 완벽한 연대표를 만들어 보는 시도를 했다. 하지만 이 두 복음서 내용에 공통된 내용이라고는 예수님의 탄생 외에는 전혀 없기 때문에 이것은 그리 쉬운 일은 아니다. 누가복음에는 황제의 칙령, 마리아와 요셉의 여행, 여관이 만원(滿員)이라는 사실, 마리아가 여물통(구유)을 아기 침대로 사용해야 했었다는 것, 그리고 목자들의 방문 등이 기록되어 있다. 누가는 역사적인 시각으로, 당시에 일어났던 일들을 시간 순서대로 자세하게 기록하고 있는 것을 볼 수 있는데, 특히 산문조(散文調)로 기록한 목자들의 이야기 같은 데서 그 진면목을 볼 수 있다. 반면에 마태는 별의 출현, 동방박사들의 방문, 이들이 헤롯을 찾아간 이야기, 그리고 마침내 이들이 베들레헴을 방문해서 아기 예수께 경배를 드린 일 등을 기록했다. 마태의 기록은 훨씬 더 "시(詩)적"인 자세함을 담고 있고, 더 신비적(神秘的)이며, 정확한 역사적인 기록과는 거리가 먼 편이다.

보통의 크리스마스 연극의 내용은 두 복음서를 혼합한 것이다. 이들이 어떤 시간 순서로 일어났었는지를 잘 모르기 때문에, 예를 들어 목자들과 동방박사들 중 누가 먼저 방문했는지, 그리고 그때 아기는 갓 태어난 아기였는지 또는 몇 달이나 몇 주 정도 된 아기였는지에 대한 내용은 알 수 없다. 누가는 목자들의 방문이 예수가 태어난 지 8일째 되는 날에 받은 할례(割禮)보다 먼저였다고 적고 있는데, 그 이상 더 자세한 내용은 없다.

마태복음과 누가복음의 사건들을 완벽하게 시간 순서로 배열하는 것은 남아 있는 몇 안 되는 자료를 과대 해석하는 위험을 수반하게 된다. 하지만 마태복음에 단 네 번 등장하는 '별'이라는 단어와 이 짧은 문장들을 가지고 만들어낸 저 수많은 글들을 생각하면, 이러한 비난은 감수할 수밖에 없을 것이다.

1991년에 영국의 학자인 험프리스는 표 3.3과 같은 연대표를 제시했는데, 우리는 이것을 위와 같은 내용들을 염두에 두고 받아들여야 할 것이다. 그는 두 가지의 훨씬 정확한 연대표를 가능성으로 제시했는데, 그 중 하나는 예수님이 BC 5년 4월 13일과 27일 사이의 유월절에 태어나셨다는 가정을 하고 있다. 이 기간에는 유월절을 지키기 위해 온 여행자들이

많았을 것이다. 이는 여관이 만원(滿員)이었다는 누가복음의
기록을 잘 설명해 준다. 그러므로 마리아와 요셉은 마굿간에
머물면서 아기 예수를 여물통(구유)에 누일 수밖에 없었을 것
이다(재미있게도 마굿간이라는 단어가 복음서에는 전혀 나오
지 않는데도, 어느새 그리스도교의 전통이 되어버렸다). 이 연
대표대로라면 예수님의 탄생일은 두 주(週)라는 좁은 시기 안
으로 범위를 좁힐 수 있다. 이것은 우리가 알고 있거나 또는
생각할 수 있는 다른 자료들과 비교적 일치한다.

　　험프리스가 두 번째 가능성으로 제시한 연대표는 종종
예수님을 묘사하기 위해 사용되는 "하나님의 거룩한 어린 양"
이라는 문구가 유월절 양이 선택되는 날에 예수님이 태어나
셨다는 것을 의미한다는 사실을 그 제안의 기초로 삼고 있다.
만약 예수님이 BC 5년에 태어나셨다면 유월절 양을 선택하는
날은 4월 14일 저녁부터 유월절 축제가 시작되는 때인 4월
15일 저녁까지가 된다. 우리는 또 다시 흥미로운 자료이기는

표 3.3 험프리스가 제시하는 예수 탄생 시기의 연대표

	날짜	내용
BC 5년		
	3월 9일~5월 4일	예수님이 베들레헴에서 나심
	3월 9일~5월 4일	목자들의 방문
	3월 16일~5월 11일	할례(割禮)
	4월 18일~6월 13일	예루살렘 성전에서의 제사, 베들레헴으로 돌아옴
	4월 20일~6월 15일	동방박사들의 방문
	4월 말~ 6월 중순	이집트로 이주
BC 4년	3월 말	헤롯의 죽음

하지만 증거는 별로 없는 것에 지나친 강조를 두게 되는 위험을 감수하려고 한다. 만일 예수께서 그토록 중요한 날에 태어나셨다면 그에 관한 어떤 기록이 성경이든 다른 곳이든 어디엔가 남아 있었을 것이라는 반대 주장도 있을 수 있다.

휴즈는 표 3. 4에 보인 것처럼, 1976년에 과학 잡지 『네이처(*Nature*)』에 실린 독창적인 논평에서 덜 정확하지만 좀더 보수적인 연대표를 제시했다. 험프리스와 휴즈는 디오니시우스의 달력에 관한 해석에 있어 의견을 달리하는데, 험프리스는 예수님이 BC 1년 12월 25일에 태어나셨다는 입장을 취한다. 두 연대표의 많은 부분들이 비슷하기는 하지만, 둘 중 어느 쪽이 진실인지에 관해 우리를 혼동스럽게 만드는 몇 가지

표 3.4 휴즈가 1976년에 발표한 예수 탄생 시기의 연대표

BC 9~6년		사투르니우스가 시리아의 총독이었고, 구레뇨는 황제의 특사였다.
BC 8년		아우구스투스 황제가, 모든 사람들에게 세금을 거두라는 칙령을 발표
BC 7~5년		성경에서 말하는 예수님의 탄생
BC 6~5년		어린 아이들의 학살
BC 4년	3월 13일	월식
	3월 13일~4월 11일	헤롯의 죽음
	4월 11일	유월절의 시작
BC 3년		
	11월 18일	클레멘트가 말하는 예수님의 탄생
BC 2년		
	1월 6일	에피파니우스가 말하는 예수님의 탄생
AD 1년		
	12월 25일	디오니시우스가 말하는 예수님의 탄생

중요한 차이점들이 있다. 만약 우리가 예수님이 태어나신 정확한 연도를 모른다면, 예수님이 어느 특정한 연도의 어느 특정한 날짜에 태어나셨다고 말하는 것은 더욱 위험한 짓이다. 예수님이 BC 5년의 3월이나 4월에 태어나셨다고 하는 증거가 아주 강력하기는 하지만, 아마도 우리는 이 질문의 정확한 답을 영원히 알 수 없을지도 모른다. 다른 증거들을 고려할 때, BC 7년이나 BC 4년은 아닌 것으로 보이지만, BC 6년의 비슷한 시기는 가능성이 낮기는 하지만 불가능하지는 않다. 하지만 흥미롭게도 휴즈는 1998년에 영국의 텔레비젼에서 크리스마스에 대해 이야기하면서 그 자신이 1976년에 발표한 연대표를 상당 부분 바꾸었다. 그는 이것을 1979년에 베들레헴의 별에 관한 자신의 책에 발표했는데, 그 내용은 예수님이 BC 7년 9월 15일에 나셨다는 것이다. 우리는 이 책의 다른 장(章)에서 그가 이 날짜를 선택한 이유를 살펴보게 될 것이다.

전문가의 대부분은 BC 5년 3월~4월에 동의하지만 그렇다고 모든 사람들이 여기에 동의하는 건 아니다. 일부 학자들은 여기에 이의를 제기한다. 1996년에 역사가이자 신학자인 어니스트 마틴(Ernest Martin)은 표준적인 연대표에 반대하면서 예수님은 BC 3년 또는 BC 2년에 태어나셨다고 주장했고, 나중에는 두 가지 중 BC 3년을 주장했다. 그의 의견을 강력하게 뒷받침하는 증거는, '헤롯의 월식'은 BC 4년에 일어난 것이 아니라 BC 1년 1월 10일에 일어난 것이라는 주장이다. 마틴은 월식과 유월절 사이의 기간이 한 달이 안 된다고 셈한 계산이 틀렸다고 주장한다. 확실히 마틴이 주장하는 BC 1년의 월식이 BC 4년의 월식보다는 훨씬 더 장관(壯觀)이었다. BC 1년의 월식은 달이 전혀 보이지 않는 개기월식만 예루살렘 시각으로 오전 1시 35분부터 3시 6분까지 약 한 시간 반

동안 진행되었다. 달이 조금이라도 가려지는 월식 전체의 진행은 밤 12시 37분에 시작되어 오전 4시 4분까지 지속되었고, 이때 달은 하늘에서 게자리(Cancer)에 위치해 있었다.

우리는 아마 예수님이 태어나신 날을 앞으로도 정확히 알 수 없을지도 모른다. 여러 가지 가능성 중에 나 개인적으로는 BC 5년이 가장 진실에 가까운 것으로 본다. 이 책의 다른 부분에서도 보겠지만, BC 5년을 뒷받침해 주는 또 다른 증거는 하나 더 있다. 이것이 완벽한 증거는 아니지만, 어쨌든 이것까지 고려한다면 예수님은 BC 5년 3월에 태어나셨을 가능성이 더욱 짙어진다. 만약 이것이 사실이라면 많은 사람들이 (틀리게) 기념하는 새 천년(millennium)은 1999년 12월 31일 다음날부터 시작하는 것이 아니며, 이미 1995년에 아무도 모르게 지나간 셈이다.[4]

달력에 어떤 실수가 있었든 간에 이제 와서 그걸 바꿀 수 있을 것 같지는 않다. 개선을 위해서 어떤 종류의 변화이든 시도된다면 우리는 그것을 틀린 것으로 받아들이게 되고, 따라서 의미 없는 일이 되고 만다. 만일 우리가 예수님이 태어나신 날짜를 정확히 찾아낼 수 있다고 하더라도, 12월 25일은 1700년 동안 크리스마스 날짜로 잘 지켜져 왔다. 그런데 이제 와서 그걸 왜 바꾸겠는가? 디오니시우스가 달력에 남겨 놓은 5년의 실수에 대해서도 똑같은 말을 할 수 있을 것이다. 그래도 바꾼다면 그건 순전히 바꾼다는 목적을 달성하기 위한 바꿈이지 그 이상 아무 것도 아니다.

예수님 일생의 연대표에 관한 장(章)을 마치기 전에 예수님의 죽음에 대해서 짧게 이야기하는 것도 흥미로울 것이다. 왜냐하면 예수님의 죽음에 관한 부분에서도 그의 탄생에 관한 또 다른 간접적인 증거들을 볼 수 있기 때문이다.

앞에서도 보았던 것처럼 일식과 월식은 모두, 종종 중요한 인간사(人間事)와 함께 기록되었기 때문에 역사적인 사건들의 날짜를 계산하는 데 있어 중요한 역할을 한다. 우리는 어쩌면 일식을 이용해서 예수님이 십자가에 못 박힌 날을 계산할 수 있을지도 모른다. 많은 사람들이 예수님은 AD 33년 4월 3일에 십자가에 달리셨다고 주장한다. 누가복음 3장 23절에는 예수님이 '삼십 세쯤'에 공생애(公生涯)를 시작했다고 기록되어 있다. 예수님이 BC 5년에 태어나셨다면 AD 26년쯤에는 삼십 세쯤 되었을 것이다. 누가복음의 뒷부분, 십자가에 달리신 것을 설명하는 부분에는 이때의 정황을 나타낸 또 다른 재미있는 내용이 있다. 누가복음 23장 44절~45절을 보면, 예수께서 십자가에서 돌아가시기 직전의 이야기가 나온다.

[44] 때가 제 육 시(noon)쯤 되어 해가 빛을 잃고 온 땅에 어두움이 임하여 제 구 시(three in the afternoon)까지 계속하며
[45] 성소의 휘장이 한가운데가 찢어지더라.

새개역표준성경은 '해가 달에 가려졌다'라는 번역을 싣고 있다. 대부분의 영어 성경들은 모호하게, 단순히 '하늘이 어두워졌다'라고 기록하고 있다. 반면에 내가 많이 참조하는, 최근에 발행된 스페인어 성경에서는 '일식이 일어났다'라는 표현을 꽤 자주 사용하는 걸 볼 수 있다.

외경 베드로서(Gospel of Peter)에는 다음과 같은 매혹적인 문구가 있다.

그리고 많은 사람들이 마치 밤인 것처럼 등불을 들고 다녔고

넘어지기도 했다.

하지만 베들레헴 별의 경우에 언급된 가능성처럼 이것 역시
도 성경이 그저 천체현상으로 기록한 것뿐일 수도 있다. 만약
그렇다면 위의 누가복음 성경 구절들이 일식을 묘사한 것으
로 생각할 수 있을까? 영국의 물리학자인 트레버 립스코움
(Trevor Lipscombe)의 제안을 따라서 나는 AD 30년 경에 예
루살렘에서 관측할 수 있었던 일식이 있었는가를 조사해 보
았다. 지구상의 특정한 한 지점에서 볼 때 개기일식은 그리
흔하지 않다. 북아프리카나 유럽이 아주 넓음에도 불구하고
지난 20~30년 동안에 이 지역에서 관측할 수 있었던 개기일
식은 거의 없었다.

　　AD 29년 11월 24일에 덴마크의 서쪽 동프리지아 제도
(East Frisian Islands) 가까이에 있는 북해에서 일식이 시작
되었다. 달이 해를 가려서 만들어지는 그림자 지역은 독일에
서부터 불가리아를 지나 터키로 가는 길을 따라 유럽을 횡단
했다. 그리고 해가 완전히 가려지는 개기일식 그림자는 지중
해를 지나 키프로스(Cyprus) 섬의 라르나카(Larnaca)를 지나
레바논과 시리아를 횡단해 갔다. 예루살렘은 개기일식을 볼
수 있는 지역권으로부터 약간 남쪽으로 치우친 위치에 놓여
있었다. 하지만 그럼에도 세계시로 오전 9시 5분에 (예루살렘
지방시로는 오전 11시 5분, 즉 재미있게도 누가복음에 언급된
것처럼 정오쯤의 시각이다) 예루살렘에서 태양은 95%가 가려
져 보이지 않았다. 나사렛과 갈릴리에서는 태양이 완전히 가
려지는 개기일식이 일어났을 것이다.

　　만약 누가복음에 나오는 이야기가 정말로 개기일식을 표
현한 것이라면 다른 날짜 중에는 가능한 날이 거의 없게 된

다. AD 25년부터 35년 사이에는 예루살렘에서 겨우 다섯 개의 일식이 관측 가능했는데, 이 중에 AD 29년의 일식만큼 중요한 것은 없었다. 이 AD 29년의 일식만이 예루살렘 근처에서 개기일식으로 관측되었을 것이다.

이 개기일식은 달 그림자의 중심이 지나가는 지구상의 지점에서 최대 2분 2초 동안 지속되었을 것이다. 갈릴리 바다 근방에서는 개기일식이 겨우 1분 49초 동안 지속되었을 것이다. 신기하게도 예루살렘에서는 태양의 95%가 가려지는 일식이 일어났더라도 눈으로 보기에 하늘은 어두워지지 않았을 것이다. 사람의 눈이 볼 수 있는 빛의 범위는 밝은 데서부터 어두운 데까지 아주 넓기 때문에, 부분일식이 일어나는 동안 야외에 서 있다면 하늘이 어두워져 보이지는 않게 된다.

하지만 만약 그때 실내에 있었다면 창으로 들어오는 아주 제한된 빛만 받아들이게 될 것이다. 그러므로, 실내에 있는 사람은 태양이 평소보다 20분의 1의 밝기로 어두워지는 이 현상을 쉽게 알아챌 수 있었을 것이다. 또 실내는 아주 어두워졌을 것이다. 비슷하게, 만약 구름이 끼어 있었다면 (엷은 구름이 아니고 금방 비라도 올 것 같은 짙은 먹구름, 예루살렘에서 11월에는 이런 구름이 충분히 가능하다) 하늘이 어두워지는 양상은 한층 더 했을 것이다. 그도 그럴 것이 태양은 보이지 않았을 것이고, 사람들은 하늘이 어두워지는 이유가 식 때문인지 전혀 알아채지 못했을 것이니 말이다.

나는 태양이 가려지는 이 신기한 현상을 세 번 경험했는데, 그때마다 태양은 가려지면서도 지상에서 보기에 빛은 그리 심하게 줄어들지 않았다. 내가 처음 일식을 본 것은 핀란드(Finland)에서였다. 나는 끝없이 펼쳐진 아름다운 핀란드의 숲 한가운데 작은 언덕 위 소방 탑 꼭대기에 있는 좁은 실내에서 사십여 명의 사람들과 함께 개기일식을 목격했다. 하지만 달 그림자가 마침내 도달하기 전까지는 뭐 그리 뚜렷한 빛의 감소는 일어나지 않았다. 두 번째로 경험한 일식은 모로코(Morocco)에서였다. 이때 본 것은 금환일식이어서 달이 태양을 가리되 다 가리지는 못하고 태양의 가장자리에 둥근 고리를 남겨 놓아서 이 고리가 반지 모양으로 보이는 현상이었다. 카사블랑카(Casablanca) 교외의 해변에서 해질 무렵 일어난 이 일식에서는 최대일식이 일어났을 때(태양의 96%가 가려지는)조차 어두워졌다는 느낌을 전혀 받을 수 없었다. 마지막 세 번째로 내가 경험한 일식은 1998년 2월 어느 날 해질 무렵, 이곳 카나리아 제도(Canary Islands)의 약간 북쪽에서 일어난 개기일식이었다. 이때에도 역시 뚜렷하게 어두워지는 현상은 일어나지 않았다. 세 번의 일식 때 모두 하늘은 구름 없는 맑은 날씨였다. 하지만 만약 짙은 구름이 가득 끼여 있었거나 거의 개기일식에 가까웠다고 한다면, 틀림없이 깜깜하게 어두워졌을 것이다. 실외에 있었더라도 어두워지는 것을 볼 수 있었을 것이다.

갈보리가 개기일식을 볼 수 있는 좁은 행로에 포함되어 있지 않았다면 어두워지는 일은 없었을 것이다. 그리고 설사 갈보리가 개기일식을 볼 수 있는 좁은 행로에 포함되어 있었다 하더라도, 어둠은 2분 정도만 지속되었지 누가복음에 나오는 것처럼 여러 시간 지속되지는 않았을 것이다. 실내에 있었다고 하더라도 어두워지는 일이 15분 이상 지속되지는 않았을 것이므로, 충분히 등불을 찾고 불을 켤 수 있었을 것이다. 달이 태양을 막 가리기 시작하는 일식의 시작부터 달이 태양의 바깥으로 빠져 나오는 일식의 마지막까지 한 시간 반 정도밖에 안 걸리므로 누가복음에서 말하는 세 시간보다는 훨씬 짧다.

위의 내용들은 모두 오해 때문일 수도 있다. 어떤 사람들은 '일식이 일어났다'고 하는 번역은 일식이 유월절(보름달)에 일어났다는 의미가 되기 때문에 불가능하다고 주장한다. 사실 일식은 그믐 무렵에만 일어날 수 있다. 하지만 만약 AD 29년 11월 24일에 일식이 일어났고, 그때가 바로 예수님이 십자가에 달리신 때였다면, 우리가 알아낼 수 있는 것 한가지는 있다. 누가복음에서 말하는 것처럼 예수님이 공생애를 약 30세 때에 시작했고, 그것은 약 3년간 지속되었다. AD 29년에 33세로 돌아가셨다면, 예수님은 BC 4년 또는 5년에 태어나셨을 것이다.

이 첫번째 크리스마스에 관한 장(章)이 예수님의 십자가 형벌에 관한 이야기로 인해 우울하게 끝마쳐질 필요는 없다. 우리는 크리스마스 별을 찾는 여정에 올라 있고, 이제 우리는 어느 연도를 뒤져야 할지를 알게 되었다. 물론 정말로 그 별이 존재했었다면 말이다. 하지만 하나하나가 베들레헴의 별일지도 모르는 천체현상들이 수없이 남아 있고, 우리는 이들 하나하나를 세밀히 따져 보아야 할 것이므로, 우리의 여정은 이제 겨우 시작한 셈이다. 이제 이들에 대한 조사를 시작해 볼 때이고, 우리의 곡식을 추수하기 전에 잡초들을 제거하는 작업부터 해야 할 것이다.

핼리 혜성과 그 외의 후보들

나는 어렸을 때부터 천문학에 매료되어 있었다. 나는 종종 나의 부모님들이 내가 한참 자고 있으리라 생각하고 계실 시간에 침대에서 빠져 나와 창 밖의 하늘을 쳐다보곤 했다. 물론 추운 겨울날 내가 살고 있던 남부 잉글랜드에서는 오후 5시만 되어도 깜깜해지고, 다음날 아침 7시에도 여전히 어두컴컴했기 때문에 밤하늘을 보는 것은 쉬웠다. 여름에는 밤 10시가 되어야 어두워지고 새벽에는 4시부터 날이 새기 때문에 밤하늘을 보는 것이 쉽지 않았다.

나는 크리스마스 때의 하늘을 좋아했는데, 특히 크리스마스 날 새벽에 보는 하늘을 더 좋아했다. 어떤 때는 하늘에 초승달과, 지금 생각해 보면 금성인, 아주 밝은 '별'이 보석처럼 박혀 있었다. 나는 어느 크리스마스 날 아침에 하늘에 떠 있는 이 천체들을 바라보며 그 경이로움에 감탄하던 일을 지금도 기억한다. 내 컴퓨터를 사용해 계산해보니 이 날은 1967년의 크리스마스였고, 내가 겨우 일곱 살 때였다. 만약 그 당시에 내가 베들레헴의 별에 관심을 가졌다면, 내 앞의, 그리고

내 뒤의 수많은 사람들처럼 나 역시도 달과 금성의 우아한 아름다움에 매혹되어 '그' 별을 찾았다고 확신했을 것이다. 재미있게도 금성과 초승달은 2092년까지는 크리스마스 이브, 혹은 크리스마스 당일 아침에 함께 보이는 일이 없을 것이다. 3년 뒤에 나는 더욱 더 확신을 가질 수 있었을 것이다. 1970년 크리스마스 날에는 달과 금성, 목성, 그리고 화성이 모두 새벽하늘의 한 군데에 모여 있었다. 하지만 모든 걸 완벽하게 가질 수는 없는 모양이다. 그 크리스마스 날 아침, 우리 집에서 보는 하늘은 흐리고 구름이 가득했었다. 그렇지 않았다면 나는 틀림없이 그 장관(壯觀)을 또렷이 기억했었을 것이다.

매년 크리스마스 때가 되어 베들레헴의 별 이야기가 등장하면 이 별의 정체에 관한 새로운 의견들이 끊임없이 또 나오곤 한다. 가장 자주 등장하는 후보가 바로 금성(金星)인데, 오래 전 크리스마스 날 아침에 달 바로 옆에서 빛나고 있던 금성을 본 나로서는 이것을 쉽게 이해할 수 있다. 실제로 최근에 이와 똑같은 주장이 유명하고 전문적인 천문학 저널에 또 다시 실렸다. 그 다음으로 자주 거론되는 후보는 헬리 혜성이다. 이 장(章)의 뒷부분에서 보겠지만, 약 칠백 년 전에 지어진 이탈리아의 한 성당에 들어가면 알 수 있는 것처럼, 이것은 전혀 새로운 주장이 아니다.

천문학자들, 그리고 크리스마스 하늘을 관측해 온 아마추어 관측자들이 제기한 주장은 그 외에도 여러 가지가 있다. 이들 중 어떤 것은 아주 그럴 듯해 보인다. 우리는 여기서 이들 중 몇 가지를 살펴보려고 한다. 그렇다고 과거에 제기된 모든 가설을 모조리 살펴볼 것처럼 허풍을 떨지는 않겠다. 전혀 다른 종류의 이론들도 살펴볼 것이다. 이들은 하나하나가 베들레헴의 별을 설명하기 위한 것들이며, 세밀하게 따져 보면 약간의 홈이 있을지는 몰라도 그 어느 것 하나도 터무니 없는 이야기는 아니다. 혹 우리가 이 이론들이 틀리다고 결론 짓게 되더라도, 그들은 여전히 진실을 어느 정도는 간직하고 있을 것이다.

베들레헴의 별은 금성이었나?

크리스마스 하늘에서 금성이 아무리 특별하게 보이고, 베들레헴의 별인 것처럼 생각되더라도, 그것은 여전히 평범한 별처럼 보일 뿐이다. 거의 모든 해의 크리스마스 때에 하늘에서 금성을 볼 수 있다. 사실은 이것이 바로 금성이 크리스마스 별로 그토록 자주 언급되는 이유이기도 하다. 어떤 때는 금성이 아침에 보이고, 어떤 때는 저녁에 보인다. 예를 들어 1994년에는 금성이 아침하늘에서 거의 최대 밝기로 빛나고 있었고, 이때 태양으로부터 거의 최대 거리로 떨어져 있었다. 1995년에는 저녁 해질 무렵에 서쪽 지평선 위에 낮게 떠 있었다. 1996년에는 크리스마스 날 아침 해가 뜰 무렵 동쪽 하늘 위에 낮게 떠 있었다. 1997년과 1998년의 크리스마스 이브에는 1995년처럼 해진 후 서쪽 지평선 위에 낮게 떠 있었다.

천년의 끝 무렵인 2000년 크리스마스 때에는 1997년, 1998년과는 반대로 금성이 하늘 높이 떠올라서 해진 후에 한참 동안 보일 것이다. 훨씬 더 멋있게 보일 장관(壯觀)은 1999년 크리스마스 날, 해 뜨기 전 새벽에 보일 금성의 모습이다. 하지만 이 중 어느 것도 2022년 크리스마스 이브에 보게 될 금성과 수성, 그리고 얇은 초승달이 함께 아주 가까이 모인 채 저녁 서쪽 하늘 위에 낮게 떠 있는 모습에 비하지는 못할 것이다. 이 무렵에는 많은 사람들이 하늘에서 보게 될 장관에 경이로움을 금하지 못할 것이다. 많은 이들이 동방박사들이 보았던 밝은 별이 이렇게 빛났었겠구나 하고 생각할 것이다. 1999년에는 그 별이 새벽 하늘에 다시 나타난 것이 아닌가 하고 의심하는 이들도 많을 것이다. 어떤 사람들은 이 인상적인 천체가 실제로 무슨 천체인지 알게 될 것이고, 동방박사들도 똑같은 결론에 다다렀는지 궁금해 하게 될 것이다.

금성은 수천 년간 인류에게 알려져 있었다. 이른바 금성 서판(書板)(그림 4.1을 보시오)은 금성을 처음 관측한 과정을 기록하고 있으며, BC 1700년 경에 앗시리아의 무명 천문학자가 만들었다. 이 서판은 현재 런던에 있는 대영박물관에 보관되어 있다. 이 서판을 보면 천문학이 막 시작된 때를 보는 것처럼 느껴진다. 금성은 바빌로니아인들에게 신들의 어머니이며 의인화된 여성(女性)을 상징하는 이스타르(Istar ; 때로는 이쉬타르 Ishtar로 발음된다)로 알려져 있었다. 우주 시대에 들어와 나사(NASA)가 보낸 금성을 공전하게 한 위성의 레이다가 금성의 표면 지도를 만들 때 이 고대의 이름을 기념하여 금성의 가장 큰 고원에 이쉬타르 테라(Ishtar Terra)라는 이름을 붙였다. 금성에 관한 다른 고대의 관측으로는 BC 684년에 만들어진 니네베 서판(Ninevah tablet)이 있는데, 이에 대해서는 7장에서 논의될 것이다.

수백 수천 년의 세월이 지난 지금 금성에 관한 관측 기록이 놀라울 정도로 적게 남아 있기는 하지만, 이 행성은 다른 거대 문명에서도 잘 알려져 있던 천체였다. 선사시대에 살았던 현대 호모 사피엔스의 조상들도 틀림없이 관측했었을 것이다. 중국인들은 금성을 태백(太白, Tai-pe)이라고 불렀으며, 이집트인들은 금성이 저녁에 보이는지 새벽에 보이는지에

그림 4.1 금성 서판(書板). (대영박물관.)

따라 오우아이티(Ouâiti) 또는 티오우모우티리(Tioumoutiri)라
고 불렀다. 여러 문명권의 사람들은 저녁에 보이는 금성과 새
벽에 보이는 금성을 전혀 다른 것이라고 생각했다. 그러므로
금성을 두 개의 이름으로 부르던 문명들이 많았다.

　현대의 금성(金星, Venus)이라는 이름은 로마 사랑의 여
신의 이름에서 따 왔다. 망원경이 없던 시절에는 금성은 하늘
에서 가장 아름다운 별로 보였을 것이고, 필연적으로 여신과
연관지어졌을 것이다. 금성에 대한 낭만적인 생각은 현대에까
지 이어졌다. 1960년대 초까지도, 많은 전문가들은 금성에 바
다와 늪이 있을 것이라고 생각했다. 그들은 금성이 수억 년

전 지구상에 석탄층이 형성된 석탄기(Carboniferous Age)와 비슷한 모습일 것이라고 생각했다. 반면에 어떤 사람들은 금성이 건조하고 바싹 마른 거대한 먼지행성일 것이라고도 생각했다. 이 의견은 별로 인기가 없었고, 그 이유 때문에 별로 알려지지도 않았다. 금성을 양서류와 공룡, 그리고 이국적인 식물들이 넓고 따뜻한 호수에서 살고 있는 행성이라고 생각하는 의견과 '스타 워즈(Star Wars)'에 나오는 타투인(Tatooine) 행성처럼 생명이 살지 않는 불모지라고 생각하는 의견 중에 사람들이 전자를 선호한 까닭은 별로 이상할 것이 없다.

짙은 구름이 항상 표면을 가리고 있어서 지구에서는 표면이 보이지 않는 신비한 행성이기에 금성은 충분히 그런 낭만적인 생각들을 이끌어낼 수 있었다. 하지만 슬프게도 진실은 그렇지 않았다. 1956년 전파망원경으로 처음 관측한 금성의 표면은 태양으로부터의 거리에서 계산할 수 있는 것보다 훨씬 온도가 높을 것이라는 사실이 알려졌다. 이 높은 온도는 금성 상층 대기에 있는 이온층의 온도일 것이며 이것이 반드시 표면이 뜨겁다는 의미는 아니라는 설명과 함께 낭만적인 생각은 여전히 유지되었다. 하지만 얼마 가지 않아 현실이 바로 뒤를 좇아오면서 이 낭만들은 급속히 후퇴하지 않으면 안되었다. 겨우 6년 뒤에 금성은 낙원에서, 건조하고 무서울 정도로 불이 이글거리는 지옥으로 변해버린 것이다.

금성의 표면이 메말라 있다는 것을 확인시켜 준 것은 다른 행성으로 보내진 탐사선 중 첫번 째인 마리너 2호였다. 1962년 금성 가까이를 지나간 이 탐사선은 무지무지하게 뜨거운 온도를 가진 것은 금성의 상층 대기가 아니라 바로 표면이라는 사실을 밝혀주었다. 어딘가에 심각한 실수가 있을지도 모른다는 일말의 기대조차도 곧바로 이어진 미국과 소련의 행성 탐사선들 때문에 사라져 버렸다. 마리너 2호 이후, 하나씩 하나씩 탐사선들이 금성의 대기로 발사되었고, 마침내 는 표면에 착륙할 수 있게 되었다. 하지만 표면에 '착륙한' 첫 탐사선들은 표면의 모든 진실을 밝혀내지는 못했다. 지금 우 리가 알고 있는 것처럼 이 탐사선들은 실제로는 대기의 높은 곳에서 파괴되었고, 표면 가까이 까지는 한 번도 접근하지 못 했다.

금성의 낭만에 대한 마지막 일격은 소련이 베네라(Venera) 9호와 10호를 금성 표면에 연이어 착륙시킨 것이었다. 우주시 대의 예상치 못한 일격이었던 이 두 탐사선은 성공적으로 금 성 주변의 사진들을 보내왔고, 탐사선이 착륙한 곳의 온도와 주변 환경을 상세하게 조사했다. 금성의 표면온도는 450℃ 정 도였는데, 이 온도는 닭이나 칠면조 한 마리를 순식간에 재로 만들어 버릴 수 있는 온도다. 그 뒤 1982년에 금성에 착륙한 베네라 14호는 표면에서 좀더 높은 온도인 465℃를 측정했다. 그리고 이것으로는 모자란 듯, 금성 표면의 기압은 너무 높아 서 작은 공기의 흐름, 즉 미풍만으로도 우주선 조종사 한 사 람을 공기 중으로 가볍게 들어올렸다가 바위에 던져 버릴 수 있는 정도였다. 대기압이 지구 표면의 기압보다 94배나 강해 서, 금성 표면에서 통상적으로 부는 바람의 속도인 시속 5~ 10 km의 미풍은 지구에서의 폭풍과 같은 힘을 가지고 있다.

그래도 여전히 금성을 낭만적이라고 생각하는 사람들에 게는 더 심한 사실이 있다. 위의 내용에 덧붙여서 대기의 성 분을 이야기해야 할 것 같다. 금성의 대기는 95%가 이산화탄 소이다. 지표면 위 대기에는 덩어리진 황산이 떠다니는데, 일 반적인 자동차 밧데리(알다시피 이 밧데리 안의 황산이 피부 에 닿으면 심각한 화상을 입게 된다)에 있는 것보다 더 농축

된 덩어리들이다. 이 끔찍한 화합물 외에도 대기에는 소량의 플루오르황산(fluorosulphuric acid)이 섞여 있는데, 영국의 기상학 전문가인 개리 헌트(Garry Hunt)는 "이 놀라운 물질이 있으면 바위도 녹일 수 있다!"라고 말했다. 그러므로 금성은 독가스가 가득찬 지옥일 뿐더러 심각한 산성비 문제까지 안고 있는 것이다.

베네라 탐사선들은 금성의 컬러 사진도 찍어 보내왔다. 이 사진들을 보면 금성 표면의 색은 지옥처럼 주황색 내지는 붉은 색이다. 이는 태양 빛이 금성의 두꺼운 구름층을 뚫고 지나오면서 흡수되고 붉은 빛만이 표면까지 도달했기 때문이다. 그럼에도 소련 과학자들에 따르면 "금성 표면의 빛의 밝기는 구름 낀 날의 모스크바와 똑같다"고 한다.

금성 표면에 서 있는 우주선 조종사는 그 누구도 오랫동안 경치를 '감상할' 수 없다. 이 조종사는 아폴로 우주인들이 우주 공간에서 입었던 우주복보다 훨씬 뛰어난 우주복이나 캡슐로 자신을 보호하지 않는다면 순식간에 녹아버리고, 오징어처럼 납작하게 눌리고, 가스로 질식되고, 독살되고, 불타고, 바람에 날려가 버려질 것인데 이 모든 현상이 동시에, 그리고 영원히 일어날 것이다. 금성은 사랑의 행성이기는커녕 중세인들이 상상하던 지옥의 모습에 가장 가까운 모습이다.

이 타는 듯한 금성이 그 평화스런 베들레헴의 별일 수 있었을까? 정답은 이런 견해는 이미 케케묵었다는 사실이고, 이 사실은 이미 19세기에 알려졌다. 1890년에 『하늘의 풍경들 (The Scenery of the Heavens)』이라는 책을 쓴 영국의 아마추어 천문가인 고어(J. E. Gore)는 다음과 같은 내용을 관측했다.

크리스마스 때에 그 행성[금성]이 새벽에 뜨면 (이것은 1887년에, 그리고 1889년에 있었다) 사람들은 종종 '베들레헴의 별'이 다시 떴다고 잘못 생각한다. 동방박사들이 본 별이 무엇이었든지 간에 한 가지 확실한 것은, 그것이 금성은 아니었다는 것이다. 동방의 '박사들'이 금성처럼 익숙한 천체를 새로이 출현한 천체라고 잘못 생각했다는 것은 정말로 터무니 없다. 우리가 알다시피 고대인들도 잘 알고 있었다 …… 사실, 금성처럼 인상적인 천체를 오랜 기간 동안 못 보고 살았으리라는 것은 불가능하다.

우리가 본 것처럼 동방박사들은 점성가들이기도 하고, 동시에 천문학자이기도 했다. 그 때문에 그들은 다섯 개의 주요 행성들과 이 행성들의 하늘에서의 운동에 대해 정말로 잘 알고 있었을 것이다. 실제로 점성술사였던 그들에게는 행성의 움직임을 정확하게 파악하고, 또 그것을 올바로 해석하는 것이 바로 그들의 중요한 임무였다. 로마인들과 그리스인들이 금성을 알고 있었던 것처럼 중국인들, 이집트인들, 그리고 바빌로니아인들도 금성을 잘 알고 있었다. 지구상에 첫 동굴 거주인들이 존재한 이래로 모든 문명인들이 잘 알고 있었던 것이다. 그러므로 누구든 금성을 새로운 천체라고 생각했을 가능성은 거의 없다.

금성은 1년 반마다 며칠씩 지구와 태양 사이에 올 때, 그리고 9개월쯤 후 태양 뒤로 숨어버릴 때를 제외하고는 거의 항상 하늘에서 볼 수 있다. 금성이 하늘에서 태양 가까운 위치에 놓여서 저녁에도 새벽에도 보이지 않게 되는 일은 아주 드물게 일어난다. 금성이 2주 혹은 3주 이상 보이지 않는 일은 없으며, 또 금성이 짧게나마 (하늘에서 태양의 가까운 곳에 있을 때인 합(合)일 경우) 하루 중 해지기 전과 해진 후,

이렇게 두 번 볼 수 있게 되는 일은 아주 가끔 일어난다. 그러므로 만약 동방박사들이 금성을 보고 난 뒤 거룩한 땅으로의 여행을 시작했다면, 왜 여행을 바로 그때에 했고, 왜 다른 해 다른 달에는 여행을 안 했는지에 대답해야만 한다. 왜냐하면 금성은 1년 중 거의 언제나 관측할 수 있기 때문이다. 영국의 방송인이면서 천문학의 대중화에 힘쓰고 있는 무어는 이것을 "만약 동방의 '박사들'이 금성에 속았다면, 그들은 박사가 될 수 없었을 것이다"라고 간결하면서도 강력하게 표현했는데, 이것은 짧으면서도 상황을 아주 잘 표현한 문구이다.

그러므로 금성은 베들레헴의 별이 아니었으며, 금성이 베들레헴의 별이었으리라는 주장은 세심히 따져보면 틀린 것이라는 사실을 알 수 있다. 오랜 동안 하늘의 신호를 기다려 온 동방박사들이 여행을 시작한 것은 사실 그리 이상한 일은 아니다. 그들은 확신을 가질 만한 무언가가 필요했다. 금성만으로는 베들레헴의 별이 될 수 없지만 다른 무엇과 함께라면 불가능한 것은 아니다.

베들레헴의 별은 핼리 혜성이었나?

이탈리아의 한 작은 마을을 찾아가면 베들레헴의 별이 무엇이었는지 혹시 그 단서를 얻을 수 있을지도 모른다. 베네치아(Venice)의 서쪽으로 30여 km쯤 떨어진 도시인 파도바(Padua)의 북동부 마을에 가면 스크로베그니(Scrovegni) 성당이 있다. 계단을 올라 문을 열고 들어서면 천장으로부터 두 번째 줄에 있는 프레스코 그림 하나를 볼 수 있을 것이다. 일부 사람들은 이 그림을 베들레헴의 별에 대한 자신들의 이론을 뒷받침하는 기록 증거로 사용하고 있다.

이 그림은 피렌체의 화가였던 지오토 디 본도네(Giotto di Bondone : 1266~1336)가 1302년부터 1304년 사이에 그렸다. 그림을 완성한 정확한 날짜는 알려져 있지 않지만, 새로 지어진 성당이 1303년 3월 25일에 봉헌(奉獻)되었고, 1305년 3월 25일에 성별(聖別)되었다는 사실은 알려져 있다. 건물 부지(敷地)는 1300년 2월 6일에 구입했고, 1301년에 지오토가 성당의 프레스코 그림을 그리도록 위임받은 것으로 생각된다. 화가 지오토가 처음에 무슨 주제로 프레스코 그림을 그리려고 생각했었는지는 명확하지 않다. 하지만 우리는 그가 특별한 천문학적인 현상에 강력하게 영향을 받았다는 사실은 알고 있다. 그가 본 것, 그에게 그토록 깊은 인상을 주었던 것은 바로 핼리 혜성이었다. 물론 18세기가 되어서야 이렇게 이름이 붙여졌지만 말이다.

핼리 혜성은 1301년에 나타났는데, 유럽사람에 의해 9월 1일에 처음 관측된 것으로 보인다. 계산해 보면 이때는 혜성이 근일점(태양에 가장 가까이 접근하는 지점)에 도달하기 약 두 달 전이 된다. 이것은 핼리 혜성이 지구 쪽으로 다가올 때 가장 일찍 관측이 시작된 경우인데, 이로 미루어 볼 때 그 당시의 핼리 혜성은 무척 밝았다고 짐작해 볼 수 있다. 지오토는 아마 틀림없이 핼리 혜성이 나타났을 때부터 혜성을 보았을 것이다. 그는 여러 날 반복해서 이 아름다운 광경에 사로잡혔을 것이고, 그것이 바로 프레스코 그림 중 하나의 주제가 되었을 것이다.

이 특별한 프레스코 그림은 '동방박사들의 경배(Adoration of the Magi : 그림 4. 2)'라고 이름 붙여져 있다. 그림에는 세 명의 왕이 아기 예수께 경배 드리는 장면이 그려져 있다. 마

그림 4.2 동방박사들의 경배(Adoration of the Magi).
지오토가 그린 그림. 이탈리아 파도바의 스크로베그니(Scrovegni) 성당에
보관되어 있다.(카메라 사진/뉴욕 미술품센터)

굿간 위의 하늘을 보면 길다란 꼬리가 달린 혜성 하나를 볼
수 있다. 사실 이것은 그림이나 스케치로 혜성의 모습을 정확
하게 그려낸 최초의 작품이다. 이 그림 전에 있었던 혜성에
관한 모든 그림들은 상당히 양식화(樣式化)되어 있어서 과학
적인 정보를 거의 찾을 수 없는 수준이었다. 실제로 대부분의
예술가들이나 과학자들은 지오토가 그린 것 같은 세밀한 눈
을 갖게 되려면 아직도 수백 년의 세월이 더 필요했다. 이 혜
성을 본 것은 지오토에게 있어서 특별히 인상적이고 기억할
만한 일이었다고 본다. 이 프레스코 그림을 통해 지오토는 그

가 방금 본 것같이 인상적인 혜성을 나타냄으로써 그것이 충분히 베들레헴의 별일 수 있었다는 사실을 주장하고 있다. 그 당시에 지오토가 몰랐던 것, 그리고 결코 알 수 없었던 것은, 수백 년 후에 이 동일한 혜성이 베들레헴 별의 후보로 진지하게 고려되었던 사실이다.

지오토가 본 혜성이 정말로 우리가 오늘날 핼리 혜성이라고 알고 있는 그것과 동일한 것이었을까? 대부분의 전문가들은 그렇다고 대답한다. 스크로베그니 성당의 프레스코 그림에 그려진 혜성은 분명히 핼리 혜성이다. 그래서 유럽 우주기구(ESA : European Space Agency)가 1985년에 혜성 탐사선을 성공적으로 쏘아올렸을 때 그 이름을 지오토라고 했고, 프레스코 그림은 이 임무의 비공식적인 상징이 되었다. 최근에도 일부 전문가들은 그것이 정말로 핼리 혜성이었는지에 대해 의심을 표명했고, 그것임을 입증하는 증거도 부족하다고 했다. 그들은 지오토가 그린 혜성은 1304년에 나타난 다른 혜성이라고 주장한다. 이 전문가들 중, 영국의 유명한 혜성 전문가이고 천문학사가(天文學史家)이며 베들레헴의 별에 대한 전문가인 휴즈가 있다.

미국의 아마추어 천문가이며 혜성 전문가인 게리 크롱크(Gary Kronk)는 단서를 하나 제공한다. 크롱크는 역사상의 기록들로부터 수백 개의 밝은 혜성들에 대한 목록을 만들었다. 인류 역사상 관측된 모든 중요한 혜성들을 모아놓은 이 중요한 『혜성-서술적(敍述的) 목록(Comets-A Descriptive Catalog)』에서 크롱크는 1304년의 혜성을 언급조차 하지 않았다. 이는 그가 이 혜성을 특별히 밝았다거나 중요한 혜성으로 보지 않았다는 것을 의미한다. 하지만 또 하나의 연구 결과는 전혀 다른 내용을 말해 준다. 1301년의 핼리 혜성과 1304년의 혜성에 대한 두 가지 기록은 모두 중국, 한국, 일본의 문헌에 등장한다는 것이다. 크롱크의 목록과 동양의 기록들을 비교해 보건대, 비록 1304년의 혜성이 3년 전 핼리 혜성보다 오래 동안 보이기는 했지만(즉, 74일 대 60일) 둘 중 훨씬 더 장관(壯觀)으로 보였던 것은 핼리 혜성이었던 것으로 보인다.

스크로베그니 성당을 다시 잘 살펴보면 이런 결론에 대한 또 다른 증거를 찾을 수 있다. 지오토의 프레스코 그림은 성당 천장으로부터 두 번째 줄에 그려져 있다. 이것은 아마도 벽화를 그릴 때 이 혜성을 가장 먼저 그렸다고 여겨지며, 지오토는 1304년의 혜성이 하늘에 나타나기 훨씬 이전에 핼리 혜성을 보았다는 사실을 의미한다.

자, 이제는 지오토의 '동방박사들의 경배'에 그려진 별이 핼리 혜성이 아니라 다른 무엇이라고 주장할 만한 뚜렷한 근거는 남아 있지 않다. 최근에 지오토가 신학적인 이유에서가 아니라 점성술적인 이유에서 자신의 그림에 혜성을 포함시켰다고 하는 주장이 있었는데, 여기에 대해서도 똑같은 말을 할 수 있다. 지오토가 관측된 자연현상(즉, 그가 본 것을 그리는 것)과 신학적인 전통을 결합하는 데 있어 탁월하다는 것은 잘 알려진 사실이다. 그가 혜성을 사실적으로 그리면서 종교적이고 과학적인 내용을 함께 생각했을 것은 틀림없다. 그리하여 베들레헴의 별은 혜성으로 그려졌는데, 이는 바로 그 당시의 많은 신학자들이 믿는 바였다. 베들레헴의 별을 연구한 많은 전문가들은 지오토의 시대로부터 거의 700년이 지났는데도 여전히 그 가능성을 믿고 있다.

핼리 혜성은 금성 다음으로, 베들레헴의 별 후보로 가장 많이 대두된 대상이다. 핼리 혜성이 베들레헴의 별 후보로 그토록 자주 등장하는 이유 중 하나는 혜성 중 가장 유명한 혜성이고 일반 대중에게 가장 잘 알려진 혜성이기 때문일 것이다. 핼리 혜성은 가장 밝은 혜성도 아니고 가장 멋있는 장관을 연출하는 혜성도 아니지만, 단지 규칙적으로 지구를 방문하는 혜성이다. 가끔은 어떤 일들이 언론이나 책에 묘사될 때 '핼리 혜성처럼 규칙적으로'라고 쓰여지기도 한다.

혜성들 중 아주 소수만이 핼리 혜성처럼 규칙적으로 지구로 돌아온다. 혜성은 궤도 주기가 200년 이하인 혜성과 200년 이상인 혜성으로 나뉘어진다. 궤도 주기가 200년 이하인 혜성을 '주기 혜성'이라고 하고, 궤도 주기가 200년 이상인 혜성을 '비주기 혜성' 또는 더 정확한 표현으로는 '장주기 혜성'이라고 한다. 1995년 현재 주기 혜성은 170개가 알려진 반면에 장주기 혜성은 671개가 알려져 있다. 주기 혜성들의 대부분은 12년보다 짧은 주기를 가지고 있고, 아주 일부만이 핼리 혜성 정도의 또는 이보다 긴 주기를 가지고 있다. 이런 관점에서 보면 핼리 혜성은 다른 주기 혜성들보다 훨씬 밝다는 점을 제외하고도 아주 특이한 혜성이다.

1986년 핼리 혜성이 지구 가까이 접근해왔을 때, 이에 대한 각국 사람들의 반응은 매우 시큰둥했고, 한마디로 실망스럽고 별 볼일 없다는 것이었다. 사람들은 이 혜성을 최근 20년간 보인 가장 밝고 가장 멋진 혜성 목록에 포함시키는 것조차 거부할 정도였다(사실 정말로 그랬다). 사람들은 아마도 핼리 혜성이 1986년에 상당히 어두웠다는 사실을 심각한 경험으로 받아들였다. 사실, 이때의 핼리 혜성은 2000년 동안의 기록에 비추어 볼 때 가장 어두웠던 것이다. 그 당시 지구는 혜성을 보기에 안 좋은 위치였고, 안 좋은 시간대여서 운이 나빴다고는 하지만, 그 이야기로 위로가 될 수는 없었다. 만약 핼리 혜성이 며칠만 늦게 왔더라도 (2주 늦게 왔다면 가장 좋았을 것이다) 지구 가까이를 지나면서 엄청나게 화려한 모습으로 보였을 것이다. 실제로 BC 240년 이후 헬리 혜성이 기록된 28번의 경우들을 살펴보면, 2등급보다 어두웠던 때가 딱 두 번 있었는데, 그것은 바로 BC 163년과 1986년이다. 과거 모든 기록들의 4분의 1 정도에서 헬리 혜성은 0등급보다 밝은 마이너스 등급이었다. AD 837년에는 혜성이 지구에 너무 가까이 접근한 채 지나가 며칠동안 금성 정도의 밝기로 보였다.

　　BC 1059년 또는 1058년 겨울에 시작한 것으로 보이는 헬리 혜성 관측의 긴 역사에서, 헬리 혜성은 늘 역사적으로 유명하고 중요한 여러 사건들과 함께 나타났다. 아마도 이 중에 가장 유명한 것은 1066년의 일일 것이다. 그 해에 영국의 해롤드 고드윈슨(Harold Godwinson)은, 에드워드 참회왕(Edward the Confessor)이 죽자 영국의 왕위를 노르만(Norman)족에게 넘겨주기로 한 약속을 '어겼다'. 해롤드는 왕위를 찬탈하고 그 자신이 스스로 왕이 되었다. 왜 해롤드는 이렇게 극단적인 행동을 했을까? 그 이유는 간단한데, 에드워드 왕이 그에게도 영국 왕위를 약속했기 때문이다. 아마도 에드워드 왕은 죽기 전에 침대에서 "해롤드에게 나의 왕국을 맡기노라"라고 말했을 것이고, 이것은 에드워드 왕이 두 라이벌에게 공평하게 한 숟가락씩 나누어 주는 행동이었을 것이다. 이 소식은 그 자신이 왕위의 당연한 계승자라고 여기고 있던 노르망디의 윌리엄(William of Normandy)에게 전해졌다. 이 '배신'에 분노한 윌리엄은 전쟁의 승리로 당연히 얻은 대가인 왕위를 도로 찾아오기로 결심했다. 1066년 여름, 윌리엄은 영국을 침략해 해롤드에게 복수할 준비를 하고 있었다. 그때 헬리 혜성이 나타났다. 그 해에 헬리 혜성은 지구 가까이를 지나갔기 때문에 아주 밝았고 무척 선명했다. 근일점을 지난 지 한 달 뒤 핼리 혜성은 지구로부터 1천 6백만km쯤 떨어진 거리를 지나갔다. 이것은 밝은 혜성이 지구를 지나간 것 중 가장 가까운 거리를 지나간 경우이고, 핼리 혜성 자신은 AD 837년 이후 지구를 가장 가까이 지나간 거리였다.

노르만족과 영국인들이 전쟁을 준비하고 있을 때, 핼리 혜성은 중국, 일본, 한국, 유럽에서 1066년 4월 3일부터 6월 7일까지 두 달 동안 관측되었다. 이 시기에 핼리 혜성은 아마 −2등급 정도로 밝았을 것이다. 일부 자료들은 이보다 더 밝았을 것이라고 추측케 해준다. 중국 기록을 보면 꼬리가 20° 이상이나 될 만큼 길었다. 이탈리아의 한 기록을 보면 '마치 월식 때의 달 같은 모습이었다. 꼬리는 연기처럼 천정까지 거리의 절반길이만큼이나 뻗어올라갔다'라고 했다.

영국의 해롤드와 그의 신하들도 하늘에서 이 멋있는 혜성을 목격했고, 임박한 파국을 의미한다고 (제대로) 해석했다. 해롤드는 그로부터 얼마 후 인과응보를 경험했다. 영국 북부 스탬포드(Stamford) 다리 전투에서 바이킹의 급습을 무사히 물리치고 났을 때, 그는 노르만족이 남쪽 해안에 침입했다는 소식을 들었다. 그의 군대는 곧 남쪽으로 행진해 갔다. 짧은 기간 재위했던 영국 왕 해롤드는 이처럼 여러 가지 면에서 불운했었다고 봐야 할 것이다. 윌리엄이 침략을 준비하고 있던 바로 그때에 바이킹이 급습했을 뿐만 아니라, 그 습격을 주도한 자가 바로 자신의 이복형인 토스티그(Tostig)와 노르웨이의 바이킹 왕 해롤드 하르드라다(Harald Hardrada)였던 것이다.

한편으로는 영국인들의 전술이 뛰어나지 못했다. 또한 새로 도입한 전술 덕택에 윌리엄은 잇따른 전투에서 승리했다.

새로 도입한 전술은 전혀 예상치 못한 것이었는데, 활 같은 새로운 무기는 아니었다. 그것은 등자(橙子 ; stirrups)[10]였다. 이것 덕택에 말을 탄 사람들은 말을 왼쪽, 오른쪽 마음대로 방향을 조절할 수 있었다. 해롤드와 색슨(Saxon)족들은 기마대(騎馬隊)를 사용하지 않았다. 사실 그들은 말을 순전히 교통수단으로만 사용했었다. 이제까지 군대가 기마대를 (또는 코끼리 군단을) 전투에서 자주 사용하지 않았던 것은 등자 없이는 방향 조절이 불가능했기 때문이다. 즉, 기마대는 무지무지 빠른 속도로 직선으로만 치달렸다. 보병대가 돌격하면서 그 입구를 열게 되면, 기마대는 그 열린 틈 사이를 직선으로 달려갈 뿐이었다. 멈추지도 못하고 방향을 바꾸지도 못했다. 따라서 적에 아무런 피해도 주지 못했던 것이다. 그런데 노르만족은 등자를 사용함으로써 야전(野戰)에서 압도적인 능력을 발휘하는 기마대를 자유자재로 통제 할 수 있었다. 처음에 해롤드의 군대는 배틀(Battle)이라 불리는 서섹스(Sussex) 지방의 변방 고지대를 차지하고 있었다. 그곳은 창(槍)들을 꽂아 놓은 방패 벽으로 둘러싸여 있어서 노르만족 보병으로는 전혀 뚫을 수 없었다. 노르만족 기마대는 별 다른 활약을 할 수가 없었다. 해롤드의 궁수대가 비처럼 날린 화살들 때문에 꼼짝할 수가 없었다. 후퇴하는 척 하면서 노르만족은 색슨족 군대가 방패 벽을 넘어 언덕을 내려와 도망가는 무리를 좇아 오게끔 유인했다. 이렇게 되자 노르만족 기마대는 고지대의 이점과 방어만 하면 되는 이점을 상실한 색슨족을 역공하기 시작했다. 그들은 혼비백산해 있는 색슨족을 문자 그대로 토막으로 자르기 시작했다. 그제서야 해롤드의 군대는 함정에

10) 말을 탔을 때 두 발을 디디는 제구. 안장에 달아서 말의 양쪽 옆구리로 늘어뜨리게 되어 있음.(역자 주)

그림 4.3 베이유 벽걸이(Bayeux Tapestry)의 핼리 혜성.
(기라우돈 Giraudon/뉴욕 미술품센터)

빠졌다는 사실을 깨닫고는 군대를 재정비했다. 그러나 이제 그들에게 남아 있는 방법은 마지막까지 필사적으로 싸우는 것뿐이었다. 학살은 비참했고, 마침내 노르만족은 전투 장소였던 센락 언덕(Senlac Hill)을 '피의 호수'라는 의미를 가진 두 개의 노르만족 단어를 따서 이름을 붙였다. 해롤드는 죽었고, 따라서 역사책에서 그의 라이벌의 이름도 서자(庶子) 윌리엄(William the Bastard)에서 정복왕 윌리엄(William the Conqueror)으로 바뀌었다.

해롤드 왕이 옥좌(玉座)에서 공포로 벌벌 떨고 있고, 그의 신하들이 혜성을 가리키고 있는 모습을 그린 그림이 후손들을 위해 베이유의 벽걸이(Bayeux Tapestry)11)에 기록되었

---

11) 타피스트리 (tapestry) : 명주실·무명실·털실 따위의 색실로 무늬나 그림 따위를 나타낸 직물(織物). 벽걸이 등 장식용으로 쓰임.(역자 주)

는데, 아마도 정복왕 윌리엄의 부인이 수를 놓은 것으로 보인다(그림 4. 3).

혜성이 또 다시 밝은 모습으로 나타났던 1456년에는 교황 칼릭스투스(Calixtus) 3세가 핼리 혜성을 사탄의 전령이라는 이유로 파문했다는 이야기가 전해져 내려온다. 이 이야기는 어느 정도 논쟁의 여지가 남아 있다. 어떤 사람들은 그 출처를 믿지 못하고 있다. 단지 훗날 가톨릭과 그 전통을 조소하기 위해 계획된 반(反)가톨릭 선전에 의해 생긴 것일 뿐이라고 생각한다.

하지만 핼리 혜성과 베들레헴 별과의 연관성을 찾아보려면, 14세기 지오토의 그림에서 18세기의 초반, 혜성의 이름이 붙여지는 시점까지 4세기의 시간을 건너뛰어야 한다. 1705년에 영국의 천문학자 에드몬드 핼리(Edmond Halley)는 혜성의 궤도를 계산한 여섯 쪽의 소(小)논문을 출판했다. 논문의 내용은 24개의 혜성 궤도요소를 담은 하나의 표였다. 핼리는 기록된 혜성들 중에서 1531년, 1607년, 그리고 1682년에 관측된 세 개의 혜성이 거의 같은 궤도를 돌고 있다는 사실을 발견했다. 또한 그는 이 혜성이 75.5년마다 항상 되돌아오는 것처럼 보인다는 것도 발견했다. 이 자료로부터 시작해서 핼리는 올바른 결론을 이끌어 냈다. 즉, 앞의 세 혜성들은 실제는 하나이며, 주기적으로 되돌아온다는 것이었다. 이 계산에 의해핼리는 같은 혜성이 1758년에 또 한번 되돌아오리라는 것을 예견했다. 이 예견이 실현되는 것을 못 보고 죽을 것이라는 것을 안 핼리는 죽기 전에 이런 말을 남겼다. "그러므로 만약 이제까지 이야기한 것처럼 1758년 경에 혜성이 다시 돌아온다면, 정직한 후손들은 영국인이 이것을 발견했다는 사실을 인정하는 데 인색하지 않을 것이다." 1742년에 핼리는 87세의 나이로 죽었다. 아직도 혜성이 돌아오기 한참 전이었다. 그의 예견은 제대로 실현되었는데, 단지 혜성이 처음 발견된 것은 1758년 크리스마스날인 그해 말이었다. 프랑스 과학자들의 입장에서는 대단히 유감스럽게도 첫 발견자는, 프랑스 국왕이 혜성을 찾아내는 특별한 재능을 가져서 '혜성 탐색자(the Ferret of Comets)'라고 별명을 지어 준 프랑스의 위대한 혜성 탐색가 샤를르 메시에(Charles Messier)가 아니었다. 메시에는 여러 달 이 혜성을 탐색했지만 찾지 못했다. 이 혜성을 처음으로 발견하는 영광을 차지한 사람은 지금은 독일 동부지방에 속해 있지만, 당시에는 색슨족의 영토였던 드레스덴(Dresden) 근처에 살던 요한 팔리쯔쉬(Johann Palitzsch)라는 농부였다. 메시에는 나중에, 즉 1759년 1월에 독자적으로 혜성을 발견했다. 그는 여기에 만족했으며 남의 인기를 가로챌 사람은 아니었다고 한다. 사실 핼리는 처음 예견을 한 뒤 자신의 예견에 빠져나갈 여지를 남겨 놓았다. 그것은 목성의 중력 때문에 혜성의 궤도가 섭동(攝動)[12]을 받아서 혜성이 다소 늦게 올 수도 있다는 올바른 예측이었다. 그는 자신의 처음 예견을 '1758년 말, 또는 다음[해]의 초'라고 바꾸었다.

충분히 이해할 수 있는 것처럼, 메시에는 여러 달에 걸친 자신의 노력이 수포로 돌아간 것 때문에 상당히 절망했다. 핼리의 예견을 확인하고자 상당한 노력을 기울였던 프랑스 과학자들(최고의 수학자들과 천문학자들) 역시, 색슨족의 아마추어 천문가 한 사람이 자신들을 이겼다는 사실에 대해 무척이나 힘들어 했다. 두 나라 사이에 이미 팽배해 있는 민족주

---

12) ① 행성(行星)이나 소행성 따위의 운동이 케플러의 법칙에서 벗어나는 현상. ② 역학계(力學系)에 있어서의 주요한 힘의 작용으로 생기는 운동이 다른 부차적(副次的)인 힘의 영향으로 교란되는 일.(역자 주)

의 감정에 더해서, 어느 정도의 악의가 존재하고 있었다. 혜성은 영국인 핼리의 이름을 따서 이름 붙여졌고, 프랑스 천문학자인 메시에는 다른 혜성들만을 계속 '탐색'해야 했다.

이제 핼리 혜성과 베들레헴 별과의 가능한 관계를 자세히 살펴보자. 1758~1759년에 혜성이 나타났을 때, 두 번의 근일점 통과 사이의 실제 기간(혜성의 주기)은 그 전의 것보다 좀더 길었다(76.5년). 이것은 혜성이 1759년 3월이 되어서야 근일점에 도달했기 때문이다. 이것 역시 핼리가 생각했던 대로였다. 과거의 궤도를 계산해 보면, 핼리 혜성은 예수님이 태어나셨을 때 보였을 수 있다. 만약 주기가 76.5년이라면, 23 주기를 도는 동안 1,759.5년이 걸릴 것이다. 1759년에서 1759.5를 빼보면, 혜성이 바로 적당한 때, 즉 0년 즈음에 나타났었음을 알 수 있다. 지난 1천 년 중에 가장 밝았던 1759년 혜성의 출현을 경험한 천문학자들은 틀림없이 이 혜성으로 영감을 얻었을 것이다. 그래서 핼리 혜성과 베들레헴의 별은 관련을 맺게 되었다.

유럽의 최남단에서는 핼리 혜성이 가장 밝을 때만 보이지만 (1986년처럼, 즉 혜성이 남쪽 하늘을 낮게 지나갈 때), 이 혜성이 밝다는 사실과 연도가 맞아떨어진다는 사실 때문에 이 혜성은 강력한 베들레헴 별의 후보가 되었다. 단순히 이 혜성이 그 당시에 가장 유명한 혜성이었고, 수많은 이야기들과 일화의 주제였다는 사실 때문에, 이 연관성을 제기한 사람들에게 이 혜성과 베들레헴 별의 연관성은 더욱 확고해 보였다. 특히 스크로베그니 성당을 본 적이 있는 사람들은 더욱 그랬다.

핼리 혜성이 베들레헴의 별이었을까? 이것은 너무 그럴 듯해 보여서 사실일 것 같지 않다. 아! 실제로 이것은 너무나 그럴 듯해 보였기 때문에 사실일 수 없었다. 핼리 혜성이 1835년에 다시 접근했을 때 그 궤도는 보다 자세히 알려졌다. 주기는 (일반적으로 알려진 것처럼) 76년도 아니고, 그렇다고 76.5년 (1682년과 1759년 사이의 기간)도 아님이 확실해졌다. 이는 평균해서 77년임이 밝혀졌다. 혜성이 다시 돌아오는데 걸리는 정확한 시간은 목성과 토성이 혜성의 궤도에 미치는 중력의 영향에 의해 조금씩 바뀌게 된다. 그러므로 이 시간의 간격은 수백 년간 74.5년에서 79.5년까지 혜성의 궤도에서 목성과 토성이 혜성의 앞에 놓여 있는지 뒤에 놓여 있는지에 따라 조금씩 바뀌어 왔다. 이것은 우리 태양계 안에서 항상 존재하는 밀고 당기기 게임이다.

19세기 중엽에 영국의 아마추어 천문가인 존 힌드(John Hind)는 핼리 혜성의 궤도를 조사해서 BC 11년에 나타났던 혜성이 바로 핼리 혜성이라고 주장했다. 힌드는 옛날에 나났던 많은 혜성들을 올바로 확인하였지만 이 경우와 다른 다섯 가지의 계산을 잘못했다. 현존하는 가장 확실한 고대 중국의 혜성 관측 기록을 살펴보면 BC 11년에는 혜성이 하나도 나타나지 않았다. 그 대신 BC 10년과 BC 12년에는 혜성이 나타났던 것으로 기록되어 있어서, 힌드의 이 실수는 더욱 영문을 모를 일이다. 그리고 BC 10년의 혜성은 고대 기록에 오류가 있었던 것으로 생각되며, 그 혜성을 우리는 '유령 사건'이라고 부른다.

핼리 혜성은 중국에서 BC 12년 8월 26일부터 10월 20일까지 관측되었다. 이때의 혜성은 조금 밝기는 했지만 아주 밝은 편은 아니었다. 이때 혜성은 새벽하늘의 작은개자리(Canis Minor)에서부터 나타나 태양의 뒤로 사라질 때까지 저녁하늘의 전갈자리(Scorpius)를 휩쓸고 지나갔다. 중국의 기록에는 이때의 혜성에 대해 특별한 사항들이 별로 기록되어 있지 않다. 로마인들은 이 혜성이 나타나고 나서 로마의 정치가이자 장군인 마르쿠스 아그립파(Marcus Agrippa)가 죽었다고 기록하고 있다. 우리가 1장에서 본 것처럼 로마의 중요한 인물들이나 황제의 죽음에는 거의 항상 어떤 형태로든 징조가, 그 중에서도 주로 하늘의 징조가 연관되어 있었다. 대표적인 예로 혜성은 죽은 황제가 신(神)이 되었다는 신호이며 또한 그의 영혼이 하늘로 올려지고 있는 것을 나타낸다는 해석이다.

핼리 혜성이 BC 12년에 나타났다는 사실은 이 혜성이 베들레헴의 별일 가능성이 거의 없음을 보여 준다. 이 책의 다른 부분들에서 본 것처럼 비록 그리스도의 탄생일을 정확히는 모르지만 BC 7년과 BC 4년 사이인 것만은 분명하다. 예수님이 이 기간 외의 날짜에 태어나셨다고 하는 주장 중에는 예수님의 생일이 한참 늦다고 하는 주장이 있다. '그럴 듯한' 연도 중 가장 이른 쪽(BC 7년)을 택하더라도, 핼리 혜성이 나타난 뒤 5년이나 지나서 예수님이 태어나셨다고 주장하는 것은 좀 무리이다. 동방박사들의 여행이 거의 5년이나 걸렸다고 한다면, 정말로 그들은 기어왔다는 말밖에 되지 않는다.

다소 아쉽기는 하지만, 역사적인 자료들을 살펴볼 때, 그리고 저 유명한 지오토의 프레스코 그림을 통해 본다면, 핼리 혜성은 베들레헴의 별이 아니었다고 결론지어야 할 것이다.

베들레헴의 별은 행성들의 합이었나?

베들레헴의 별을 설명하는 많은 저명 이론들은 행성들의 '합(合, conjunction)'이라고 하는 천체현상을 이야기한다. 합은 둘 이상의 행성들이 하늘에서 우리 눈의 시선(視線) 방향에 한 줄로 늘어서서 마치 하나로 보이거나 또는 아주 가까이에 있는 것으로 보이게 되는 현상을 말한다. 이때 물론 이 천체들은 수백만 km나 떨어져 있는 것이 사실이다. 천체들이 우리 눈의 시선 방향에 한 줄로 늘어서서 한 행성이 뒤에 있는 다른 행성을 완전히 가리는 현상이 가끔 일어난다. 이런 현상을 '엄폐(掩蔽, occultation)'라고 부른다. 합은 점성술에서 항상 특별하게 중요시해 왔고, 점성술사이기도 했던 동방박사들이 자신들이 하늘에서 본 여러 가지 합의 의미를 이해하는 데 오래 걸리지도 또 별로 어렵지도 않았을 현상이었다.

이제 우리는 두 개의 합 이론을 살펴보고자 하는데, 하나는 좀 자세하게, 그리고 나머지 하나는 그보다 간단하게 살펴볼 예정이다.

BC 2년에 있었던 목성과 금성의 합

월간지 『스카이 앤 텔레스코프(*Sky and Telescope*)』의 1968년 12월호에 지금은 그 저널의 부(副)편집장이 된 로저 시노트(Roger Sinnott)가 베들레헴의 별에 관한 짧지만 중요한 글을 썼다. 시노트는 베들레헴의 별을 설명하는 데 있어 상당히 과학적인 방법으로 접근했기 때문에, 이 글은 이 주제에 관해 지난 40년 동안 쓰여진 글 중에 가장 중요한 것으로 평가된다.

시노트는 '별'이 실제로 두 개 이상의 행성들의 합이었을 것이라는 가정에서부터 시작한다. 그리고 시노트는 컴퓨터가 없던 당시 시간이 무척 많이 걸리는 꼼꼼한 계산을 통해 가장 적합한 후보를(또는 후보들을) 찾기 시작했다. 그는 이 1천 년 이상 되는 동안의 행성들의 위치를 적은 표를 가지고 손으로 이 작업을 수행했다. 누가복음에 나오는 여러 단서들로부터 계산된 예수님의 탄생일이 조금씩 달랐기 때문에 그의 작업은 더욱 어려움을 겪었다. 불만족스럽게도 이 날짜들이 여러 가지로 나오는 바람에 시노트는 BC 12년부터 AD 7년까지 거의 20년에 걸친 기간을 모두 뒤져서 베들레헴의 별 후보를 찾아야 했다.

시노트는 두 개 이상의 행성들이 만든 합 약 200개를 찾았고, 세 개 이상의 행성들이 다중(多重)으로 합을 이루는 현상은 20개를 찾았다. 이 합들의 90%가, 행성들이 너무 어두워서 뚜렷하게 보이지 않거나 또는 하늘에서의 위치가 태양에 너무 가까워 잘 보이지 않는 경우였다. 후보들을 하나하나 조사하고 나서 시노트는 최종적으로 20개의 후보로 범위를 좁혔고, 그는 이들 하나하나를 다시 더 자세히 조사했다.

이 20개의 후보 중에 어떤 것은 근동지방에서 보이지 않는 것이었기 때문에 제거되었다. 다중합(多重合)은 겨우 네 개가 남았는데, 이들 모두 하늘이 밝을 때 지평선 바로 위의 낮은 고도에서 합이 일어났기 때문에 별로 인상적이지 않았고, 여섯 개의 일반적인 합이 남았다. 이 일반적인 합들도 역시 비교적 인상적이지 못했지만, 그 중에 두 개는 표 4.1에 보인 것처럼 좀 특이한 양상을 띠었다. 이 두 개의 합 모두

표 4.1 BC 10년과 AD 1년 사이에 관측된, 두 개의 행성이 이루는 합 중 가장 인상적인 합

날짜	행성들	지방시	떨어진 각도
BC 3년 8월 12일	금성 + 목성	03 : 44~05 : 23	12'
BC 2년 6월 17일	금성 + 목성	19 : 04~22 : 02	3'

사자자리에서 일어났다. 첫번째 합은 태양 가까이에서(21° 떨어져서) 일어났는데, 새벽 해뜰 무렵에 낮은 곳에서 보였을 것이다. 두 번째 합은 상당히 달랐다. 해가 진 후 서쪽 하늘 지평선 위에서 두 개의 행성이 여전히 꽤 높은 곳에서 보였을 것이다. 두 개의 행성이 막 질 때 일어난 이 합은 맨눈으로는 행성이 두 개라고 구별하기 어려울 정도로 가까이에서 일어났다. 즉, 두 개의 행성은 마치 하나처럼 보였던 것이다.

예루살렘의 관측자에게 이 합은 시노트가 계산했던 것보다도 훨씬 인상적으로 보였을 것이다. 두 행성은 거의 붙어버렸고, 원반의 80%를 드러내면서 밝은 빛을 내고 있었던 금성은 좀더 크기가 큰 목성의 바로 아래를 막 지나가고 있었다. 두 행성이 가장 가까이 접근했을 때는 이미 캄캄할 정도로 어두워진 뒤였고, 두 행성은 서쪽 지평선으로부터 14° 나 높이 떠 있었다. 그 지방에 있던 사람들 중 어둑어둑해진 무렵, 해가 진 때와 두 행성이 서로 가까워져서 하나로 합쳐지는 순간 사이에 하늘을 쳐다본 사람이라면, 누구나 그 엄청나게 인상적이며 뚜렷했던 합을 볼 수 있었을 것이다. 나중에 또 다른 연구에서 알려진 바에 의하면, 몇 시간 후에 금성이 목성을 일부 가려서 보이지 않게 하는 부분 엄폐(partial occultation)까지 일어났다고 한다.

목성과 토성, 해왕성의 합

다른 사람들도 비슷한 주장을 한 적이 있었다. 그 중 가장 두드러진 것은 10여 년 전에 출판된 유명한 글이다. 이 글에서 저자는 베들레헴의 별은 "목성, 토성, 해왕성의 특별한 합이다"라고 주장했다. 이 주장은 보기보다는 사실적이다. 해왕성은 망원경을 사용하지 않으면 전혀 볼 수 없고(이 목적으로라면 망원경의 발명은 1,600년이나 늦게 이루어졌다), 발견된 것도 1846년이 되어서였다. 해왕성이 연관된 합은 1613~14년 겨울에 갈릴레오 갈릴레이(Galileo Galilei)가 처음으로 관측했다. 갈릴레이가 남긴 스케치를 보면, 그는 목성을 관측하는 중이었는데 어두운 별 하나가 목성에 가까이 접근했으며 그가 얼마 후 관측했을 때는 그 별이 그 위치에 있지 않았다. 갈릴레이는 이 '어두운 별'이 새로운 행성이었음을 전혀 몰랐을 것이며, 그가 이 관측을 했었던 사실도 까맣게 잊혀져 있다가 350년이 지난 1980년대가 되어서야 비로소 알려졌다.

하지만 만약 동방박사들이 이 세 행성의 합을 보았다면 그것은 아주 특별했어야만 한다. 실제로 해왕성은 BC 5년 무렵의 하늘에서 목성이나 토성에 가까이 있지도 않았다. 그렇다면 이 말은, 즉 (하늘에서 가까워지는 것을 의미하는) 합은 전혀 일어날 수 없었다는 것을 의미한다. 목성과 해왕성의 합이 BC 25~24년에, 그리고 토성과 해왕성의 합이 BC 22~21년에 일어났다는 것은 흥미롭다. 하지만 BC 25년과 AD 10년 사이의 어느 때에도 하늘에서 세 행성이 가까이 접근했던 일은 없었다. 이 기간에 일어난 관측 가능한 합 중 가장 나중에 일어난 것은 BC 12년에 일어난 목성과 해왕성의 합이었다.

천왕성과 토성의 합

베들레헴의 별이 금성이 아니고, 위에서 설명한 것 같은 행성들의 합도 아니었다면, 다른 행성들의 합은 가능할까? 존 해리스(John Harris)가 주장한 새로운 이론이 있는데, 영국의 감리교 목사이며 아마추어 천문가인 필립 그릿햄(Phillip

Greetham)이 운영하는 홈페이지에 그에 대한 설명이 있다. 이 이론은 수가 엄청나게 증가한 베들레헴의 별에 관한 여러 웹사이트(Websites)에 언급되어 있으며, 그 내용은 이렇다. 동방박사들은 BC 9년에 천왕성이 토성 가까이 접근했을 때, 그리고 BC 6년 4월에 다시 금성에 접근했을 때 이들을 관측했을 것이다. 새로운 행성을 관측하게 된 동방박사들은 이것을 커다란 징조로 받아들였을 것이다.

그릿햄 목사 글의 모든 것을 다 입증할 수는 없지만, 적어도 그 당시에 토성과 천왕성이 합을 일으켰던 것만은 사실이었다. BC 10년부터 AD 1년 사이에 천왕성과 천왕성보다 훨씬 빨리 움직이는 금성 사이에는 열 번의 합이 있었지만, 천왕성과 토성 사이에는 단 한 번의 합이 있었다. 천왕성-토성의 합은 BC 9년 2월 5일에 일어났고, 두 행성은 66′, 즉 1°보다 약간 큰 거리까지 가까워졌다. (재미있게도 이때 천왕성이 있던 별자리는 물고기자리(Pisces)였고, 토성이 있던 별자리는 물병자리였다.)[1] 하지만 이 합은 태양에 너무 가까운 곳에서 일어났기 때문에 멋진 장관(壯觀)이 되지는 못했을 것이다. 두 행성이 수주 동안 상당히 가까운 거리에 위치해 있기는 했겠지만, 둘 다 하늘에서의 고도는 매우 낮았을 것이다. 이런 이유 때문에 나는 천왕성이 토성과 가까이 있었을 시기에도 사람들의 시선을 끌 만큼 잘 보였겠는지 크나큰 의심이 든다. 이 이론에 있어서 또 하나의 문제점은 당시에는 알려지지 않았지만 천왕성만큼이나 밝았을 제3의 천체가 있었다는 것이다. 이 또 다른 천체는 베스타(Vesta)인데, 화성과 목성 사이에서 태양 주위의 궤도를 도는 수십만 개의 바위덩어리인 소행성들 중 가장 밝고 가장 크기가 큰 소행성이다. 베스타 역시 동방박사들 눈에 보였을 것이고, 그들은 이것을 새로운 행성으로 여겨졌을 수도 있다. 만약 동방박사들이 천왕성을 '발견할' 수 있었다면, 틀림없이 베스타 역시 보았을 것이다.

베들레헴의 별은 달에 의한 엄폐였나?

가끔은 달이 한 달 동안 지구 주위를 도는 중에 다른 별이나 행성 앞을 지나가면서 그 별이나 행성을 한동안 보이지 않게 가리는 일이 있다. 엄폐라고 알려진 이 현상은 상당한 구경거리이다. 만약 밝은 별이나 행성이 달 원반의 경계 부분에서, 특히 어두운 부분의 경계에서 갑자기 사라진다면, 이런 현상은 아주 인상적일 것이다. 달의 어두워진 경계 뒷부분에서 다시 등장하는 밝은 행성은 굉장히 예쁜 모습이다. 베들레헴의 별은 밝은 행성의 엄폐 현상이었을까? 지난 몇 년 동안 일부 관측자들이 이 가능성을 제기했다. 그 중 하나는 유명한 전문 출판물에 실렸고, 그래서 상당히 진지하게 논의되었다.

달에 의한 행성의 엄폐는 그리 드문 것은 아니다. 실제로 내가, 과거 또는 미래의 수천 년간 별과 행성들의 위치를 계산해 주는 컴퓨터 프로그램인 '행성들의 운동(Dance of the Planets)'을 사용하여 조사해 본 결과, BC 20년부터 AD 1년 사이에 달에 의한 행성의 엄폐는 304회나 되었다. 물론 동방박사들은 이들 중 상당수를 놓쳤을 것이고, 그 중에는 어두운 행성들, 바깥 멀리 있는 행성들, 수성 등이 포함되었을 것이다. 이들은 맨눈으로는 보기가 어렵거나 불가능한 것들이다. 이런 것들을 제외하고 네 개의 밝은 행성들(금성, 화성, 목성, 그리고 토성)에 의한 엄폐만을 생각한다면, 위의 수는

20년의 기간 중 '겨우' 170회로 줄어들게 된다.

　월식이나 일식에서처럼 엄폐의 경우에도 지구상의 모든 지점에서 엄폐를 볼 수 있는 것은 아니다. 그 이유는 여러 가지이다. 때로는 달이 지평선 위에 있지 않으며, 따라서 우리 눈에 보이지 않게 된다. 때로는 엄폐가 낮에 일어나서 망원경을 사용하지 않으면 볼 수가 없다. 그리고 때로는 시차 효과(parallax effect)13)가 존재한다. 천문학적인 거리의 관점에서 보면 달은 비교적 가까워서, 지구상의 어느 위치에서 보느냐에 따라 달은 하늘에서 보이는 장소가 달라진다. 지구상의 어느 지역에서는 달이 어떤 행성을 가리는 것처럼 보이지만, 지구상의 다른 지점에서 볼 때는 달이 행성을 가리는 것으로 보이지 않고 달과 행성이 다 보인다. 이런 시차 효과는 지구의 한쪽 끝에서 볼 때와 지구의 다른 쪽 끝에서 볼 때, 하늘에서의 달을 그 크기의 세 배 되는 거리만큼이나 이동시켜서 보이게 할 수 있다. 그러므로 우리가 해야 할 일은 BC 20년부터 AD 1년 사이에 일어난 이 170회의 엄폐 중 동방박사들이 볼 수 있었던 엄폐는 모두 몇 개나 되는지를 조사하는 것이다.

　바빌론에서 볼 수 없었던 엄폐를 제외시킨다면 그 수는 단 17회, 즉 1년에 하나 정도의 횟수로 줄어들게 된다. 하지만 이 17회의 엄폐 모두를 동방박사들이 볼 수 있었던 것은

---

13) 시차란 우리가 느끼지는 못하지만 일상생활에서 늘 경험하는 것이다. 손에 연필을 세워 잡고 팔을 편 후에 오른쪽 눈과 왼쪽 눈을 번갈아 가리고 연필을 보면 멀리 있는 벽에 비친 연필의 위치는 달라진다. 연필의 위치가 변하는 각도가 바로 연필의 시차이다. 이렇게 생기는 시차는 연필이 눈에서 가까우면 크고, 멀면 작아진다. 시차의 각도와 두 눈 사이의 거리를 알면, 우리는 눈에서 연필까지의 거리를 구할 수 있다. 이와 똑같은 원리로 별의 거리도 구할 수 있다.(역자 주)

아니다. 대부분은 낮에 일어났고, 따라서 망원경이 없으면 관측할 수 없는 것들이다(물론 동방박사들에게는 틀림없이 망원경이 없었을 것이다). 그러므로 우리는 범위를 또 다시 줄일 수 있다.

사실 BC 20년부터 AD 1년 사이에 바빌론에서 관측할 수 있었고, 태양이 지평선 아래에 있을 때 일어났으며, 밝은 행성을 가렸던 엄폐 현상은 단 6회 일어났다. 하지만 이 중에, 태양이 막 떠오르려 하고 달은 새벽하늘에 너무 낮게 떠 있어 잘 보이지 않았던 엄폐 하나는 제외되어야 한다.

나머지 다섯 개의 가능성 있는 엄폐들을 살펴보자. 두 개는 화성, 두 개는 토성, 그리고 나머지 하나는 목성의 엄폐였다. 이들 모두 바빌론에서 관측 가능했던 엄폐들이었는데, 이들 중 네 개는 보름달일 때 일어나서 달빛이 엄청나게 밝았을 것이므로 큰 영향을 끼치지 못했을 것이다. 가장 두드러진 엄폐는 BC 17년 7월 13일에 일어난 목성의 엄폐였을 것이다. 바빌론 시각으로 새벽 1시 20분이 조금 못 되어서, C자 모양의 얇은 초승달이 지평선 위로 떠오를 때 달 가까이에는 밝은 별 하나가 함께 있었을 것이다. 달과 별은 함께 황소자리에 있는 황소의 뿔 사이에 위치해 있었다. 목성인 이 별은 이후 두 시간 동안 초승달에게로 조금씩 조금씩 가까이 접근해 갔을 것이다. 해가 뜨기 약 한 시간 반 전인 오전 3시 31분, 아직 하늘은 완벽하게 깜깜할 때, 목성은 달 뒤에 숨어버렸고 1분 정도 나타나지 않았을 것이다. 오전 4시 5분쯤에 목성은 달의 거의 꼭대기(북쪽 부분), 어두워져 있어서 보이지 않는 검은 부분을 배경으로 다시 나타났다. 해는 50분보다 조금 더 지난 후에 떠올랐고, 목성은 동쪽 지평선에서 30° 높이에 있어서, 달 근처의 하늘은 여전히 어두웠다. 다시 나타난 행성은,

새벽하늘에서 다시 태어난 것처럼 무척이나 아름다웠을 것이다.

이것이 베들레헴의 별이었을까? 이 엄폐 현상은 예수님이 태어나신 때보다도 한참이나 이전에 일어났기 때문에 대답은 다시 한 번 가장 분명하게 "아니오"이다. 우리의 날짜가 상당히 틀렸다고 하더라도, 이 이론에는 또 한 가지 문제가 있다. BC 1세기 동안 달에 의한 금성이나 목성의 엄폐는 386회나 관측되었을 것이다. 바빌론의 어두운 하늘에서 관측할 수 없었던 엄폐는 모두 제외하더라도, 동방박사들은 한 세기에 여덟 개의 진귀한 엄폐(다섯 개는 목성의 엄폐, 세 개는 금성의 엄폐)를 관측했을 터인데, 이들은 동방박사들이 그토록 오랜 동안 찾고 기다리던, 아주 드문 징조가 되기는 어려웠다.

실제로 BC 첫 1세기의 모든 기간 중 가장 구경거리가 될 만한 두 개의 엄폐는 18개월의 간격을 두고 일어났는데, 이들은 BC 45년 가을과 BC 46년 겨울에 일어난 엄폐들이다. BC 46년 3월 4일 이른 아침에 동방박사들은 뱀주인자리에서 상현[2]을 약간 지난 달 옆에서 목성이 엄폐되는 장관을 목격했을지도 모른다. 이 엄폐는 지방시로 오전 4시 36분부터 5시 25분까지 계속되었을 것이다. 이보다 훨씬 더 멋있었을 엄폐는 BC 45년 11월 18일에 일어난 금성의 엄폐였을 것이다. 지방시로 오전 4시 25분부터 5시 33분까지, 아직 여명이 채 되기 전의 새벽, 동쪽 하늘 낮게 떠 있는 처녀자리에서 얇고 손톱 같은(왼쪽이 보이는) 달과 금성이 엄폐를 일으켰을 것이다. 만약 동방박사들이 이 엄폐를 보고 베들레헴으로의 여행을 시작했다면, 그것은 틀림없이 이 경우처럼 1년 반 정도의 간격을 두고 일어난 두 번의 연속된 엄폐였을 것이다.

표 4.2 BC 10부터 BC 1년 사이에 다섯 개의 가장 밝은 행성들이 일으킨
엄폐의 수

	수성	금성	화성	목성	토성
전체 엄폐의 수	24	20	28	16	14
바빌론에서 볼 수 있었던 엄폐의 수	1	2	3	2	1
바빌론에서 밤에 볼 수 있었던 엄폐의 수	0	0	2	0	0

설명 : 예를 들어 목성의 경우, 위의 10년 동안 달에 의한 목성의 엄폐는 16
회였다. 이 표에서 볼 수 있는 것처럼 10년 동안 다섯 개의 행성들이 일
으킨 엄폐는 총 백여 개나 되지만, 이들 중 바빌론에서 볼 수 있었던 엄
폐는 단 두 개밖에 안 된다.

우리는 동방박사들이 BC 45년에는 예루살렘으로 가지 않
았다는 사실을 알고 있다 (또는 적어도 그렇다고 가정할 수는
있다). 왜냐하면 만약 엄폐가 그들이 기다리던 베들레헴의 별
이었다면 그들은 틀림없이 BC 45년에도 예루살렘으로 갔을
것이기 때문이다. BC 10부터 BC 1년 사이 예수님이 태어나
신 무렵에 다섯 개의 주요 행성(맨눈으로는 볼 수 없는, 또는
겨우 보일까 말까 한 천왕성, 해왕성, 명왕성은 제외)과 달이
일으킨 엄폐를 표 4.2에 정리해 놓았다.[3]

그 전(前) 세기에도 진귀한 많은 엄폐가 있었을 것이다.
그러므로 예수님이 태어나신 때를 미리 알고 있어야만 베들
레헴의 별, 즉 '바로 그' 엄폐를 찾아낼 수 있을 것이다. 동방
박사들은 이 때에 대한 정보를 가지고 있지 않았으므로 수많
은 엄폐들 중에 어떻게 특별한 엄폐 하나를 골라야 할지 잘
몰랐을 것이고, 그러므로 어느 하나를 고르려 하지 않았을 것
이다. 그런데 동방박사들이 어느 것이 바로 그 엄폐인지 알았

을 것이라고 하는 이론을 한 번 조사해 보기로 하자.

엄폐와 안디옥의 동전

최근 들어 BC 6년에 양자리에서 일어난 목성의 엄폐가 특별한 관심이 대상이 되고 있다. 이 엄폐는 예루살렘의 북쪽에 있으며, 터키의 남부, 오론테스 강가에 있는 도시이고 고대 시리아의 수도이기도 했던 안디옥에서 발견된 동전과 간접적인 관련이 있어 흥미롭다. 베들레헴 별의 후보로 언급되는 달이 목성을 가리는 엄폐는 실제로는 두 개가 있었다. 즉, BC 6년 3월 20일과 4월 17일에 달은 양자리에서 목성을 가리는 엄폐 현상을 일으켰다. 사실 이 두 엄폐는 2월부터 5월까지 매달 일어난 달－목성 엄폐 가운데 두 개였다. BC 7년 초부터 BC 4년 말까지 목성이 일으킨 엄폐는 이것들 외에는 없었다.

이 이론을 주장하는 대표적인 인물은 미국 뉴저지(New Jersey)주 러트거스(Rutgers) 대학의 천문학자인 마이클 몰나르(Michael Molnar)이다. 천문학자이면서 동시에 고대 동전의 전문가이기도 한 몰나르는 AD 13년 또는 14년에 만들어진 특별한 동전 하나와 AD 55년 경에 만들어진 아주 비슷한 또 다른 동전을 보고서 충격을 받았다. 두 동전 모두 양 한 마리가 초승달 가까이에 있는 밝은 별 하나를 보고 있는 그림이다. AD 55년의 동전은 지금은 '안디옥 동전'이라고 이름 붙여져 있다(그림 4. 4). 몰나르는 점성술적으로 양자리(Aries)는 팔레스타인과 유대 지방, 그리고 다른 여러 주(州)들을 가리키는 별자리이므로 유대인들과 밀접한 관련이 있다고 주장한다. 그는 또 AD 55년의 동전은 달이 금성을 가리는 엄폐를

그림 4.4 안디옥 동전.
(출전 : 『로마제국 각 지방의 화폐 제도(*Roman Provincial Coinage*)』,
안드류 버넷(Andrew M. Burnett), 미셸 아만드리(Michel Amandry),
페레 포 리폴(Pere Pau Ripoll) 지음, 런던 : 대영박물관
출판부 ; 파리 : 국립도서관, 1992.)

나타내고 있고, AD 13~14년의 동전은 AD 7년에 양자리에서
있었던 수성과 목성의 합을 나타낸다고 주장한다. 몰나르의
이론은 그 당시 알려져 있던 점성술 지식을 확장해서 보면,
동방박사들이 보았던 중요한 그 무엇은 양자리에서 달이 목
성을 가리는 엄폐였다는 것이다.

　동방박사들이 보기에 그러한 엄폐는 왕의 탄생을 의미하
는 것이었고, 엄폐가 일어난 별자리(양자리)를 보면 유대의 왕
이 태어날 것이 예언되었다고 볼 수 있다. 좀더 자세히 조사하
던 몰나르는 베들레헴의 별이 나타났었으리라고 생각되는 바
로 그 시점에 양자리에서 있었던 두 개의 목성 – 달 엄폐를 찾
았다. 이 두 개의 엄폐는 앞서 이야기했던 BC 6년의 엄폐들이
다. 이 이론은 상당한 관심을 끌었고, 여러 천문학자들과 과학
저술가들이 열광적으로 받아들였다. 그 중 한 사람이 이 이론
을 소개하는 글을 1997년도 『새로운 과학자(*New Scientist*)』

저널에 실었던, 나의 옛 동료였고 퀸메리 및 웨스트필드 (Queen Mary and Westfield) 대학 물리학과에 몸담고 있는 마르쿠스 초운(Marcus Chown)이다.

하지만 표 4.3에서 볼 수 있는 것처럼 이 엄폐들은 관측하기에 별로 좋은 상황에 있지 않았다. 이론적으로는 예루살렘에서 3월과 4월의 엄폐를 볼 수 있지만, 현실을 고려해 보아야 한다. 4월 17일의 엄폐는 목성이 태양과 함께 떠오를 때 달이 목성을 가리면서 일어났는데, 이 날의 달은 그믐에서 꼭 하루 전이었기 때문에 거의 볼 수 없었다. 원리적으로는, 완벽한 상황일 때 그믐 앞뒤로 16시간까지의 달을 볼 수 있지만, 실제로는 아주 드문 상황이 아니면 이것은 거의 불가능하다. 실제로 그믐에서 하루 반 앞뒤의 얇은 초승달은 맨눈으로는 보기 어렵다. 게다가 예루살렘과 바빌론에서 엄폐는 거의 대낮에 일어났고, 하늘에서 한낮의 태양에 가까이 있는 얇은 초승달을 보는 것은 거의 불가능했을 것이다. 예외적으로 시력이 좋은 사람이 정말 예외적인 상황에서 보는 것이 아니면, 어떤 경우라도 낮에 목성을 보는 것은 불가능하다. 그러므로 이 엄폐는 전혀 볼 수 없었을 것이다.

표 4.3 BC 6년에 관측 가능했던 4회의 목성 - 달 엄폐의 내용

날짜	시각	달이 보이는 양	관측 가능한 지역
2월 20일	17 : 56	+6%	—
3월 20일	14 : 06	+1%	예루살렘
4월 17일	09 : 30	-1%	베들레헴, 예루살렘
5월 15일	04 : 30	-8%	—

주 : 첫번째와 네 번째의 경우, 바빌론이나 팔레스타인에서는 엄폐가 일어날 때 달이 지평선 아래에 있었기 때문에 엄폐를 볼 수 없었다.

　3월 20일의 엄폐는 해진 후에 일어났다. 바빌론에서는 그 시각에 이미 목성이 지고 난 뒤였으므로 엄폐를 볼 수 없었고, 예루살렘에서는 최소한 가까스로나마 볼 수 있었을 것이다. 달은 그믐으로부터 14시간 지난 뒤였으므로 너무 얇아서 보기 어려웠을 것이다. 달은 해가 지고 나서 꼭 35분 뒤인, 오후 6시 24분에 졌다. 엄폐가 일어난 시각인 예루살렘 지방시 오후 5시 58분에 태양은 지평선보다 3° 아래에 있었고, 달은 지평선보다 5° 위에 떠 있었고 서쪽으로 지기 전 30분을 채 못 남겨 놓은 상태였다.

　그러므로 3월의 엄폐는 거의 보이지 않았을 것이고, 4월의 엄폐는 망원경이 없이는 보는 것이 불가능했을 것이다. 몰나르도 이런 어려움들을 언급하기는 하지만, 목성이 태양으로부터 12° 떨어져 있으면 맨눈으로 볼 수 있다고 주장한다. 만약 그렇다면 동방박사들은 두 경우 모두 달은 못 보았더라도 목성은 볼 수 있었을 것이다. 더욱 논란의 여지가 있는 점은 동방박사들이 굳이 엄폐까지는 못 보았더라도 충분히 강력한 징조로 생각했으리라는 주장이다. 몰나르의 주장은 동방박사들은 언제 엄폐가 일어날지 계산을 하고 있었을 것이며, 자신들의 눈으로 엄폐를 직접 보지는 못했더라도 그것이 얼마나 중요한지를 깨닫고 있었으리라는 것이다. 반면에 헤롯 왕은 아마 엄폐가 있었는지도 몰랐겠지만, 혹시 알았다고 하더라도 별로 중요하게 여기지 않았을 것이다. 우리가 앞에서 살펴본 것처럼 성경의 내용들은 예수님이 BC 6년 혹은 BC 5년의 3월 내지는 4월에 태어나셨다는 것을 보여주고 있는데, 이 시기는 엄폐가 일어난 바로 그때이므로 엄폐의 시기로는 아주 적절한 편이다.

　하지만 위에서 이야기한 네 개의 연속된 목성의 엄폐는

그 어느 것 하나도 바빌론에서는 볼 수 없는 것이었다. 만약 바빌론이 동방박사들이 여행을 시작한 곳이라고 한다면, 그들은 엄폐를 보지 못했을 것이다. 만약 동방박사들이 페르시아에서부터 왔다고 하더라도 상황은 똑같다. 위의 네 엄폐 중 단 하나만이 테헤란(Tehran)의 지평선 위에서 일어나는데, 그나마도 오후 해가 떠 있는 낮에 일어난다. 다시 말하면, BC 6년 3월의 엄폐(해가 진 직후 아직 밝은 석양의 낮은 하늘에서 일어난)가 일어났을 때 동방박사들이 예루살렘에 있었고, 무지무지하게 좋은 시력을 갖고 있지 않았다면, 이 네 개의 엄폐는 그들이 오랜 동안 애타게 기다려 온 가시적(可視的)인 징조가 될 수 없었다는 것이다.

몰나르의 이론이 살아남을 수 있는 조건은 동방박사들이 눈으로 보지 못하는 현상들을 올바르게 해석할 수 있었다고 생각하는 것뿐이다. 하지만 아마도 동방박사들은 그 엄폐가 일어났다는 것을 깨닫고 있었을 것이므로, 여러 시대를 거쳐 베들레헴의 별에 관해 제기된 다양한 이론들 중 이것은 여전히 가장 믿을 만한 이론이다. 만약 그렇다면 이것은 동방박사들에게 유대에 어떤 일이 진행되고 있음을 강하게 암시하는 것이었으리라. 하지만 그래도 그들은 여전히 새로운 왕의 탄생을 알리는 최종적이고 결정적인 신호를 직접 눈으로 보지 못하고 있었다.

이 장에서 우리는 별을 찾아 떠난 여행에서 최신의 우주선을 타고 밝고 불타는 듯한 금성까지 가보았고 직접 착륙도 해보았으며, 거의 700년이나 된 이탈리아의 성당에 있는, 예수님의 탄생과 핼리 혜성을 그린 지오토의 프레스코 그림을 구경하면서 시간적으로, 그리고 공간적으로 상당한 범위를 경험했다. 금성과 혜성은 베들레헴의 별이 아닐 것이라고 결론

짓고, 다른 자료와 추측을 통해 합과 엄폐를 살펴보았으며, 관측된 것들과 눈에 보이지 않았던 것들을 모두 살펴보았다. 동방박사들은 이렇게 복잡한 천체현상들을 모두 이해할 수 있었을까? 이런 현상들이 얼마나 중요한지를 알고 있었을까? 또는 그들은 좀더 쉽고 확실한, 그야말로 하늘이 소리 지르는 것 같은 신호를 찾고 있었을까? 다음 장에서 그 답들을 찾아 보자.

유성과 유성우

　베들레헴의 별을 설명하기 위해 그 동안 나온 주장들 중에는 극단적으로 독특한 것들이 있다. 베들레헴의 별이 별이나 행성 또는 행성의 조합 대신 유성(流星, 별똥별, meteors, shooting stars)은 아니었을까?

　대부분의 사람들이 별똥이라고도 하는 이 유성을 본 적이 있을 것이다. 북빈구 어디에서이든, 8월 어느 여름밤 바깥에 서 있어 보면 틀림없이 북동쪽에서부터 들어오는 노란색의 밝은 유성을 보게 될 것이다. 이 유성들은 그 시발점이 페르세우스자리이기 때문에 페르세우스자리 유성우(流星雨, Perseids meteor shower)라고 한다. 1838년 예일대학의 도서관 사서이던 에드워드 헤릭(Edward C. Herrick)은 페르세우스자리 유성우가 매년 8월 9~10일에 일어난다는 것을 발견했다. 헤릭은 이 유성우를 '성(聖) 로렌스(Lawrence)의 눈물'이라고 이름을 붙임으로써 이 유성우를 유명해지게 만들었다. 그는 아일랜드의 농부들이 이 유성우를 성 로렌스의 불타는 눈물이라고 불렀다는 사실을 지적했다. 성 로렌스는 그리스도

교회에 대한 초기의 탄압 때 갈고리 달린 채찍으로 매질당한 뒤, 산 채로 불태워지는 순교를 했으므로 이것은 적절한 비유라고 할 수 있다. 전설에 의하면, 성 로렌스는 죽기 직전에, 자신을 불에 태우는 이들에게 "이쪽은 다 익었으니까 나를 뒤집어라!"라는 말을 했다고 한다. 그의 기념일로 된 8월 10일에 하늘에서 떨어지는 불의 눈물은 적절한 기념물이 아닐 수 없다. 페르세우스자리 유성우는 세기마다 2.8일씩 늦어져 지금은 그 절정기가 8월 13일이지만, 아일랜드인들이 수백 년 전에 붙인 이름은 여전히 그대로 남아 있다.

가끔, 정말로 가끔은 문자 그대로 하늘이 소리 지르는 것 같이 정말 특이한 천체현상이 일어난다. 특정한 한 종류의 유성이 바로 그것인데, 천문학자들은 이것을 '화구(火球, fireball)'라고 한다. 아주 드문 일이기는 하지만, 놀랍게도 화구는 보름달보다도 밝을 때도 있다. 화구는 종종 5~10초 정도 눈에 보이면서 아주 천천히 하늘을 지나간다. 하늘에서 이들이 지나간 자리에는 먼지 같은 밝고 뿌연 자국이 남아 빛을 발(發)하는데, 아주 드문 경우에는 몇 분 동안 남아있기도 한다. 우리 조상들은 이런 현상들을 보고 무척이나 놀랐을 것이며, 점성술적인 상상의 나래를 활짝 펴는 기회로 삼았을 것이다.

아주 밝은 화구는 지구상의 한 지점에서 볼 때 일생에 한 번 있을 정도의 희귀한 현상인데, 그 이유는 이런 화구를 볼 수 있는 지역은 극히 제한되기 때문이다. 나는 현재 살고 있는 아프리카 북서부 해안의 스페인령 카나리아 제도에서 1995년 5월에 이 화구를 경험했다. 1995년 여름에는 캐나다 일부 지방에서도 또 다른 화구가 있었다. 정말로 크고 인상적인 화구가 1972년에 미국을 지나간 적도 있었다. 이 화구는 맨눈으로만 본 것이 아니라 환한 대낮인데도 사진까지 찍을 수 있었다. 하지만 20세기를 통틀어 가장 커다란 화구는 1908년 6월 30일에 시베리아의 외딴 지역에 떨어진 것이었다. 이 화구는 바이칼호 북쪽의 퉁그스(Tunguska) 지역에 사는 에벤키족(族)의 순록(馴鹿)치는 이들이 목격했다. 화구가 침엽수림 지대(taiga)의 6~8 km 상공에서 폭발했을 때, 폭발의 강도는 30메가톤의 수소폭탄이 폭발한 것과 맞먹는 위력이었다. 폭발로 인해 68 km 반경 안에 있는 4만 그루의 나무가 쓰러졌는데, 이 믿을 수 없는 폭발에도 불구하고 워낙 황량한 땅이어서 사람이 거의 살고 있지 않아 인명 피해는 전혀 없었다.

이런 화구들의 크기는 얼마나 될까? 기본부터 차근차근 따져 보자. '보통의' 유성이 먼지 정도의 크기밖에 안 된다면 놀라지 않을 사람은 거의 없을 것이다. 소금 알갱이 정도의 유성은 꽤 밝게 빛나고, 만약 유성이 모래 알갱이 정도의 크기가 되면 아주 밝게 빛난다. 화구는 보통 골프 공 정도의 크기이지만, 가끔 테니스 공 크기만큼 될 때도 있다. 유성의 크기가 테니스 공보다 큰 경우도 아주 드물게 있다. 미국 아리조나주에 사는 사람이라면, 관광객들을 끌어모으는 유명한 운석 분화구(meteor crater)를 알고 있을 것이다. 나는 1996년 5월에 로스앤젤레스를 떠나 카나리아 제도로 돌아오는 도중에 아리조나주의 이 분화구를 본 적이 있다. 비행기 창문으로 밖을 내려다보고 있던 나는, 작은 언덕이나 햇빛을 가릴 만한 그 무엇도 없는 넓은 광야(曠野) 한복판에 자리잡고 있는 그 분화구를 보았다. 그리고 적잖이 놀랐다. 무한히 평평한 땅 한가운데 있는 이 커다란 구멍은 놀라울 정도로 대조적이었다. 분화구의 직경은 1.2 km이고 깊이는 170m나 된다. 분화구가 만들어진 시기에 관해서는 여러 가지 설이 있는데, 2만 년 전(前)부터 5만 년 전(前)까지 다양하다. 스토니 브룩에 있는 뉴욕주립대학교 광물학과 교수인 로버트 도드(Robert Dodd)가 계산한 바에 따르면, 이 분화구를 만든 운석(隕石, meteorites)은 직경이 30 m였고 질량이 십만 톤인 철질(鐵質)이었다고 한다. 이 운석이 땅에 충돌할 때 그 힘은 25메가톤 급(級)이었다. 이것은 퉁그스 지역에서 있었던 폭발과 맞먹는 정도이며, 히로시마에 떨어졌던 원자탄의 천 배가 되는 위력이다. 인디언들에게 전해져 내려오는 전설 중에는 이 무시무시한 사건을 묘사한 듯한 것이 있다. 그 내용은 하늘이 눈을 멀게 할 것같이 밝은 빛에 의해 둘로 갈라졌고, 그 후에 일어난 폭발로 반경 수십 km 안의 모든 것이 파괴되었다는 것이다.

테니스 공 크기의 유성만 되어도 달처럼 밝은 빛을 내면서 떨어지며, 하늘을 가로질러 가는 시간이 몇 초 정도 되고, 대부분은 땅에 부딪히면서 폭발하게 된다. 동방박사들은 이런 종류의 화구를 보았을까? 만약 그랬다면 하늘을 관찰하는 사람들인 그들에게 있어 이것은 전혀 경험해 본 적이 없는 엄청난 인상을 주었을 것이다. 점성술사였던 그들은 틀림없이, 이것이 어떤 특별한 의미를 가지는지 곰곰 생각했을 것이다. 그들은 무엇을 보았을까? 그들은 그것을 어떻게 해석했을까?

이런 시나리오를 한번 생각해 보자. 동방박사들이 늦은 밤 높은 탑 위에서 관측하고 있었다고 하자. 그들 주변의 모든 것은 고요하게 잠들어 있다. 그들과 함께 하고 있는 것은 오로지 하늘의 별들과 그들의 생각뿐이었다. 갑자기 이제까지 보이지 않던 작은 별 하나가 동쪽에서 나타난다. 놀랍게도 이 별은 점점 커지고 밝아지면서, 빠른 속도로 하늘을 가로질러 서쪽으로 갔다. 아마도 이 별은 5초 내지 10초 동안 빛을 발하였지만, 어둠에 익숙해져 있던 그들에게는 눈을 뜨기 힘들

정도로 밝은 빛이었을 것이다. 아마도 별은 밝은 노란색으로, 또는 오렌지색으로 색깔이 바뀌었을 수도 있다. 별은 점점 밝아지면서 여럿으로 쪼개졌고, 다시 쪼개진 조각들은 계속 별을 좇아가다가 뒤로 쳐지면서 점점 어두워졌을 것이다. 조용하고 커다란 폭발이 있고, 뒤이어 별이 쪼개지면서 소리 없이 더 밝아지게 되었을 것이다. 동방박사들의 눈이 어둠에 다시 익숙해지면서 눈앞에서 춤을 추듯 잔상(殘像)이 남았고, 하늘의 화구가 지나간 자리에는 희미한 연기 같은 흔적이 남았을 것이다. 이 화구가 지나간 흔적은 몇 초 동안, 아주 드문 경우에는 몇 분 동안, 점차 어두워지면서 사라져 갈 것이다.

동방박사들은 하늘을 쳐다보면서 자신들이 본 것에 감탄하며 자신들의 눈을 의심했을 것이다. 아마도 원로(元老)들을 찾아가 방금 자신들이 하늘에서 보았던 특이한 현상을 설명하고, 그들의 자문을 구했을 수도 있다. 틀림없이 원로들 중 그 누구도 이 별 같은 것을 본 적은 없을 것이다. 이 특이한 현상을 해석해 보기 위해 별점을 시도했을 수도 있다. 별은 동쪽에서 와서 서쪽으로 움직여 갔다. 전통적으로 밝은 별은 왕의 탄생을 의미했고, 별이 움직여간 방향은 왕이 태어난 곳을 가리킨다. 그러므로 새 왕을 찾기 위해서는 서쪽으로 가야 한다는 것을 암시해 주고 있는 것이다. 그런 면에서 예루살렘은 분명하고도 논리적으로 합당한 목적지였다.

유성은 정말로 아무 때나 나타나는 건 아니다. 페르세우스자리 유성우에서 본 것처럼 여기에는 어느 정도의 규칙성이 있다. 매년 수많은 작은 유성들과 함께 8개 내지 10개 정도의 중요한 유성우들이 관측된다. 주요한 유성우 중 기억할 만한 것들은 다음과 같다.

• 사분의자리 유성우(The Quadratids) : 1월 초에 나타난다. 목동자리에서부터 유성들이 사방으로 퍼져나가는데, 이 복사점(輻射點, radiant, radiation point)이 지금은 없어진 별자리인 사분의자리(Quadrans Muralis, 영어로는 the Mural Quadrant)에 있었기 때문에 이런 이름을 가지게 되었다.

• 거문고자리 유성우(The Lyrids) : 4월 말에 나타난다. 복사점이 거문고자리에서 가장 밝은 별인 베가(Vega, 직녀 織女) 가까이에 있다.

• 물병자리 에타별 유성우(The Eta Aquarids) : 5월 초에 나타나며 복사점이 물병자리에 있다.

• 물병자리 델타별 유성우(The Delta Aquarids) : 7월 말에 나타나며 역시 복사점이 물병자리에 있다.

• 페르세우스자리 유성우(The Perseids) : 8월 중순에 나타나며, 유성우 중 가장 많이 알려져 있다. 보통은 가장 멋있는 유성우 현상을 일으킨다.

• 오리온자리 유성우(The Orionids) : 10월 중・하순에 나타나며 복사점이 오리온자리의 북쪽 부분에 있다.

• 사자자리 유성우(The Leonids) : 11월 중순에 나타나며 복사점이 사자자리의 사자 머리 부분에 있다.

• 쌍둥이자리 유성우(The Geminids) : 12월 중순에 나타나며 복사점이 쌍둥이자리 알파(α) 별인 카스토르(Castor) 근처에 있다.

매년 같은 날에 나타나는 이런 유성우들 중 가장 많은 수의 유성을 뿌리는 것들은 조건만 완벽하다면 1분당 하나 또는 두 개의 유성을 날린다. 다른 유성우들은 완벽한 조건 아래에서도 한 시간당 하나 또는 두 개 정도의 유성만을 만들어내기 때문에 전문적인 관측자라 하더라도 그것을 관측하기가 상당히 어렵다.

인류에게 유성이 알려진 것은 적어도 2천 년 이전부터이
다. 중국과 바빌로니아의 관측자들은 유성우에 대한 관측 기
록을 많이 남겼는데, 그들 중 일부는 오늘날에도 우리가 계속
관측하고 있는 것들이다. 10세기 이래로 아랍인들 역시 유성
우 관측 기록을 보유하고 있다. 이 기록들은 주로 이라크
(Iraq)에서 이루어진 관측들인데, 이곳에 살고 있는 아랍 천문
학자들은 과거 바빌로니아인들이 해왔던 대로 관측을 한다.
15세기 후반까지 아랍인들이 점령하고 있던 스페인 남부의
안달루시아(Andalusia) 지방에서도 관측을 했다.

유성우는 혜성이 지나가고 난 그 궤도를 지구가 다시 지
나갈 때 발생한다. 태양 주위를 도는 모든 혜성은 상당한 양
의 부스러기를 뿌리면서 태양 주변을 스쳐 지나간다. 이 부스
러기들은 문자 그대로 혜성의 꼬리를 이루게 되고, 혜성이 태
양의 주위를 여러 번 돌면서 이것들이 그 궤도에 계속 쌓이
게 된다. 혜성의 핵(nucleus)에서부터 나온 먼지와 부스러기
들의 흐름(stream)은 유성체(流星體, meteoroids)를 이루고 있
다가, 이들이 지구의 대기 속으로 들어오게 되면 유성(별똥
별)이 되는 것이다. 이런 것들은 점차 혜성으로부터 떨어져
나오게 되고, 나중에는 서로 영원히 관련 없는 존재가 되고
만다. 하지만 태양의 중력이 강하므로 혜성으로부터 꼬리가
뿜어져 나올 때조차도 유성들의 궤도는 거의 변하지 않는다.
유성들은 먼지들이 떨어져 나온 모(母)혜성과 거의 같은 궤도
를 따라 태양 주위를 계속 회전하게 된다.

수천 년의 세월 동안 혜성의 궤도 주위에는 넓은 범위에
걸쳐 물질들이 뿌려져 남아 있게 된다. 이 물질들의 띠는 행
성들의 중력, 특히 유성들에게 자신의 중력을 미쳐서 (이것을

섭동을 가한다고 표현한다) 원래의 궤도로부터 궤도를 조금씩 바꾸어 버리는 역할을 하는 목성에 의해 거대한 영향을 받는다. 처음에는 좁은 흐름 속에만 주로 존재하던 물질들도 수천 년의 세월이 흐르는 동안 넓은 영역으로 퍼져 나가게 된다.

모든 혜성이 지구 가까운 곳을 지나는 궤도를 가지고 있는 것이 아니므로 모든 혜성이 유성우를 일으키지는 않는다. 따라서 지구는 이런 혜성이 남긴 먼지들 속은 지나가지 않는다. 지구가 이런 먼지 흐름의 가장자리에라도 접근하려면 혜성은 지구로부터 천 육 백만 km 이내의 거리를 스쳐 지나가야 한다. 이 거리가 줄어들게 되면 지구는 대개 혜성의 꼬리가 남긴 물질들을 휩쓸고 지나가거나, 또는 그 속 깊이 잠기게 되는데, 이때 중요한 유성우 현상이 발생한다. 혜성이 지나가는 거리가 지구로부터 천 육 백만 km보다 멀게 되면, 지구는 아무런 유성도 만나지 못한다.

1996년 3월 말에 우리에게 매우 아름다운 모습을 보여주었던 햐쿠타케(Hyakutake)라는 혜성이 지구 가까이를 지나갔는데, 우리는 이 혜성의 잔해가 만드는 유성우를 볼 수 있을 지도 모른다. 햐쿠타케 혜성은 지구로부터 천 육 백만 km 되는 거리를 지나갔고, 지구는 1996년 3월 28일에 혜성의 핵에서는 좀 떨어진 꼬리 부분을 통과했다. 아직까지는 이 혜성으로부터 온 유성은 없고, 한 해 한 해가 지나가면서 이 혜성으로부터 유성들이 올 확률은 점차 줄어들고 있다. 1997년 3~4월에 나타난, 햐쿠타케 혜성보다 더 밝은 혜성인 헤일-밥(Hale-Bopp) 혜성은 아무런 유성우를 일으키지 않았다. 여러 연구 결과에 의하면 헤일-밥 혜성에서 나온 부스러기 덩어리들은 지구에서 너무 먼 거리를 지나간 것으로 보인다.

몇몇 유성우는 아주 널리 알려진 주기혜성으로부터 온다.

물병자리 에타별 유성우(The Eta Aquarids)와 오리온자리 유성우(The Orionids)는 핼리 혜성에 의해 생기는 유성우이다. 각기 다른 날짜에, 그리고 각기 다른 해에 보이는 유성의 수를 셈으로써 핼리 혜성의 부스러기들이 흩어져 있는 상황을 조사할 수 있는데, 이렇게 조사한 결과를 토대로 우리는 핼리 혜성이 태양의 주위를 3,500번 정도 회전했음을 알 수 있다. 그러므로 핼리 혜성의 나이는 적어도 25만 년은 될 것이다.[1] 그러므로 핼리 혜성이 관측된 것은 3천 년밖에 안 되지만, 우리 조상들에 의해 문자로는 기록되지 않은 채 30만 년 이상 태양의 주위를 돌고 있었던 것이다. 이것은 핼리 혜성이 이미 상당한 양의 먼지를 우주 공간에 뿌려 놓았고, 혜성이 지금은 아마 처음 크기의 절반 정도로 축소되었다는 것을 의미한다.

여러 유성우들은 적어도 천 년 이상 알려져 있었으며, 이들 중 일부는 2,000년 이상 되는 기록도 보유하고 있다. 하지만 1838년이 되어서야 유성우가 정기적으로 매년 일어난다는 것을 알게 되었다. 그럼에도 거문고자리 유성우(The Lyrids)는 BC 500년부터 기록에 나타나며, 페르세우스자리 유성우(The Perseids)는 AD 36년 7월 17일에 중국인들이 처음으로 관측했다. 오리온자리 유성우(The Orionids)는 AD 288년에 관측되었던 것으로 보이며, 사자자리에서 뿌려지는 유명한 유성우(The Leonids)는 AD 902년에 중국인들과 아랍인들이 처음으로 관측했다. 사분의자리 유성우(The Quadratids)와 쌍둥이자리 유성우(The Geminids) 같은 몇 개는 짧은 동안에만 나타나는데, 그 이유는 이들의 궤도가 목성에 의해 상당한 흔들림(섭동)을 받아서 겨우 수백 년 정도만 지구 궤도를 지나가기 때문이다. '오래된' 유성우는 사라지지만, 시간이 지나면 또 다른 새로운 유성우가 나타난다. 아랍과 중국의 기록을 보면 오늘날 전혀 알려지지 않고 확인하기도 힘든 유성우들을 상당수 볼 수 있다.

1년 중 주요한 유성우들이 없는 때조차도 작은 규모의 유성우들은 많이 있다. 또한 알려진 유성우에 속하지 않는 분산유성(sporadic meteor)들이 끊임없이 지구로 들어온다. 이런 유성들은 아마도 수만~수십만 년 전에 이미 사라진 혜성들이 남겨 놓은 잔해라고 생각되며, 이 잔해들의 흐름은 더 이상 유성우로 관측되지 않을 때까지 점차 흩어져 버리게 된다. 1년 중 언제인지와 하루 중 어느 시각인지에 따라 조금씩은 다르지만, 완벽한 조건하에 열심히 하늘을 관측하는 관측자라면 1년 중 언제라도 시간당 10~12개 정도의 분산유성을 볼 수 있다.

영국의 위대한 아마추어 천문가이며 작가, 방송가인 무어는 최근 수년 동안, 베들레헴의 별은 하나 또는 여러 개의 유성이었다는 이론을 주장해 왔다. 그의 이론이 단순하기는 하지만, 그는 여러 해 동안 다양한 방법으로 자신의 생각을 제시해 왔다. 이 이론은 왜 동방박사들만이 하늘에 새로운 별이 나타난 사실을 알 수 있었을까 하는 점을 상식적이고 자연스런 천체현상을 이용해 사실적으로 설명함으로써 사람들의 관심을 끈다. 주된 주장은 베들레헴의 별은 하나 또는 아마도 두 개의 밝은 유성이었을 것이고(그림 5.1을 보시오), 밤새 별을 관측하고 있던 동방박사들이 이 '별똥별'을 보았다는 것이다. 시기는 정확히 알 수 없는 어느 때인가, 하늘을 세심히 살펴보며 그 신비함을 연구하던 동방박사들이 밝은 유성 하나를 보았고, 그 의미를 깊이 생각하게 되었다. 이 이론이 주장하는 바는, 첫 유성을 보고 동방박사들이 예루살렘을 향해 여 행을 떠났다는 것이다. 얼마 후, 동방박사들은 여행길에서

그림 5.1 떼이데(Teide) 천문대에서, 사진 오른쪽의 VTT 태양 관측탑(VTT solar tower) 뒤로 떨어지고 있는 유성.(사진 : 마크 키저.)

두 번째 유성을 보고서 베들레헴을 향해 가게 되었고, 마침내는 아기가 있던 여관까지 도달할 수 있었다.

이 기본적인 이론에 더해서, 주된 내용은 같지만 세부적인 면이 조금씩 다양해진 이론들이 최근 수년간 등장했다. 가장 최근에 끼릴리드 유성체류(Cyrilild Stream)라고 불리는 특별하고 희귀한 종류의 유성우 관측과 관련한 아주 흥미로운 이론이 등장했다. 내가 알기에 이 이론은 아직 공식적으로 출판된 적은 없지만, 충분히 베들레헴 별의 후보가 될 수 있을 것으로 보인다. 이들에 대해서는 이 장의 뒷부분에서 살펴볼 것이다.

위에서 살펴본 바와 같이 보통의 유성은 아주 흔한 편이다. 이런 사실은 중국사람들과 아랍사람들도 모두 알고 있었다. 고대 유성우 기록의 상당수가 바빌론에서 나왔다는 사실로 보건대, 바빌론 천문학자들도 유성우를 잘 알고 있었던 것 같다. 사실 규칙적으로 하늘을 관측해 본 사람이라면 대부분이 유성과 유성우를 잘 알고 있다. 우리는 동방박사들이 정말로 하늘을 진지하게 연구했던 현자(賢者)들이라고 생각한다. 앞에서 말한 대로 동방박사들이 금성을 잘 알고 있었다면, 그들은 아마 유성 역시도 그 정체를 잘 알고 있었을 것이다. 즉, 특이한 현상이 아니라는 사실을 알고 있었을 것이다. 한편 베들레헴의 별이 유성이나 유성우였다면, 베들레헴의 별을 본 사람이 왜 그렇게 적은지도 설명할 수 있을 것이다. 무어는 "베들레헴의 별이 밝은 혜성이거나 또는 신성이었다면 필시 모든 사람들이 보았을 것이다. 하지만 만약 유성 하나나 또는 두 개였다면 꼭 그렇지는 않을 것이다"라는 말을 했다.

이 간단한 이론에 대해서는 별로 공격할 여지가 없어 보인다. 하지만 고려해야 할 중요한 문제가 하나 있다. 유성이 지속되는 시간은 길어봐야 1초를 넘지 않는다는 점이다. 만약에 동방박사들이 예루살렘까지 이동하는 데 여러 주 걸렸고 (실제로 그랬을 것이다) 여행을 계획하고 준비하는 데에 더 많은 시간이 필요했었다면, 유성 하나 때문에 동방박사들이 여행을 시작했고, 여행하는 동안 유성을 따라 이동했고, 마침내 베들레헴까지 갈 수 있었다고 생각하는 것은 별로 현실성이 없어 보인다. 1976년에 휴즈는 『네이처(Nature)』라는 유명한 저널에 기고한 글에서 "별이 그들을 '앞서' 갔고 '아기 있는 곳 위에 머물러 설' 수 있으려면 별은 꽤 긴 시간 유지되어야 한다. 따라서 화구나 아주 밝은 별똥별 같은 순간 현상(transient phenomena)은 아니었을 것이다"라고 결론지었다. 동방박사들이 여행을 떠나게 된 구체적인 동기가 무엇인지를 알아내기는 어렵다. 하지만 오랜 세월이 걸리고, 어쩌면 위험

할지도 모르는 여행을 출발한 것을 보면, 그들이 목격한 것은 아주 독특했고, 아주 특별한 것이었다고 생각된다. 하지만 보통의 유성이었다면, 동방박사들이 하늘에서 친숙하게 보아왔던 것이어서 그들로 하여금 여행을 떠나게 할 만한 천체는 못 되었을 것이다.

그렇지만 이 이론을 성급하게 제외시켜 버릴 필요는 없다. 동방박사들이 본 것은 일반적인 유성이 아니었을 수도 있지 않을까? 위에 언급한 글에서 휴즈는 베들레헴의 별이 화구였을 가능성을 짤막하게 이야기했는데, 그는 이내 이 가설을 제외시켜 버렸다. 이 장의 첫 부분에서 한 이야기를 돌이켜 보자. 유성이 테니스 공 정도의 크기만 되면 이 유성은 보름달처럼 밝은 빛을 내는 화구가 된다. 동방박사들은 무엇을 보았고, 이 천체들을 보면서 무엇을 생각했고, 이 현상에 대해 원로들과 이야기하면서 무슨 주장을 했을까? 그들은 새로운 왕이 태어났다고 쉽게 결론지었을까? 이 이론을 다음과 같이 본다면, 괜찮아 보인다. "별이 앞서 인도하여 가다가"라고 한 성경을 보면 분명히 별은 상당한 기간 동안 보였던 것 같고, 그 후에 별은 베들레헴 위에 머물러 섰다고 기록되어 있다. 화구만큼 밝고 또한 5~10초 동안 유지되는 천체는 보통의 유성은 아닐 것이며, 성경은 또한 몇 초보다 훨씬 더 오래 지속되었다는 것을 암시하고 있다. 유성이 아무리 밝고 또 동방박사들이 여행을 시작한 시점부터 계산하더라도, 유성 하나가 동방박사들의 여행 내내 보일 정도로 오래 지속되는 것은 불가능하다. 그들이 아무리 미리미리 준비했었더라도, 그들이 아무리 서둘렀더라도, 그들이 즉시 출발할 수 있었더라도 그들이 이동하는 동안 별이 계속 보였을 리는 만무하다. 베들레헴의 별에 대해 이 이론이 맞아떨어지기 위한 유일한 출구는 유성이 나타났을 때 동방박사들이 이미 사막을 거의 다 횡단했을 가능성밖에는 없다. 다시 말하면, 동방박사들은 여행하던 중에 화구를 목격했고, 화구가 인도하는 대로 따라가 보기로 그때 거기서 결심한 것이다.

게다가 동방박사들이 유성을 발견했을 때 이미 여행 중이었다 하더라도, 몇 주나 걸리는 여행을 하고 있던 그들의 입장에서는 10초 정도나 지속되는 아주 밝은 유성조차도 길을 안내하는 데에는 별로 도움이 안 된다는 피할 수 없는 사실도 고려해야 한다. 하지만 앞의 이론은 동방박사들이 베들레헴에 도착했을 때 두 번째 유성이 나타났고, 언제 멈춰야 할지를 이 유성이 말해 주었다고 주장함으로써 이 곤란을 피하고 있다. 하지만 이 점에서 이 이론은 점수를 잃기 시작한다. 우리는 동방박사들이 사막의 한낮 태양이 내리쬐는 불볕 열기를 피해 해가 뜨기 전 이른 아침 나절에 주로 여행했을 것이라고 생각한다. 그들은 정오가 되기 전에 발길을 멈추었고, 오후의 가장 뜨거운 시간대에는 아마 잠을 잤을 것이다. 일반적으로 저녁때보다는 새벽에 유성을 더 많이 볼 수 있는데, 동방박사들은 여행하던 몇 주 동안에도 많은 유성을 보았을 것이다. 그 많은 별똥별 중에 어느 것이, 새로운 왕을 찾아 나선 그들의 긴 여정이 끝났음을 알려주는 '그' 유성인지 알 수 있었을까?

이 이론이 당위성을 얻기 위해서는 두 번째 유성 역시 첫번째 유성만큼이나 아주 밝은 화구였고, 또한 아주 적절한 때에 나타났다고 생각해야만 한다. 만약에 이런 종류의 화구가 일생에 한 번 볼까말까 한 현상이라면, 두 개의 밝은 화구가, 그것도 동일한 사람들에게 거의 비슷한 장소에서, 겨우 몇 주 만에 보인다는 것은 아주 어려운 경우일 것이다. 두 번째 유성이 동방박사들이 베들레헴으로 들어가려 할 무렵, 아주 적당한 때에 나타났다고 하는 것은 좀 부자연스럽다. 일생 동안 하늘을 관측하는 데 헌신해 온 유성 관측자들 중에는 그렇게 밝은 화구를 단 하나도 못 본 사람이 수두룩하다.

베들레헴의 별은 아주 특별한 것이어야 한다. 하지만 유성 이론이 논리적으로 가능하다고 해서, 유성의 가능성을 이렇게까지 확장해서 이야기하는 것은 좀 지나친 면이 없지 않다. 유성이 베들레헴의 별을 설명하는 데 있어 틀렸다고는 증명할 수 없지만, 예수님이 태어나셨을 때 있었다고 알려진 현상 중에 더 좋은 후보들이 있었다는 것은 증명할 수 있다.

유성에 관련된 또 다른 이론 하나가 1991년 크리스마스²에 런던 천체 투영관(London Planetarium)¹⁴⁾에서 제시되었다. 이것은 아주 기발한 내용이었고, 천문학자들이 받아들이기에 곤란한 것도 아니었다. 이 이론은 얼마 전에 북아메리카에서 일어났던, 과거에도 일어난 적이 없고 앞으로도 일어날 것 같지 않은 아주 특별한 사건을 기반으로 해서 만들어졌다.

1913년 2월 9일에 아주 특이한 유성우가 목격되었다. 처음에는 아주 일반적인 유성이 떨어졌는데, 상당히 멋있는 모습이었으며 긴 꼬리를 그리면서 하늘을 천천히 지나갔다. 하지만 곧이어 두 번째 유성이 떨어졌는데, 신기하게도 첫번째 유성과 똑같은 위치에서 나타나서, 첫번째 유성이 사라진 지점까지 동일한 길을 지나간 뒤 사라졌다. 또 다시 세 번째 유성이 나타났고, 네 번째, 다섯 번째, 그 뒤에도 계속 유성이 나타났다. 모두 점점 더 멋있는 모습으로 하늘에서 동일한 길을 지나간 뒤 사라져갔다. 이런 장관이 벌어진 시간은 약 3분

---

14) 캄캄한 실내에서, 둥그런 천장에 인공으로 천체들을 투영시켜 낮에도 천체의 모양과 운동을 볼 수 있게 한 장치를 말한다.(역자 주)

간이었다.

나사 고다드 우주비행 센터(Goddard Space Flight Center)
의 존 오키프(John O'Keefe)가 아니었다면 이 끼릴리드 유성
우(Cyrilid shower)는 아마도 우리의 기억에서 잊혀졌을 것이
다. 하지만 오키프는 시간과 노력을 투자해서 유성우의 최근
기록들을 찾아냈고, 이들을 자세히 분석했다.

이 연속된 유성우는 캐나다의 토론토, 뉴욕, 미테소타, 위
스콘신, 버뮤다, 브라질의 남대서양 해안, 그리고 북아메리카
대륙의 곳곳에서 관측되었다. 이 유성우는 성(聖) 끼릴(Cyril)
의 날에 발견되었기 때문에 '끼릴리드 유성우'라고 이름 붙여
졌다. 이 유성우를 보았고 연구했던 토론토대학의 챈트(C. A.
Chant) 교수는 다음과 같은 기록을 남겼다.

저녁 9시 5분쯤에 …… 북서쪽 하늘에 갑자기 커다랗고 붉은
불이 나타났다 …… 그 불은 특별하고 장엄하며 위엄 있는 모습
으로 완벽하게 수평으로 움직여 갔다.

이 첫번째 유성이 가져다 준 경이가 사라지기도 전에, 또 다른
유성들이 북서쪽, 첫번째 유성이 나타났던 바로 그 자리에서 나
타났다. 두 개, 세 개, 네 개의 유성들이 꼬리를 뒤로 길게 한 채
같은 속도로 유유히 앞으로 나아갔다 …….

유성들은 모두 동일한 길을 지나갔고, 남동쪽 하늘의 한 지점
을 향해 움직여 갔다.

이런 현상은 그 이전에 관측된 일이 전혀 없었고, 그 이후에
도 없었다. 이런 현상은 일시적으로 지구 근처를 도는 궤도에
붙잡힌 보통의 유성체류(stream of meteors)에 의해 생기는
것으로 보인다. 물질 알갱이들이 지구 주변을 휩쓸고 지나갈

때 이들은 거의 지구 표면과 평행으로 지구의 상층 대기를 뚫고 지나가게 된다.

놀란 관측자의 머리 위 120km 상공에서 이 유성체류 안의 먼지 덩어리 하나하나는 차례대로 빛을 발한다. 하지만 우리가 보는 유성은 작은 먼지 하나가 빛을 내는 게 아니고 먼지가 대기를 뚫고 지나가면서 남기는 자국이다: 아주 높은 고도에 존재하는 이온층의 희박한 가스 속을 먼지가 시속 72km로 질주하는데, 그 때 생기는 마찰로 인해 만들어진 열은 희박한 공기 속의 원자와 분자들을 분리시킨다. 이렇게 분리되어 나온 전자들이 먼지의 뒤에서 빛나는 흔적을 남기게 되는데, 이것이 바로 우리가 보게 되는 유성이다.

우리가 아는 한 끼릴리드 유성우는 그 뒤 전혀 나타나지 않았고, 단 한 번 유일하게 존재했었던 사건으로만 남아 있다. 믿을 만한 목격자들의 증언이긴 했지만, 보통사람들의 아주 특별한 경험이므로, 유성우에 대한 설명치고 별로 자세하지 않다는 사실이 그리 이상한 건 아니다. 그런 이유 때문에 유성우의 출현과 그 내용에 대한 많은 부분이 확실하지 못하다. 이것이 우리가 끼릴리드 유성우를 완벽히 설명하지 못하는 이유 중의 하나이기도 하다.

동방박사들이 끼릴리드 유성우와 비슷한 천체를 보았다고 가정해 보자. 이렇게 정돈된 천체현상을 보고 그들은 무엇을 생각했을까? 하늘의 이쪽에서 저쪽으로 움직여 간 이 뚜렷한 운동은 그들에게 출발해야 한다는 확신을 주었을 것이다. 암시하는 바는 거역할 수 없는 것이었으리라. 나를 따르라! 나를 따르라! 유성우가 움직여 간 방향은 바로 그들이 어느 쪽으로 가야 할지를 알려주는 것이었다. 동방박사들은 이런 종류의 천체현상을 본 적이 없었고, 역사 기록이나 문헌들에도 이러한 내용은 없었으며, 원로들에게 물어봐도 역시 소용없는 일이었다. 여러 가지 면에서 이 현상은 '그' 별이라고 확신하기에 완벽한 조건을 갖추었다.

이 이론 역시 아주 논리적인 것처럼 보이고, 우리가 가지고 있는 몇 안 되는 자료와도 비교적 일치한다. 하지만 또 다시 극복할 수 없는 똑같은 사실에 부닥치게 되는데, 이것 역시 지속 시간이 아주 짧다는 점이다. 다시 말하면, 동방박사들은 이것을 보기는 했는데, 별들이 완전히 사라지기 전에 무언가 생각하거나 반응해 볼 시간이 없었다는 점이다. 우리는 또 다시 전혀 다른 사건이 동방박사들을 베들레헴에서 멈추게 하지 않았다면, 마치 동방박사들에게 어디에서 멈춰서 아기 예수를 찾아야 할지를 가르쳐 주는 화살처럼, 이 현상이나 또는 비슷한 어떤 것이 몇 주 후에 반복되었을 것이라고 생각할 수밖에 없다. 다시 한번, 우리는 이 별이 동방박사들의 긴 여행 동안 그들을 안내하며 계속 보였다고 설명할 수 없으며, 아울러 이런 현상이 정말로 존재했었는지도 증명할 수 없다. 물론 존재하지 않았다고 증명할 수도 없지만 말이다.

다른 유성 이론의 경우에도 동일한 결론을 얻게 된다. 즉, 유성 이론이 가능하지만, 가장 가능성 있는 후보는 아니라는 것이다. 가장 큰 단점은 유성이 존재했었는지를 증명할 수 없다는 것이다. 기록이 존재하지 않아 동방박사들이 전 세계에서 유일하게 그것을 목격한 사람들로 되어 있다. 두 번째 단점은 휴즈가 지적한 것인데, 유성이나 화구, 또는 끼릴리드 유성우라 하더라도 지속 시간이 너무 짧아서, 나중에 똑같은 현상이 다시 일어나지 않는 한 여러 주 걸리는 여행을 하고 있던 동방박사들에게 길을 안내하기는 불가능하다는 것이다.

유성 이론의 마지막 가능성은 하나 있다. 그것은 엄청나게 인상적이고 특별한 사건이 일어났지만, 지속 시간이 아주 짧아서 목격한 사람이 적다는 것이다. 이런 일은 일반적인 현상이 일어나다가 가끔 발생한다. 충분히 일어날 수 있는 가능성이 있지만, 목격자가 거의 없을 만큼 드물게 일어난다. 이것은 (운만 좋다면) 역사 기록들에서 그리 어렵지 않게 확인해 볼 수 있는 유성우이다. 이렇게 드물고, 아주 화려한 사건은 바로 유성 폭풍(meteor storm)이다.

유성 폭풍은 짧지만 믿을 수 없을 만큼 강렬한 유성우 현상이다. 1분에 하나 정도의 유성이 떨어지는 게 아니라, 1초에 하나(약한 유성 폭풍), 심지어는 1초에 열 개의 유성(보통의 유성 폭풍)이 떨어진다. 하늘은 문자 그대로 유성으로 가득 찬다. 유성들은 빛을 내며 점점 빨리 스쳐 지나가는데, 모두가 별들 사이의 한 점에서 쏟아져 나와 마치 하늘에서 불비가 내리는 것처럼 보인다. 가끔 유성 폭풍을 본 (그림 5. 2를 보시오) 사람들은 '하늘에 불이 붙었다'고 당황하거나 겁을 먹고, 또 공포를 느끼기도 한다. 유성 폭풍에 대한 대표적인 설명으로, 1866년 사자자리 유성우가 있었을 때 미국 남부의 한 토지 소유주가 묘사한 다음의 글이 있다. "새벽 3시가 조금 지났을 무렵 나는 작은 소란 때문에 잠을 깼습니다. 모든 노예들이 공포에 질린 채 땅에 엎드려서 하늘에 불이 붙었다고 소리치는 것이었습니다."

유성 폭풍은 보통, 혜성이 막 지나갔거나 또는 막 지나가려고 할 때 지구가 혜성의 궤도 아주 가까이를 지나면서 발생한다. 그러면 지구는 그 앞에 놓여 있는 물질의 숲을 지나가면서 수많은 먼지 덩어리들을 만나게 된다. 이 먼지 덩어리들은 공간적으로 멀리 퍼져나갈 시간이 없었으므로 지구에서 볼 때는 하늘의 한 지점에서 나타나는 것처럼 보이게 된다.

그림 5.2 사자사리 유성 폭풍. 목판화.
(출처 : 길레민 A. Guillemin, Le Ciel : Notions D'Astronomie à L'Usage
des Gens du Monde et de La Jeunesse. Paris : Librairie De L.
Hachette, 1870.)

그러므로 이 불타는 빛 덩어리들은 하늘의 한 점에서 쏟아져
나와 온 하늘을 채우게 된다.

지난 수백 년 동안 유성 폭풍은 평균적으로 백 년에 서
너 개 정도의 빈도로 나타났다. 지난 천 년 동안에는 특별한
한 유성우, 즉 사자자리 유성우가 규칙적으로 유성 폭풍을 만

들어 냈기 때문에 현대에는 유성 폭풍이 비교적 흔한 편이다. 표 5.1에 보인 것처럼, 다른 유성우들도 때때로 유성 폭풍을 만들어 내기는 했지만, 사자자리 유성우만이 아주 규칙적으로 반복되었다.

사자자리 유성 폭풍은 약 33년마다, 즉 혜성이 태양 주위를 한 바퀴 도는 데 걸리는 시간마다 나타난다. 예를 들어, 사자자리 유성 폭풍은 1799년에 나타났고, 1833년과 1866년에

표 5.1 기록된 유성 폭풍 중 가장 유명한 10개

연도	유성우	시간당 유성의 개수*
1866	사자자리 유성우	17,000
1966	사자자리 유성우	15,000
1946	용자리 유성우	12,000
1933	용자리 유성우	10,000
1872	안드로메다자리 유성우	7,400
1901	사자자리 유성우	7,000
1885	안드로메다자리 유성우	6,400
1799	사자자리 유성우	>5,000
1833	사자자리 유성우	>5,000
1798	안드로메다자리 유성우	"비 같았다"

주 : 네덜란드의 천문학자인 피터 예니스켄스(Peter Jenniskens)의 연구 결과이다. 10개의 거대한 유성 폭풍 중 5개가 사자자리 유성우이다. 안드로메다자리 유성우는 이제는 존재하지 않는다. 혜성의 궤도에 가해진 목성의 섭동 때문에 지구와 혜성의 잔해가 더 이상 만나지 않는다. 만약 이 혜성의 궤도에 계속 섭동이 가해진다면 수백 년쯤 후에 다시 한 번 지구와 만나서 유성우가 다시 나타나는 것은 가능하다.
* 영어로, Zenithal Hourly Rate라고 한다.

도 나타났으며, 북아메리카인들 중 일부가 말한 바에 따르면 1899년에도 약하게 나타났다. 하지만 1966년까지는 다시 나타나지 않았다. 다른 때 나타난 것으로는 AD 902년 이후 현재까지 거의 33년의 간격으로 사람들 눈에 띄었다고 한다. 유성 폭풍을 일으킬 정도의 물질의 흐름(band)은 매우 얇기 때문에 33년의 주기마다 유성 폭풍이 반드시 일어나는 것은 아니다. 물질 덩어리들(meteoric material)이 지나다니는 궤도에 목성의 중력이 약간만 섭동을 주어도 물질들의 흐름은 지구에서 벗어나게 되므로, 우리는 유성 폭풍을 관측할 수가 없다. 1966년의 저 거대했던 유성 폭풍은 아주 감격적이긴 했지만 겨우 40분 정도밖에 지속되지 않았다. 이것은 물질들의 흐름이 얼마나 얇은지를 단적으로 보여주는 것이다. 1999년 이후에는 목성이 사자자리 유성우의 궤도에 상당한 섭동을 주어 적어도 백 년 동안은 사자자리 유성 폭풍이 보이지 않게 될 것이다. 우리는 빨라야 2098년쯤에, 그리고 십중팔구는 아마도 2131년이 되어서야 이 얇은 물질의 흐름과 다시 만나게 될 것이다.

사자자리 유성 폭풍은, 매년 11월 17일 경의 며칠 밤 동안 보이며 매년 약하게 관측되는 사자자리 유성우도 일으키는, 템펠-터틀(Tempel-Tuttle) 혜성의 바로 뒤를 따라다닌다. 템펠-터틀 혜성은 그리 밝지 않은 혜성이고, 주기가 32.9년밖에 안 되지만 인류에게는 겨우 다섯 번만 관측되었다. 이 혜성이 처음 관측된 것은 1366년의 일인데, 이때 혜성은 지구로부터 천만km밖에 안 되는 거리에서 지구를 스쳐 지나간 직후였다. 이 거리는 지구 근처를 지난 혜성 중 가장 가까이 접근한 경우였으며, 이때의 혜성은 중국인들에게 며칠 동안 관측되었다. 템펠-터틀 혜성이 두 번째 관측된 것은 1699년 독일의 천문학자 고트프리트 키르히(Gottfried Kirch)가 단 한 번 맨눈으로 보았던 때였다. 하지만 이 때의 혜성이 템펠-터틀 혜성이라고 알려진 것은 1965년이 되어서였다. 세 번째 관측된 것은 1866년이었는데, 다소 어둡기는 했지만 그래도 맨눈으로 관측할 수 있을 정도의 밝기였다. 이때 이 혜성을 관측한 사람은 독일의 천문학자인 에른스트 템펠(Ernst Tempel)과 해군에서 5년 동안 재정관으로 근무하는 등 파란만장한 인생을 살며 13개의 혜성을 발견한 미국인 호레이스 터틀(Horace Tuttle)이었다. 그래서 이 혜성의 이름이 템펠-터틀 혜성이 되었다. 남북전쟁 중 터틀은 남캐롤라이나 주의 찰스턴(Charleston) 항 봉쇄작전에 참가했다가 밀항하는 영국인을 체포하는 공로를 세우기도 했다. 하지만 10년 뒤인 1875년에 터틀은 해군 자금 중 6천 달러 정도를 유용한 것이 탄로나 강제 전역조치 되었다가, 나중에 다시 워싱턴의 미국 해군 천문대에서 근무하게 된다. 1866년 이후 템펠-터틀 혜성은 거의 백 년 동안이나 사람들의 기억에서 완전히 사라졌다가 1965년에 망원경으로 겨우 식별할 만큼 아주 희미한 천체로 다시 발견되었다.

템펠-터틀 혜성은 1998년 초에 다시 돌아왔다(그림 5.3을 보시오). 1998년 11월 17~18일에 지구가 템펠-터틀 혜성 궤도의 뒷부분을 지날 때 새로운 사자자리 유성우가 나타날지도 모른다는 기대가 일었다. 여러 천문학자들이 하루 전날에 진귀한 유성우를 목격하기는 했지만, 막상 당일에는 유성폭풍이 일어나지 않았다. 후에, 이 전날에 발생한 유성우는 14세기에 왔던 템펠-터틀 혜성에 의해 발생했다는 것이 알려졌다. 1998년에 왔던 템펠-터틀 혜성과는 아무런 관련도 없었던 것이다. 1999년 11월 18일에 지구는 이 혜성의 궤도를

그림 5.3 1998년에 돌아왔을 때의 템펠−터틀 혜성의 모습. 꼬리도 거의 보이지 않는 어두운 모습이지만, 쌍안경으로도 관측할 수 있었다. (자비에 리칸드로 Javier Licandro 촬영, 떼네리페의 떼이데 천문대에서 IAC−80 망원경 사용.)

또 다시 지날 것이고, 유럽인들은 이번에는 유성 폭풍을 볼 수 있지 않을까 하는 낙관적인 기대를 하고 있다.

이번에는 혜성의 궤도가, 거대한 유성 폭풍이 있었던 1966년이나 1866년보다는 좀더 지구에서 먼 거리(1,270,000 km)이긴 하지만, 지구 궤도의 약간 안쪽을 지나게 된다. 최근에 있었던 모든 유성 폭풍들과 대부분의 중요한 유성우들은 혜성이 지구 궤도의 바로 안쪽을 지나갈 때 일어났다. 19세기 말의 경우처럼 거대한 유성 폭풍 하나 대신 여러 개의 작은 유성우를 볼 수도 있고, 운이 나쁘면 아무것도 못 볼 수도 있다. 오랫동안 유성 폭풍의 절정을 기다리면서 사자자리 유성우를 관측해 온 최근 몇 년 동안의 관측자료를 보면 상당히 상반되는 결과를 볼 수 있다. 1994년과 1996년에는 사자자리 유성우가 상당히 강렬했던 반면에 1995년에는 비교적 약했다.

어떤 이들은 그러한 유성 폭풍이 가져다 줄지도 모르는 위험에 대해 염려한다. 1994년에 나사는 페르세우스자리 유성우에서 나오는 유성들과의 있을지도 모르는 충돌을 염려해서 우주 왕복선의 발사를 연기하기도 했다. 사실 이 위험이라는 것은 실제로 매우 경미하다. 유성들이 비처럼 쏟아져 내리는 듯이 보이고 하나하나가 아주 가까이 있는 것처럼 보이지만, 실제로 유성들 사이의 거리는 가장 커다란 유성 폭풍의 경우에도 100km 이상이나 된다. 이러한 유성 폭풍에서 나오는 대부분의 유성들은 먼지 알갱이 정도의 크기이며 지구 대기 중에서 빠른 속도로 타버린다. 보통의 유성우에서 운석이 떨어진 경우는 관측된 적이 없으며, 가장 강력한 유성 폭풍에서조차도 운석이 떨어진 경우는 없다. 그러므로 사자자리 유성우는 지구에 별로 위험스런 존재는 아니다. 인공위성이나 우주 비행사들에게 훨씬 위험스런 존재는 유성보다는 지구 궤도에 버려져 있는 잔해물들이다. 궤도를 도는 속도가 워낙 크기 때문에 작은 페인트 얼룩만 부딪쳐도 심각한 재앙을 초래할 수 있다. 실제로 아주 최근에 인공위성 하나가 '우주 쓰레기'와 충돌해서 파괴된 적이 있다. 내가 근무하고 있는 스페인령 떼네리페의 떼이데 천문대에 세워진 새로운 망원경 하나는 우주 쓰레기를 찾고 추적할 목적으로 세워졌다.

사자자리 유성우에서 오는 유성과 인공위성이 충돌할지도 모른다는 위험은 사실상 존재한다. 지구 위 궤도에 떠 있는 인공위성이 아주 많으므로 1999년에 거대한 사자자리 유성 폭풍이 쏟아지면 적어도 하나쯤은 충돌로 인해 심각한 피해를 입을 수도 있다. 하지만 1998년의 사자자리 유성우 때에는 위성의 피해가 보고된 것이 없었다. 어쨌든 우주 왕복선이나 미르호 같은 우주 정거장 하나에 가져다 주는 위험은 사실상 아주 작은 편이다.

유성우의 경우와 똑같이 유성 폭풍 역시도 역사상 여러 번 기록되었고, 별로 새로울 것이 없다. 과거에 유성 폭풍이 나타났었고, 2천 년 전부터 관측되었다는 것은 잘 알려져 있다. 예를 들어 중국의 기록을 보면 BC 15년 3월 27일에 거대한 거문고자리 유성 폭풍(Lyrid meteor storm)이 나타났는데 '별들이 비처럼 쏟아져 내렸다'고 한다. 유성 폭풍은 하늘에서 관측되는 현상 중 가장 멋있는 사건들 중 하나인 것은 틀림없다. 하지만 두 가지 이유 때문에 유성 폭풍을 직접 본 사람은 드문 편이다. 첫번째는 유성 폭풍의 지속 시간이 짧다는 것이다. 1996년 사자자리 유성 폭풍의 경우처럼 지속 시간은 대개 한 시간 이내이다. 둘째로 유성 폭풍을 볼 수 있는가 없는가는 대개 지리적으로 어디에 위치해 있는가에 달려 있다. 예를 들어 1966년에 사자자리 유성우가 나타났을 때 미국에 있는 사람들은 거대한 유성 폭풍을 경험했지만, 유럽에 있던 사람들은 몇 시간 먼저 일어난 미미한 유성밖에는 구경하지 못했다. 동일한 사자자리 유성우가 나타났던 1799년, 1833년, 1866년에도 우연히 북아메리카 대륙에 있던 사람들만이 유성들을 볼 수 있었다.

유성 폭풍이 베들레헴의 별 현상을 만들어 냈을까? 아마도 유성 폭풍 같은 현상은 동방박사들에게 생소한 것이었고, 틀림없이 깊은 인상을 주었을 것이며 점성술적으로도 많은 의미를 담고 있었을 것이다. 만약 유성 폭풍이었다 하더라도 사자자리 유성 폭풍은 아니었을 것이다. 사자자리 유성 폭풍이 처음 기록에 나타난 것은 AD 902년이었는데, 사자자리 유성 폭풍이 그 이전에 관측되었다는 증거는 없기 때문이다. 또 다른 유성 폭풍인 거문고자리 유성 폭풍은 예수님이 태어나실 무렵에도 존재했었다고 알려져 있지만 역시 베들레헴 별의 후보는 되기 어렵다. 그 이유는 거문고자리 유성 폭풍이 그 당시에 안 보였기 때문이라기 보다는 이미 BC 15년에 본 적이 있기 때문이다. 강력한 거문고자리 유성 폭풍은 대략 59년 또는 60년마다 일어난다고 알려져 있는데, 겨우 10년쯤 뒤인 BC 5년 또는 6년 경에 이 유성 폭풍이 또 다시 나타났다고 보는 것은 현실성이 없다.

베들레헴의 별 후보로 유성 폭풍을 고려할 때면 우리는 친숙한 어려움을 만나게 된다. 성경은 하나의 별만 언급하지 수백 개의 별을 언급하지 않으며, 유성 폭풍의 지속 시간은 아주 짧아 기껏해야 하룻밤이고, 유성 폭풍이 가장 강렬할 때라도 한 시간 이내밖에 안 된다. 반복되는 이야기지만 동방박사들이 이렇게 짧은 동안만 나타나는 현상을 보고 여행했다는 것은 생각하기 어렵다. 게다가 우리가 생각하고 있는 시기에는 주요한 유성우가 나타나지 않는다. 만약 고대 기록에서, 예수님이 탄생하신 시기에 있었던 커다란 유성 폭풍이 발견된다면 아주 흥미롭고 무시할 수 없는 중요한 증거자료가 될 것이다. 하지만 그런 자료가 없는 한, 우리는 유성 폭풍이란 가설은 제외시켜야 할 것이다.

그러면 이제 우리는 무엇을 찾아보아야 할 것인가? 어쩌면 이 수수께끼의 단서는 과학적인 성도(星圖) 자료나 천체의 컴퓨터 계산에 있지 않고, 다음과 같이 재미있는 내용으로 40년 전에 쓰여진 SF 소설 안에 있을 수도 있다. "그 빛이 어두워져서 우리 눈에 안보이게 되기 전에, 우리가 수백만 개 정도나 되는 다양한 세계의 사람들과 베들레헴의 별 이야기를 함께 공유할 수 있게 되었다는 것은 생각하기에 좀 신비스럽다."[3] 우리는 다음 장에서 새로운 가능성을 타진해 보면서 이 말들의 의미를 다시 한 번, 그리고 더 깊이 만나게 될 것이다.

6

베들레헴 초신성?

베들레헴의 별은 정말로 '별'(star)은 아니었을까? 이것은
충분히 가능하다. 특히 우리가 앞에서 살펴본 별 외의 여러
가지 다른 천체들을 생각하면 더욱 그러하다. 우리는 행성들
하나씩을, 또는 한두 개의 행성이 다른 행성과 합을 이루는
것을 살펴보았다. 태양 주위의 긴 궤도를 돌아다니는 혜성도
살펴보았다. 화구로 나타나거나, 집단으로 나타나 유성우로
보이는 유성도 살펴보았다. 1956년에 아더 클라크 경(卿)(Sir
Arthur C. Clarke)은 『별(*The Star*)』이라는 짤막한 이야기를
하나 썼다. 이 이야기에는 미래의 외계에서 활동하는 실험용
우주선에 과학자로 참여하고 있는 예수회 수사(Jesuit) 천문학
자가 등장한다. 우주선의 임무는, 이미 죽은 무거운 별의 잔
해로, 초신성(超新星, supernova) 폭발에 의해 흩어진 불사조
성운(Phoenix Nebula)에 들어가 탐사하는 일이었다. 객실 안
에서 이 예수회 천문학자는 자신이 발견한 것의 의미와 힘겹
게 씨름하면서 자신의 양심과 신앙 사이에서 타협하고자 노
력하는 장면이 나온다.

우리는 성운에 도착하기 전까지는 성운이 언제 폭발했던 것이었는지 알지 못했다. 이제는 천문학적인 증거들과 아직도 남아 있는 한 행성의 돌의 기록을 이용해서 정확히 그때를 알 수 있게 되었다. 이제 나는 이 거대한 화재의 빛이 몇 년도에 우리 지구에 도달했었는지를 알게 되었다. 지금은 빠른 속도로 달리는 우리 우주선 뒤에서 멀어져 가면서, 크기가 줄어드는 군대처럼 보이는 저 초신성이 지구의 하늘에서는 얼마나 밝게 빛났을지 짐작할 수 있다. 저 초신성이 해뜨기 전 동쪽 하늘 낮은 곳에서 횃불처럼 빛을 발했을 것이 눈에 보이는 듯하다.

논리적으로 별로 의심할 바 없이, 이제는 마침내 오랜 수수께끼가 풀렸다.

『별』은 1954년에 쓰여져 영국의 『감시자(*The Observer*)』 신문사가 주관한 단편 공모에 제출되었다. 클라크를 놀라게 하고 황당하게 만든 사건은, 『별』은 장려상에도 들지 못했다는 것이다. 하지만 나중에 이 책이 출판되자, 1955년 11월에 발간된 『무한(無限) 공상과학(*Infinity Science Fiction*)』지는 그해에 출판된 공상과학 소설에 대한 투표에서 이 책을 최고로 뽑았다.[1]

이 소설을 전혀 모르는 독자에게 나는 이 책을 당당하게 추천할 용의가 있다. 소설은 한 예수회 수사 천문학자를 중심으로 펼쳐지는데, 이 천문학자는 자기가 조사한 성운이 수천 년 전에 베들레헴의 별로 관측된 폭발의 잔해라는 것을 발견하게 된다. 이런 결론에 다다른 그는 발견에 내포된 모순으로 인해 신앙의 위기에 빠지게 된다. 모순은 이 고전적인 작품의 끝 부분에 가서 예상치 못한 자극으로 인해 드러나게 되는데, 소설을 읽고 싶어하는 이들을 위해 더 이상은 적지 않겠다.

『별』은 역시 클라크가 1954년에 『휴일(*Holiday*)』이라는 잡지에 낸 『동방박사의 별(*The Star of the Magi*)』이라는 또 다른 글을 기초로 해서 쓰여졌다. 이 글에서 클라크는 지구에서 3,000 광년의 거리에서 초신성이 폭발했을 것이라고 주장한다. 이 상상의 별은 죽기 직전에 폭발하면서 새벽의 동쪽 하늘에서 금성보다도 밝게 보였을 것이다. 클라크는 이 폭발로 인해 재미있는 특성이 나타났었을 것이라고 주장한다.

베들레헴 초신성이 내는 빛은 아직도 우주 공간으로 뿜어지고 있다. 사람들이 처음이자 마지막으로 이 초신성을 보았을 때 지구를 스쳐 지나가고 난 이후의 이천 년 동안에도 계속 우주 공간으로 뻗어나가고 있다. 이제는 초신성의 빛이 반경 5,000 광년, 직경으로는 만 광년이나 되는 공간 안에 퍼지면서 그만큼 어두워졌을 것이다. 이 공간 안에 있는 누군가가 자신의 하늘에서 새로운 별로 나타난 이 별을 보면서 그 밝기를 계산하는 것은 쉽다. 지난 이천 년의 기간 동안 이 초신성의 밝기는 단 50%만 어두워졌을 것이므로, 그들에게 이 별은 여전히 하늘 전체에서 다른 별들보다 훨씬 밝게 보일 것이다.

그러므로 이 순간에도 베들레헴의 별은 수많은 세계의 하늘에서 그곳의 태양과 함께 돌면서[15] 빛나고 있을 것이다. 별이 폭발한 후, 팽창하는 별의 바깥 부분에서 빠져 나온 빛이 지구를 휩쓸고 지나갈 때 이천 년 전 동방박사들이 목격한 것처럼, 그 세계의 관측자들도 별이 갑자기 밝아졌다가 천천히 어두워지는 것

---

15) 다른 세계에 사는 사람에게도 우리의 태양-지구 같은 모항성-행성 계가 있을 것이고, 그렇다면 매일 우리의 태양이 뜨고 지는 것에 의해 하루가 정해지는 것처럼 그들의 행성도 자전함에 따라 하루가 정해질 것이다. 그들의 세계에 베들레헴의 별이 초신성으로 새로 나타난다면 그들의 태양과 함께 이 새로운 별도 뜨고 질 것이므로 이렇게 표현했다.(역자 주)

을 보게 될 것이다. 그리고 앞으로 올 수천 년 동안에도 이 초신성의 빛이 쇠약해지면서 동시에 우주의 끝 부분까지 도달해 가는 동안, 베들레헴 초신성은 여전히 어디에 있건 ― 그리고 어떻게 생긴 누구이건 간에 ― 목격하는 모든 사람을 깜짝 놀라게 할 힘을 지니고 있을 것이다.

…… 그 빛이 어두워져서 우리 눈에 안 보이게 되기 전에 우리가 수백만 개 정도나 되는 다양한 세계의 사람들과 베들레헴의 별 이야기를 함께 공유할 수 있게 되었다는 것, 그리고 폭발한 별에 좀더 가까운 세계에 살고 있는 많은 이들에게는 그 별이 지구에서 그 별을 보았을 때보다 훨씬 멋있는 장면으로 보였을 것을 생각하면 좀 신비스럽다.

베들레헴의 별에 관련해서 여러 해 동안 가장 인기 있었던 것은 바로 초신성 이론이었다. 클라크의 주장이 처음은 아니었다. 이 가능성이 등장할 만한 이유는 충분히 있었다. 우리가 아는 한, 초신성은 우리의 우주에서 두 번째로 많은 에너지를 만들어 낼 수 있는 방법이다. 초신성보다 더 많은 에너지를 만들어 낼 수 있는 유일한 방법은 우주의 가장자리에 놓여 있는 신비스런 은하인 퀘이사(quasar)의 에너지를 만들어 내는, 잘 알려지지 않은 에너지원(源)이다. 퀘이사는 별처럼 보이지만 보통의 은하가 내는 에너지의 수십 배 내지 수백 배를 낸다. 천문학자들은, 각각의 퀘이사에는 질량이 우리 태양의 수억 배나 되는 거대한 블랙홀(검은 구멍, black hole)이 있다고 생각한다. 퀘이사는 수백만 년 동안 큰 변화 없이 빛을 낸다고 생각된다. 반면에 초신성은 별의 일생에 있어서 갑작스럽고 격렬한 종말을 장식하며, 별에 있어 최종적이고 완전한 파괴를 가져온다. 이 마지막 장면에서 별은 하늘에서 가장 인상적이고 가장 오래 지속되는 장관(壯觀)을 보여준다.
극단적인 경우에는 초신성의 밝기가 달 정도로 밝아지기까지
한다. 더구나 가장 놀라운 점은 이렇게 엄청난 빛이 별처럼
한 점에 집중되어 나온다는 것이다. 이런 이유 때문에 우리는
초신성을 베들레헴 별의 후보로 진지하게 고려하는 것이고,
아마 동방박사들도 역시 그랬을 것이다.

하늘을 탐사하는 우리의 기술이 향상되면서 초신성이 무
엇인가 하는 이론 역시도 함께 향상되었는데, 실제로 지난 수
십 년 동안 상당한 이론의 발전이 있었다. 하지만 이제까지
제기되었던 여러 가지 종류의 이론들이 하나로 수렴되어가고
있는 것 같다. 이제 우리는 초신성이 무엇인지, 어떻게 생겨
나는지 정말로 알게 된 것 같다. 초신성은 두 개의 형태로 분
류되는데, 별로 시(詩)적이지는 않지만, 간단히 제I형과 제II형
으로 나뉜다. 전문가들 중에는 제III형 초신성이나 제IV형 초
신성처럼 다른 형태도 존재한다고 주장하는 사람도 있다. 이
런 주장들은 초신성들 사이에 존재하는 사소한 차이점에 그
기반을 두고 있다. 우리의 목적으로는 두 개의 주요한 범주만
따져 보아도 충분하다. 나이 들어 노쇠한 별은 이 둘 중 하나
의 방법으로 격렬한 최후의 죽음을 맞는데, 두 방법은 서로
다른 과정을 거치게 된다. 두 방법에서 죽음을 맞이하는 별은
상당히 다르다.

오늘날 천문학자들은 초신성이나 다른 천체들을 연구하
기 위해 이 천체들로부터 스펙트럼(분광띠, spectrum)이라는
형태로 나오는 정보를 주로 이용한다. 스펙트럼이란 빛을 분
산(分散)시켰을 때 만들어지는 무지개색 빛을 말한다. 이 무
지개에는 '스펙트럼선'이라고 부르는 일련의 밝고 어두운 선
들이 겹쳐진다. 사람마다 독특한 지문(指紋)이 있는 것처럼,

모든 원소들 역시 각자의 독특한 스펙트럼선들을 만들어 낸
다. 천체로부터 나오는 이 스펙트럼선들을 연구함으로써, 천
문학자들은 그 천체의 성분을 알아내게 된다. 좀더 자세한 계
산과 분석을 하면, 스펙트럼을 만들어 낸 천체의 온도, 속도,
그리고 심지어는 가스의 밀도까지도 알아낼 수 있다.

일반적으로는 제I형 초신성이 제II형 초신성보다 광학 파
장대16)에서 더 많은 빛을 내는데, 이는 더 강한 빛을 내는 것
처럼 보인다. 제I형 초신성은 또 다시 Ia형과 Ib형의 두 가지
로 세분 할 수 있다. 아주 최근에 체계화된 이 분류는 제I형
초신성에 대한 몇 년 동안의 세밀한 조사에서 제I형 초신성들
이 전혀 다른 형태의 스펙트럼을 가지고 있다는 사실이 알려
지면서 보편화되었다. 전혀 다른 형태의 스펙트럼을 가진다는
사실은 이들이 전혀 다른 별에서 시작되었다는 것을 의미하
는 것이다. 제II형 초신성은 광학 파장대에서는 빛을 덜 내지
만, 실제로는 더 많은 에너지를 내기 때문에 더 강력한 에너
지원이 된다. 이제 이들을 조금 더 자세히 살펴보자.

제 I 형 초신성

Ia형 초신성

제Ia형 초신성은 명목상 이미 한 번 죽은 별들, 적어도

---

16) 빛은 파장이 다른 여러 종류의 단색빛들이 합쳐져 있는 것이다. 즉, 파
  장이 긴 (에너지가 작은) 쪽으로부터 전파, 적외선, 가시광선, 자외선,
  X-선, 감마선 등 여러 가지가 합쳐져 빛을 이루고 있다. 이 중 빨간색,
  주황색, 노란색, 초록색, 파란색, 남색, 보라색의 일곱 가지 색으로 통칭되
  는 가시광선의 빛만이 사람의 눈에 보이는데, 이를 광학 파장대라고도 부
  른다.(역자 주)

명목상 죽기는 했지만 상당히 조용하고 재미없는 죽음을 맞이했던 별들에서 만들어진다. 이들의 죽음은 셜록 홈즈의 추리력을 동원해야 할 만큼 독특한, 두 번의 죽음을 포함하는 3단계 과정이다. 이 진귀한 현상을 살펴보다 보면, 초신성을 설명하는 이론이 수년간 여러 번 바뀌어 왔다는 사실에 그리 놀라지 않게 될 것이다. 천문학자들은 초신성을 연구하면서, 수천 년 또는 수백만 년 전에 발생한 복잡한 사건의 수수께끼를 풀고자 노력한다. 하지만 천문학자들이 사용할 수 있는 자료는 거의 스펙트럼뿐이므로, 간혹 모순되거나 잘못된 결론을 얻을 수도 있다. 어떤 경우에는 우리의 결론이 맞는지를 판단하기 어려울 때도 있다. 중요한 내용에서조차 아직 불확실한 면이 남아 있는 경우도 있다.

하지만 제Ia형 초신성이 무엇인지 알아보기는 하자. 제Ia형 초신성이 되기까지는 보통 수백만 년이 걸리는데, 제Ia형 초신성이 되면 별은 피할 수 없는, 그리고 믿을 수 없을 만큼 격렬한 최후를 맞이한다. 제Ia형 초신성은 쌍성, 즉 두 개의 별이 서로의 공통 질량 중심 주위를 끝없이 돌고 있는 계(系)에서 일어난다. 쌍성은 아주 흔하다고 알려져 있는데, 알려진 별의 반 이상이 쌍성, 또는 다중성(多重星) 계라고 생각된다. 쌍성계의 경우 두 별 중 하나는 거의 항상 나머지 하나의 별보다 큰데, 보통은 훨씬 큰 경우가 대부분이다. 두 별은 모두 별의 중심부에서, 수소폭탄에서 일어나는 반응과 똑같은 반응으로 수소를 '태워서' 헬륨으로 바꾸고 있다. 별의 중심부에서는 네 개의 수소 핵(核)이 여러 중간 단계를 거쳐 결합해서 하나의 헬륨 핵을 이루게 된다. 하나의 헬륨 핵은 네 개의 수소 핵보다도 약간 작은 질량을 가진다. 이 질량의 차이가 아인슈타인(Einstein)의 유명한 공식 $E = mc^2$을 따라서 에너지의 형태로 방출된다.

태양에서는 매초 6억 톤의 수소 핵이 결합해서 헬륨으로 바뀌는데, 이때 만들어지는 헬륨의 양은 5억 9천 6백만 톤이다. 이 차이에 해당하는 430만 톤의 어마어마한 양이 에너지로 방출되는 것이다.

일반적으로 사람들은 쌍성의 별 중 큰 별에 연료로 사용할 수 있는 수소가 더 많아 더 오래 살 것이라고 생각한다. 더 큰 별, 즉 태울 수 있는 수소를 더 많이 가지고 있는 별이 연료를 훨씬 조금 가지고 있는 작은 별보다 더 오래 산다는 것이 논리적이기는 하다. 하지만 진실은 정반대이다. 실제로 두 별은 낭비벽(浪費癖)이 심한 백만장자와 알뜰한 주부의 경우와 비슷하다. 낭비벽이 심한 백만장자는 훨씬 많은 돈을 가지고 있지만 돈을 쉽게 써버리는 반면에 알뜰한 주부는 돈을 조금씩 아껴가며 사용한다. 결국 먼저 돈을 다 써버리는 사람은 낭비벽이 심한 백만장자이다.

쌍성계에서 커다란 별은 먼저 중심부에서 수소를 다 써버린다. 별 전체 질량의 약 7%가 헬륨의 '재'로 바뀌면 위기가 닥쳐온다. 별의 핵에 있는 연료가 다 없어지면 핵은 자신을 지탱시킬 충분한 에너지를 더 이상 만들어내지 못한다. 그러면 핵은 수축되고, 그로 인해 중심 온도는 한껏 올라간다. 그렇게 되면 새로운 핵 반응이 일어나게 된다. 헬륨 원자가 합쳐지면 탄소를 만든다. 알파(α) 입자로도 알려져 있는 헬륨 핵은 세 개가 합쳐져서 하나의 탄소핵을 만든다. 이 과정에 세 개의 헬륨 핵이 포함되므로 이를 '삼중(三重) 알파(입자) 반응'(triple alpha reaction)이라고 한다. 하지만 삼중 알파 반응이 일어나기 위해서는, 즉 세 개의 알파 입자가 합쳐지기 위해서는 엄청난 압력이 있어야 한다. 핵에서 이런 반응이 일

어나려면 우선 핵의 온도가 올라가야 하고, 핵의 크기가 엄청
나게 줄어들어야 한다. 이 즈음에는 별이 진화[17])해 가는 속도
가 빨라지는데, 적어도 천문학적인 시간으로 말하자면 그렇
다. 별의 바깥층은 팽창하기 시작한다. 이 바깥층은 별의 핵
이 수축하면서 핵에서부터 나오는 엄청난 양의 열과 에너지
에 의해 부풀려진다. 그 결과 별은 이른바 '적색거성'(赤色巨
星 ; red giant)이 되는데, 이것은 크지만 크고 안에 든 것은
별로 없는 슈크림(cream puff)과 비슷하다.

어떻게 이런 일이 일어나는가? 이런 일이 일어날 수 있
는 이유는 적색거성의 질량 대부분이 별의 핵에 몰려 있고,
이 핵은 크기가 매우 작고, 밀도가 높으며(단단하며), 매우 뜨
겁기 때문이다. 핵의 온도가 높기 때문에 적색거성의 핵에서
는 엄청난 양의 빛이 나온다. 별의 바깥층을 부풀게 만드는
것은 바로 이 빛이 만들어내는 엄청난 압력이다. 중력은 물질
을 별의 중심으로 끌어당기지만 빛이 바깥으로 밀어내는 압
력은 그 중력보다 힘이 세다. 그러므로 별은 풍선처럼 부풀어
오른다. 별이 부풀어오르는 것을 멈추는 때는 바깥 부분이 별
의 핵에서부터 굉장히 멀어져, 중력과 빛이 바깥으로 밀어내
는 압력이 다시 한 번 균형을 이루는 순간이다. 이때 별은 한
번은 압력이, 또 한 번은 중력이 지배하면서 주거니 받거니
팽창과 수축을 반복하는 교대를 하면서 불안한 균형을 이루
게 된다.

이런 별은 크기가 엄청나게 커질 수 있다. 베텔지우스
(Betelgeuse) 같은 몇몇 적색거성은 화성 궤도 정도의 크기가

---

17) 생물학에서 다루는 진화는 다음으로 계승되는 세대가 새로운 특성을 발
전시키는 것을 의미하지만, 천문학에서 말하는 진화는 별이나 은하 같은
각각의 개체가 성장하고 발전한다는 의미이다.(역자 주)

되거나, 그보다도 더 커지기도 한다. 하지만 이런 적색거성의 바깥 층에는 물질들이 거의 없어서, 붉게 빛나며 뜨겁기는 하지만 생각보다는 열이 적게 나온다. 그 이유는 이런 별들의 바깥 부분에는 가스가 없어서 거의 진공에 가깝기 때문이다. 뜨겁기는 하지만 열을 낼 만한 물질이 거의 없어서 열을 내지 못하는 것이다. 만약 누군가가 이런 적색거성의 바깥층 안에 있다면, 그는 붉게 빛나는 안개 속에 있는 것처럼 보일 것이다.

적색거성이 쌍성계에 있게 되면, 재미있는 현상이 일어난다. 질량이 큰 주성(主星)[18]이 적색거성이 되고, 반성(伴星)이 이 적색거성의 가까이에 놓여 있다면, 적색거성에서 나온 물질이 흘러 넘쳐서 반성에까지 이르게 된다. 이 과정은 '질량 이동'(mass transfer)이라고 알려져 있다. 질량 이동은 적색거성이 로시 로브(Roche Lobe)라고 알려진, 자신의 중력이 미칠 수 있는 거리의 범위를 넘어 반성의 중력이 지배하고 있는 영역까지 팽창하려고 할 때 일어난다. 거성(巨星)에서 나온 물질은 이 분수령을 넘고 서서히 확산해서 반성으로 떨어지게 된다. 물질이 조금씩 조금씩 반성 쪽으로 넘어오게 되면, 처음에는 두 별 중 질량이 훨씬 작았던 이 반성의 질량이 천천히 증가하게 된다(그림 6.1을 보시오). 앞에서 우리는 이즈음에 별이 빨리 진화한다고, 그리고 천문학적인 시간에서 봤을 때 그렇다고 말했다. 이 과정은 약 수만 년 내지 수백만 년 정도 걸리므로, 백억 년 정도의 수명을 가지는 태양과 비교할 때 거의 눈깜짝할 사이라고 할 수 있다.

---

18) 이중성(二重星)으로 이루어진 쌍성계에서 질량이 크고 밝은 별을 주성 (主星 ; primary star), 질량이 작고 어두운 별을 반성(伴星 ; secondary star)이라고 한다.(역자 주)

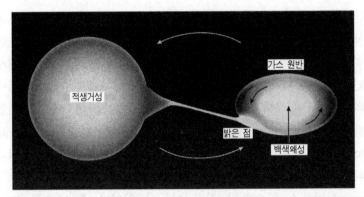

그림 6.1 적색거성 – 백색왜성 계(系)에서 적색거성의 물질이 로시 로브를 가득 채우고서 반성 쪽으로 물질을 주고 있는 그림. (브레스트 그림) 오른쪽 천체의 경우 화살표 끝 부분, 즉 중심에 백색왜성(white dwarf)이 놓여 있다.

다른 경우, 예를 들어 개 별(Dog Star)로 알려져 있는 시리우스(Sirius)는 상황이 좀 다르다. 시리우스의 질량은 2.3 $M_\odot$[19] 인 반면, 시리우스 B(Sirius B)[20]라고 불리는 반성의 질량은 0.98 $M_\odot$이다. 원래는 두 별 중 시리우스 B가 훨씬 더 큰 별이 었다. 이 별이 수소 연료를 다 소모한 뒤 적색거성이 되면서 이 별은 자신의 질량 중 상당 부분을 시리우스로 보내거나 또는 핵에서 헬륨을 태우기 시작하면서 자신의 대부분을 날려보내게 된다. 둘 중 어느 쪽이든, 이 별이 대부분의 질량을 잃고 나면 겨우 핵만이 남게 된다. 이 핵에는 물질이 별로 없어 탄소를 '태

---

19) 별의 질량은 태양의 질량을 기준으로 해서 "태양 질량의 몇 배이다"라고 말한다. 이 경우 시리우스의 질량은 2.3 $M_\odot$ (태양 질량 ; solar mass)이라고 말한다.(역자 주)
20) 시리우스와 시리우스 B 별이 속해 있는 별자리의 이름은 큰개자리(Canis Major)인데, 그 이유 때문에 1862년에 발견된 시리우스 B를 영어로 '강아지'를 의미하는 펍(Pup)이라고도 부른다.(역자 주)

울' 정도의 중력이 되지 않는다. 그러므로 이 핵은 수축되어 존재할 수 있는 가장 작은 크기가 되며 별 자체도 수축되어 그 안의 원자들은 움직일 수 없는 갇힌 꼴이 되고 만다. 이렇게 해서 만들어진 천체는 크기는 작고 밀도는 어마어마하게 높아서, 별의 질량이 행성의 크기 안에 들어 있는 정도인데, 이런 천체를 백색왜성이라고 한다. 백색왜성은 '축퇴된 물질'(degenerate matter)로 이루어져 있는데, 이것은 물질이 너무 압축되고 원자와 원자가 서로 밀착되어 움직일 수 없는 상태를 말한다.

시리우스 쪽으로의 질량 이동이 일어난 후 탄소를 많이 포함한 백색왜성이 만들어진다. 이때에도 쌍성의 다른 쪽 별이며 이제는 더 크고 더 밝아진 시리우스는 여전히 정상적으로 수소 연료를 태워서 빛을 발한다. 시리우스의 질량이 증가하면서 그 역시 수소를 펑펑 쓰게 되는데, 이렇게 되면 자연히 그 수명도 현저히 줄어들게 된다. 그러므로 시리우스의 수소 핵이 점점 헬륨으로 채워지게 되면, 이 별은 생각했던 것보다 훨씬 빨리 위기에 처하게 된다. 드디어 위기의 순간이 되면 시리우스는 적색거성으로 부풀게 되고, 두 별의 역할은 갑자기 뒤바뀐다. 처음에 작았던 별이 이제는 로시 로브를 가득 채운 채 물질을 백색왜성 쪽으로 이동시킨다. 이 과정 역시 수백만 년이 걸린다.

하지만 앞에서와 달리 이번에는 중요한 차이점이 있다. 질량 이동 때 움직이는 물질은 주로 별의 바깥층을 이루는 수소이다. 이 수소는 죽어서 활동을 하지 않고 있는, 그러나 여전히 뜨거운 백색왜성의 표면에 쌓이기 시작한다. 수소는 이미 죽었던 별에서 새로운 핵 반응이 일어나도록 만들기 때문에, 이것은 폭발적인 상황을 유발시킨다. 하지만 이 경우 이런 일은 일어나지 않는다. 그 이유는 훨씬 더 큰 파국(破

局)이 먼저 백색왜성을 삼켜버릴 것이기 때문이다.

마침내 백색왜성 표면에 쌓인 수소의 무게가 무거워지면 순간적으로 폭발적인 반응이 일어난다. 이것은 백색왜성의 총질량(즉, 수축되어 백색왜성이 될 때 가지고 있던 질량 더하기 동반성으로부터 이동해 와서 표면에 쌓인 물질의 질량)이 '찬드라세카 한계(Chandrasekhar Limit)'라고 부르는 질량 한계를 넘을 때 일어난다. 찬드라세카 한계는 백색왜성이 자신의 중력에 의해 완전히 붕괴(collapse)되지 않는 범위에서 가질 수 있는 가장 큰 질량이다. 백색왜성의 질량이 찬드라세카 한계인 1.4 $M_\odot$보다 커지는 때는 백색왜성이 더 이상 붕괴하지 않도록 버티고 있던 축퇴된 물질이 내는 압력(축퇴압)이 별의 질량이 만들어 내는 중력에 의해 순간적으로, 그리고 압도적으로 우위를 빼앗기는 순간이다.

축퇴압은 이층집의 기초와 같다. 건축가가 이층집을 지을 때 기초가 건물을 떠받치도록 설계하면 전혀 문제될 것이 없다. 하지만 이 집 위에 한 층을 더 짓고, 또 한 층, 또 한 층, 계속 건물을 올리게 되면 기초가 무게를 버티지 못하는 시점이 도래할 것이고, 건물은 붕괴하게 될 것이다.

백색왜성의 탄소 핵은 표면에 더 많은 질량이 쌓여도 버틸 수 있다. 백색왜성 표면의 수소처럼 이 탄소도 온도가 충분히 올라가기만 하면 어느 순간 타게 된다. 백색왜성의 질량이 찬드라세카 한계를 넘어서게 되면, 별은 또 다시 붕괴한다. 별의 중심 핵은 엄청나게 압축되고, 동시에 계속 뜨거워지게 된다. 마침내 강렬하고 아주 빠른 그리고 많은 양의 열핵 반응이 일어난다. 갑작스럽게 탄소 핵은 절제할 수 없이 연속적으로 일어나는 핵 반응을 겪게 되는데, 탄소는 결합해서 산소, 네온, 실리콘, 철, 그리고 그 밖의 여러 원소로 변하게 된다. 백색왜성은 수십 억 개 이상의 수소폭탄이 터진 것 같은 폭발에 의해 조각조각 나뉘어져 날아가게 된다. 이 폭발이 바로 제Ia형 초신성이다. 폭발에 의해 나온 가스는 초속 만 km의 속도를 가진 폭풍으로 밖으로 팽창해 간다.

탄소를 많이 포함한 백색왜성이 만들어 낼 수 있는 축퇴압이 초신성들 사이에 거의 비슷하기 때문에 제Ia형 초신성들도 모두 비슷하다. 이것은 모든 제Ia형 초신성이 거의 같은 밝기(광도, luminosity)를 가지며, 따라서 멀리 있는 은하까지의 거리를 재는 데 이용될 수 있음을 의미한다. 만약 당신이 초신성의 밝기를 재고, 실제 초신성의 밝기를 알고 있다면, 당신은 그 초신성까지의 거리를 계산할 수 있을 것이며, 나아가서 초신성이 들어 있는 은하까지의 거리도 알게 될 것이다. 허블 우주망원경(Hubble Space Telescope)을 이용한 관측으로부터 다섯 개의 제Ia형 초신성까지의 거리가 정확히 결정되었는데, 이들은 하나하나가 모두 태양의 백 삼십 억 배라는 엄청난 빛을 내는 별들이었다. 이 초신성들은 우주 전체에서 알려진 폭발 중 가장 강력한 폭발이었다.[2]

베들레헴 초신성이 만약 제Ia형 초신성이었고 거리가 3,000 광년이었다면 초승달 정도의 밝기로 빛났을 것이고, 밤에 선명한 그림자를 드리울 정도의 밝기였을 것이다. 정말로 그랬었다면, 동방박사들은 분명히 영적인 그리고 이성적인 징조로 받아들였을 것이다.

Ib형 초신성

제Ib형 초신성은 외면적으로는 제Ia형 초신성과 비슷한데, 1980년대에 들어 이 두 가지가 다른 종류라는 것이 알려졌다. 천문학자들은, 제Ib형 초신성 역시 쌍성일 가능성이 많지만, 단일성(單一性, single star)일 수도 있다고 생각한다.

제Ia형 초신성과 Ib형 초신성의 차이는 제Ib형 초신성이 아마 좀더 질량이 크고, 따라서 헬륨 위기를 쉽게 넘어갈 수 있으리라는 것이다. 제Ib형 초신성이 되는 별의 질량은 8~25 M⊙ 정도이다. 이런 질량을 가진 별들은 일생 동안 핵에서 처음에는 수소를 태우다가 나중에는 헬륨을 태우게 된다. 하지만 이 별들은 크기가 아주 커져 헬륨 재가 쌓이고 수소가 타는 걸 방해하게 되면서 첫번째 위기를 겪게 된다. 하지만 이 종류의 별들 중 정말로 질량이 큰 별들은 헬륨을 태워서 탄소를 만들어 내는 과정을 계속 유지하기에 충분한 질량을 가지고 있다.

그리고 나서도 핵 반응은 멈추지 않는다. 앞에서 보았던 것처럼 극단적인 상황에서는 심지어 탄소조차도 핵 반응을 해서 산소, 네온, 마그네슘, 실리콘 등을 만들어 낸다. 각 단계마다 별의 중심 핵은 수축되고 온도는 높아지며, 이 높아진 온도 덕분에 다음 단계의 핵 반응이 일어나게 된다. 하지만 이러한 각 단계에서 새로운 종류의 핵 반응을 할 때마다 연료는 점점 적기 때문에 반응이 지속되는 시간은 점점 짧아지고, 별은 핵 반응을 계속해 가기 위해 발버둥치지 않으면 안 되게 된다.

별의 중심 핵이 실리콘 '재'로 가득 채워지면 종말이 정말로 가까이 다가온 것이다. 종말을 막아보기 위한 마지막 시도로, 중심 핵은 한 번 더 수축되어 실리콘을 태워서 철(鐵)로 바꾸기에 충분한 온도인 수십억 도가 된다. 이제는 더 이상 피할 수 있는 다른 길이 없다. 일단 철 '재'로 이루어진 핵이 만들어지게 되면, 더 이상은 그 무엇도 타지 않는다. 철을 태워 다른 원소를 만들어 냄으로써 또 다른 에너지를 만들어

낼 수 있는 그 어떤 핵 반응도 불가능하다. 철이 일으킬 수 있는 핵 반응이 있지만 이것은 에너지를 만들어 내는 반응이 아니라, 에너지를 사용해서 일어나는 반응이다. 즉, 철이 재료가 되어 일어나는 핵 반응은 문자 그대로 별에서 에너지를 뽑아 사용하기 때문에 별이 안정해지기는커녕 별을 더 불안정하게 만든다.

마지막 위기에 도달하게 되면, 별의 내부는 마치 양파 껍질처럼 여러 층으로 이루어진 구조를 가지게 된다. 별의 중심에서는 실리콘이 '타서' 쓸모 없는 철 핵을 만들고 있고, 핵의 바깥에는 여러 가지 원소로 이루어진 층들이 존재한다. 핵의 바로 바깥층은 주로 아직 타지 않은 실리콘으로 이루어져 있다. 두 번째 층에는 실리콘으로 바뀌어 가고 있는, 아직 남아 있는 산소가 들어 있다. 다음으로 그 바깥층에는 탄소의 층이 있는데, 여기서는 탄소가 산소, 네온, 마그네슘으로 바뀌어지고 있다. 그 다음으로 표면에 가까이 있는 층에서는 아직도 헬륨이 타서 탄소로 바뀌고 있다.

마지막으로 이 구조들 중에서 가장 바깥층은 수소의 층인데, 이 층의 안쪽 경계에서는 여전히 수소 핵 반응이 일어나 헬륨을 만들고 있다. 이 바깥에 있는 수소의 층은 별 전체 직경의 99%나 되는데, 그럼에도 질량은 전체의 70% 정도밖에 되지 않는다. 수소층은 아주 멀리까지 퍼져 있으며, 비교적 희박한 가스층이 별의 중력에 붙잡혀 있는 것 같은 정도밖에 안 된다. 만약 이 별 옆에 쌍성을 이루고 있는 동반성이 있었다면, 이 동반성이 바깥층의 모든 수소를 빨아들여서 먹어치웠을 것이다. 별이 단일성이더라도, 별은 이른바 '항성풍'(stellar wind)이라는 형태로 이 희박한 대기를 우주 공간으로 날려 버림으로써 상당한 양의 수소를 잃어버린다. 항성풍이란

말 그대로, 별의 표면으로부터 불어나가는 가스의 흐름인데, 별에서 빠져나간 물질들은 우주 공간으로 흩뿌려지게 된다.

별은 이제 한계점에 도달하게 되는데, 이 별은 철 핵 위에 다른 원소들이 쌓여 있고 바깥의 수소 껍질은 잃어버린 형상이다. 철 핵이 일정한 크기, 대략 탄소로 이루어져 있는 백색왜성 정도의 크기가 되면, 자기 자신의 질량에 핵 위의 여러 층에 있는 물질들까지 합쳐진 질량을 더 이상은 지탱하지 못하게 된다. 핵이 붕괴하는 것이다.

별의 기초가 갑자기 아래에서 붕괴해 없어져 버리면, 핵 위에 있던 층들도 따라서 붕괴하게 된다. 별의 거대한 질량이 안으로 당기는 엄청난 중력 때문에 아주 빠른 속도로 무너지게 되는데, 그 무엇도 이 힘을 막아낼 수 없게 된다. 별에 남아 있는 모든 질량이 어마어마한 폭풍같이 중심을 향해 달려든다. 별의 중심에서는 모든 방향에서 몰려들어온 폭풍들이 한순간 한꺼번에 충돌하게 된다. 폭풍은 이제 바깥쪽 외에는 그 어느 방향으로도 갈 곳이 없어졌다. 따라서, 반작용에 의해 자신이 왔던 곳으로 다시 반사된다. 모든 곳으로부터 와서 별의 가운데에서 한꺼번에 충돌한 후, 폭풍은 바깥으로 튕겨나가면서 믿을 수 없을 만큼의 파괴력을 가진 충격파(衝擊波, shock wave)로 별을 파괴시키게 되는데, 이제 남는 것이라고는 팽창하는 파편 구름에서 나오는 빛뿐이다.

비교적 가까운 별이 갑자기 초신성이 된다면 우리는 무엇을 보게 될까? 아마도 실제 폭발이 일어나기 전까지는 평상시와 다른 것을 전혀 알아채지 못할 것이다. 그때까지 별은 극히 정상적으로 보일 것이다. 안전한 거리에서(지구의 경우 비록 대기가 보호해 주고 있음에도 이 거리가 최소한 30광년은 되어야 초신성이 내는 빛에 후라이가 되는 신세를 면할

수 있을 것이다) 이것은 정말로 장관(壯觀)일 것이다. 폭발이
힘을 얻게 되면 별은 빠른 속도로 밝아지게 될 것이다. 단 몇
시간 만에 별은 전보다 적어도 만 배 정도 밝아지게 된다. 계
속 보고 있으면 별은 점점 더 밝아지게 된다. 폭발이 천 광년
떨어진 거리에서 일어난다 하더라도, 환한 대낮에도 볼 수 있
을 정도이다. 별은 몇 주 동안이나 낮에도 볼 수 있도록 남아
있다. 처음에는 폭발한 흔적이 망원경으로 보더라도 겨우 한
점 빛일 것이다. 하지만 이후 몇 달 동안 폭발에 의한 빛이
조금씩 어두워짐에 따라 폭발에 의해 빛나는 구름이 보이게
된다. 몇 년이 지나면 별 자체는 어두워져서 보이지 않게 되
지만, 별 주변의 팽창하는 파편 구름에서 나오는 빛은 작은
망원경으로도 볼 수 있을 것이다.

제 II 형 초신성

언뜻 보기에 제Ia형 초신성보다 덜 멋있는 것이 제II형
초신성이다. 종종 그렇듯이, 나타나는 현상은 우리를 속일 수
있다. 제II형 초신성은 제Ia형 초신성보다 광학 파장대에서 더
적은 에너지를 내기 때문에 덜 멋있고 덜 격렬하게 보일지는
몰라도, 실제로는 더 격렬하고 더 많은 에너지를 낸다.

모든 별들 중에 가장 질량이 큰 별은 종국에 가서 제II형
초신성이 되는 별들이다. 초신성이 되는 과정은 제Ib형 초신
성과 아주 비슷하지만 더 극단적이다. 장차 제II형 초신성이
될 대표적인 별은 저 유명한 1등급의 별 베텔지우스이다. 오
리온자리(Orion)의 왼쪽 어깨에 위치하고 있는 베텔지우스는
오리온자리에서 두 개의 중요한 별 중 하나이고, 하늘에서 밝

은 별들을 기록하는 목록에서 빠지지 않는 별이다(그림 6. 2를 보시오). 베텔지우스는 '적색 초거성(red supergiant)'이라고 부르는데, 다른 말로 하자면 이 별은 적색거성 중에서도 진짜 거성인 셈이다. 베텔지우스의 질량은 태양의 20배 정도인 반면, 크기는 태양의 800배 정도이다. 베텔지우스의 직경은 지구가 태양 주위를 공전하는 궤도 직경의 거의 네 배나 될 정도로 커서, 만약 이 별이 우리 태양계의 한가운데에 놓여져 있게 된다면 수성부터 화성까지의 행성들, 그리고 소행성대(小行星帶, asteroid belt)의 일부까지도 이 별 안에 들어가 있게 될 것이다.

베텔지우스는 수명의 끝 부분에 가까이 와 있다. 부풀어오른 표면 아래에 각각 다른 물질이 들어 있는 여러 층들이 중심 핵까지 겹겹이 쌓여 있고, 제일 안쪽의 중심 핵에서는 실리콘이 결합해서 철을 만들고 있다(그림 6. 3을 보시오). 이 별은 불안정한 상태이다. 이 별이 불안정하다는 것은 이 별을 보기만 하면 금방 알 수 있는데, 그 이유는 이 별이 맥동(脈動, pulsation)하고 있기 때문이다. 베텔지우스는 불규칙한 주기로 커졌다 작아졌다 하는 맥동을 반복하고 있는데, 크기가 커지면 밝기가 밝아지고 작아지면 어두워진다. 여기서 우리는 별 내부에서 싸우고 있는 두 가지 힘, 즉 별의 바깥층까지 별 전체를 끌어당기려는 중력과 별의 바깥층을 날려 보내려고 하는, 별이 발하는 빛에 의한 압력의 싸움을 목격하고 있는 것이다. 흥미롭게도 베텔지우스는 수축되었을 때가 더 밝은데, 그 이유는 별의 표면은 별이 더 작아졌을 때가 크기는 작지만 온도는 더 높고, 별이 최대 크기로 부풀어올라서 온도가 내려갈 때보다 더 많은 빛을 내기 때문이다. 중력과 압력 사이의 이 줄다리기가 계속되면서 베텔지우스는 어떨 때는 1등

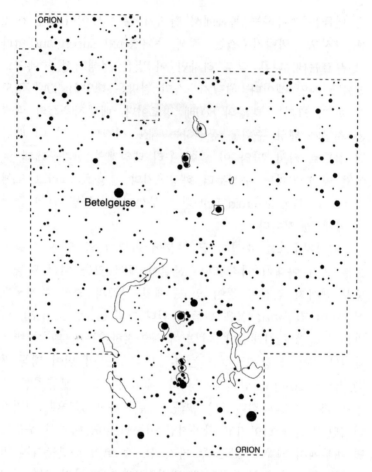

그림 6.2 오리온자리(Orion)에서 베텔지우스의 위치.(브레스트 그림)
오른쪽 아래에 있는 밝은 별이 리겔(Rigel)로서, 베텔지우스와 함께
오리온자리에 있는 별 중 가장 중요한 두 개의 별이다.

급보다 어두운 별이 되고, 어떨 때는 0등급까지 밝아져서 하
늘 전체에서 가장 밝은 별들에 포함된다.
　　여기서 천문학자들이 어떻게 별의 밝기를 측정하는지 한

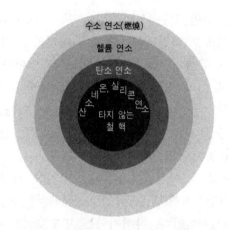

수소 연소(燃燒)
헬륨 연소
탄소 연소
네온, 실리콘
산소 타지 않는 연소
철 핵

그림 6.3 적색 초거성의 내부 구조.
'양파 껍질' 모양의 구조이다. (브레스트 그림)

번 알아보는 것도 나쁘지 않을 것이다. 천문학자들은 등급 척도라는 눈금을 사용한다. 이것은 AD 2세기의 그리스 천문학자 톨레미(Ptolemy)가 도입한 체계인데, 톨레미는 하늘에서 눈에 보이는 모든 별들 중 가장 밝은 별에 1등급, 맨눈으로 볼 수 있는 가장 어두운 별에 6등급 하는 식으로 등급을 매겼다. 오늘날 우리는 이 체계를 약간 수정만 해서 사용하고 있다.

별의 등급은 이렇게 정해졌기 때문에 한 별이 다른 별보다 5등급 밝다면 밝기로는 정확히 100배가 밝은 셈이다. 등급의 척도는 골프에서의 핸디캡처럼 거꾸로 되어 있다. 가장 밝은 별은 마이너스 등급이고, 오늘날 존재하는 가장 큰 망원경으로 겨우 볼 수 있는 가장 어두운 별은 +28등급 정도이다. 만약 어떤 별의 등급이 마이너스라고 하면, 그 별은 상당히 밝은 별인 셈이다. 마찬가지로 골프를 칠 때 마이너스 핸디캡을 가진다고 하면 그는 상당히 잘 치는 사람이다. 반면에 핸디캡이 +28이라고 하면 골프 솜씨가 형편없는 경우이며, 같은 원리로 +28 등급짜리 별은 정말로 어두운 별이다.

하늘에서 가장 밝은 별이며 −1.4등급의 밝기를 가진 시리우스와 허블 우주망원경으로 겨우 볼 수 있는 가장 어두운 별 사이의 등급 차이는 약 30등급이다. 이것을 밝기로 이야기하자면 1,000,000,000,000배의 차이가 된다. 。

베텔지우스가 변광한다는 것을 발견한 사람은 천왕성을 발견한 윌리엄 허셸(William Herschel)의 아들인 존 허셸(John Herschel)이었다. 아버지와는 별도로 그 자신 역시 저명한 천문학자였던 존 허셸은 1839년 11월 26일에 오리온자리의 베텔지우스가 리겔보다 더 밝아졌다는 사실을 발견했다. 일반적으로는 베텔지우스가 리겔보다 더 어두웠으므로, 이것은 특이한 사건이었다. 리겔이 +0.08등급이므로 베텔지우스는 그 당시에 적어도 0등급 정도이거나 또는 마이너스 등급이었을 수도 있다.[3]

한 달 반쯤 후인 1840년 1월 7일에 베텔지우스는, +0.86등급인 알데바란(Aldebaran)[21]보다 어두워졌다. 아마도 +1등급 정도의 밝기였거나 또는 그보다 더 어두웠을 것이다. 베텔지우스에 대한 현대적인 관측으로 보면, 이렇게 짧은 시간에 밝기가 이토록 크게 변했다는 것은 아주 드문 일이며, 이 경우 외에는 거의 알려져 있지 않은 일이다. 그러므로 존 허셸은 이같이 특별한 사건을 목격했었다는 점에서 운이 좋은 셈이다.

---

21) 황소자리(Taurus)에서 가장 밝은 별로서 천문학적인 명칭은 α Tau이다.(역자 주)

하지만 베텔지우스의 특별한 양상은 이것이 전부는 아니었고, 존 허셸 역시도 주의를 게을리하지 않았다. 1852년 12월에 베텔지우스는 훨씬 더 밝아졌는데 베가[22]와 카펠라(Capella)[23]보다도 더 밝았다. 보통은 베텔지우스가 알데바란보다는 밝지만, 베가나 카펠라보다는 어두워서 약 +0.5등급 정도의 밝기를 가진다. 1852년에는 베텔지우스가 0등급보다도 훨씬 밝았을 것이다. 최근에는 베텔지우스의 밝기가 상당히 안정되었지만, 1994~1995년의 겨울처럼 그 밝기가 갑작스레 변할 수도 있다. 어떤 이들은 베텔지우스가 대략 5년의 주기를 가졌다고 주장하지만, 이것은 베텔지우스의 고유한 성질이라기보다는 희망사항을 담은 추측에 가까워 보인다.

베텔지우스의 종말이 얼마나 남아 있는지는 알 수 없지만, 그리 멀지 않다는 것은 분명하다. 중심 핵에는 철이 쌓이고 있고 이 철들은 별의 바깥층 질량을 지탱하고 있는 핵 반응을 힘들게 하고 있다. 종국에 가서 별의 종말이 되기 전까지는 이 핵 반응을 막는 과정이 얼마나 진행되었는지 알아낼 수 없고, 미래에도 역시 알기 어려울 것이다. 그러므로 베텔지우스는 잘해야 몇 천년 정도를 더 살 수 있을 것이고, 혹 어쩌면 벌써 폭발했을 수도 있다. 지구에서 베텔지우스까지의 거리가 대략 500 광년이므로, 우리는 15세기 말의 베텔지우스의 모습을 보고 있는 것이다. 우리가 말할 수 있는 것은 콜롬부스가 신대륙에 도착할 때쯤에는 베텔지우스에 아무런 일도 일어나지 않았다는 것이다. 왜냐하면 만약 그때에 베텔지우스에 무슨 일이 일어났다면, 그 소식이 지금쯤은 지구에 도착했

---

22) 거문고자리(Lyra)에서 가장 밝은 별, α Lyr(역자 주)
23) 마차부자리(Auriga)에서 가장 밝은 별, α Aur(역자 주)

을 것이기 때문이다. 베텔지우스가 3백 년이나 4백 년 전에 이미 폭발했지만, 폭발의 빛이 아직 우리에게 도달하지 않았으리라는 것도 가능하지만, 별로 그럴 것 같지는 않다.

베텔지우스가 초신성이 된다면, 가장 밝을 때 이 별은 보름달 정도가 될 것이고, 맨눈으로 10년 이상 볼 수 있을 것이다. 밤에는 한 점에서 나오는 눈부시게 밝은 빛 때문에 수주 동안 환할 것이다. 보름달의 모든 빛이 한 점에서 나온다고 생각해 보라. 달이나 태양의 빛이 넓은 면적에서 나온다는 점을 감안하면, 베텔지우스 초신성에서 나오는 빛의 강도(또는 '표면 밝기' surface brightness)는 달과 태양의 정확히 중간 정도가 될 것이다.

베텔지우스 초신성은 동일한 제I형 초신성보다 2등급 어둡지만, 그 진정한 힘은 광학 파장대의 빛에 있지 않다. 제II형 초신성의 경우에는 광학 파장대 빛의 10배나 되는 에너지가 운동 에너지로 방출된다. 초신성에 의해 방출된 거대한 가스 구름은 초속 수천 km의 속도로 팽창하면서 엄청난 양의 에너지를 가지고 나간다. 운동 에너지보다 더욱 커다란 것은 제3의 에너지원이다. 폭발로부터 나오는 총 에너지의 상당한 양, 거의 99%가 전혀 우리에게 검출되지 않았고, 또 검출할 수 없는 형태로 빠져나간다. 믿기 어려운 말이지만, 이 거대한 양의 에너지는 뉴트리노(neutrino)라는 작은 유령 같은 입자의 형태로 방출된다.

우리 은하의 초신성들

외부 은하에서 터지는 초신성은 너무 멀리 떨어져 있고

표 6.1 지난 2000년 동안 우리 은하 안에서 관측된, 가능성이 높은 초신성과
가능성이 중간 정도인 초신성

년도	별자리	등급	지속기간
185	센타우루스	−8	20 개월
386	궁수	3?	3 개월
393	전갈	0	8 개월
1006	이리	−9.5	2 년
1054	황소	−4	21 개월
1181	카시오페이아	0?	6 개월
1572	카시오페이아	−4	18 개월
1604	뱀주인	−2.5	12 개월
1680?	카시오페이아	6?	1 일

주 : 인류에게 관측되거나 기록되지 않은 초신성이 더 많이 있을 것이다.

맨눈으로 보기에는 너무 어두우므로, 만약 베들레헴의 별이
초신성이었다면 분명히 우리 은하 안에서 생겨난 초신성이었
을 것이다. 우리 은하 안에서 초신성 현상은 아주 드물게 일
어난다. 오래된 책들을 보면 지난 1천 년 동안 단 세 개의 초
신성만 관측되었다고 하는 대목을 자주 보게 된다. 하지만 실
제로는 적어도 네 개는 되는 것 같고, 더 있었을 수도 있다
(표 6.1을 보시오).

이제까지 관측된 초신성 중 가장 밝은 것은 1006년에 이
리자리(Lupus)에서 터진 초신성이었다. 이 초신성은 너무 남
쪽에서 터졌기 때문에 대부분의 유럽과 중국에서 지평선 아
래 위치하고 있었을 것이고, 북경과 중부 유럽의 남쪽 지방에
서는 겨우 지평선 위에 걸쳐 있었을 것이다. 이 초신성의 가
장 중요한 관측은 중국에서 이루어지지 않고, 프랑스 남부의

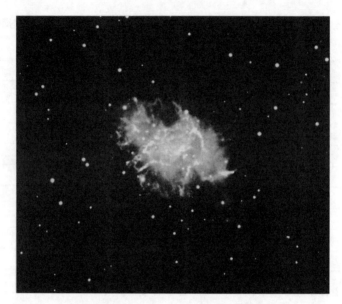

그림 6.4 게 성운(The Crab Nebula)

생 갈레(Saint Gallen) 지방에서 이루어졌다. 이 지방에서는
남쪽 지평선에 걸쳐 있는 산들 사이로 매일 밤 잠깐씩 관측
되었다. 1006년의 초신성이 터진 자리에는 깨진 반지 같은,
작고 동그란 전파원이 남아 있다. 보통의 망원경으로 보면,
이 팽창하는 고리는 거의 보이지 않거나 또는 겨우 보이는
정도이다. 이 초신성은 아마도 틀림없이 제I형 초신성이었을
것이고, 그 거리는 4,000 광년 정도로서 비교적 가까운 편이
다. 이 귀중한 초신성의 진가는 최근 수년 동안에 비로소 밝
혀졌다.

초신성들 중 가장 유명한 초신성은 두말할 것도 없이
1054년에 발견된 초신성이다. 게 초신성(Crab Supernova)으
로도 알려져 있는 이 초신성은 게 성운(Crab Nebula ; 그림

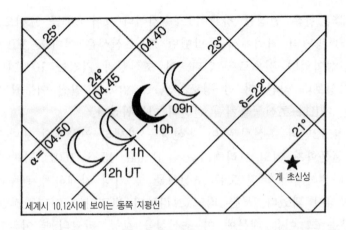

세계시 10.12시에 보이는 동쪽 지평선

그림 6.5 달과 게 초신성. (폴 멀딘 Paul Murdin 과 레슬리 멀딘 Leslie Murdin 제공. 캠브리지 대학 출판부, 1985, 사진 14. 캠브리지 대학 출판부의 허락을 얻어 다시 실었음.)

6.4를 보시오)이라는 멋있는 작품을 만들어서 이제는 우리가 작은 망원경으로도 볼 수 있게 되었고, 처음 폭발했을 때에는 23일 동안이나 환한 대낮에도 보일 만큼 밝았다. 중국인들은 이 초신성을 완벽하고 세심하게 관측했지만, 놀랍게도 유럽에서는 단 하나의 간접적인 기록 외에는 전혀 기록이 남아 있지 않다. 이 유일한 기록을 남긴 사람은 훗날 승려가 된 바그다드의 그리스도인 의사 부틀란(Ibn Butlan)이었다. 하지만 게 초신성은 미국에서는 여러 원시 암석화에서 발견되는데, 이 그림들은 초승달 옆에 별 하나가 있는 것으로 묘사하고 있다. 1054년 7월 5일에 초신성은 실제로 초승달에 아주 가까이 위치하고 있었다. 미국 동부에 있는 관측자가 봤을 때, 전체의 10% 정도만 남은, 기울어져 가고 있는 초승달은 새벽하늘에 떠 있는 초신성보다 3° 정도 위를 지나갔을 것이다. 두

천체의 합은 엄청난 장관이었을 것이다(그림 6.5를 보시오). 6,000 광년의 거리에서 폭발했던 게 초신성은 아마도 제II형 초신성이었던 것으로 보인다. 이 초신성의 거리는 1006년의 초신성보다 약간 더 먼 정도지만, 그 밝기는 훨씬 어두웠고, 다른 제II형 초신성들처럼 천천히 어두워졌다.

1572년의 초신성은 이 초신성을 자세히 연구했던 덴마크의 천문학자 티코 브라헤(Tycho Brahe : 1546~1601) 덕택에, 우리 은하에서 터진 모든 초신성들 중 가장 자세하게 관측된 초신성이 되었다. 물론 티코 브라헤가 발견자는 아니었지만, 어쨌든 그 이유 때문에 이 초신성을 보통 '티코의 별'이라고 부른다. 이 초신성이 보이던 1년 반 동안, 티코는 아주 정확하게 이 초신성의 위치, 밝기, 색을 측정했다. 티코의 측정 정확도는 그의 시대보다 백 년이나 앞설 정도로 정확했다. 티코는 이 초신성에 대해 현대의 여러 초신성 관측 자료보다도 더 자세한 자료를 남겼다. 이 자료들은 아주 귀중하고 동시에 아주 믿을 만한 것으로 평가받고 있다. 오늘날 이 초신성의 잔해는 커다란 광학 망원경으로 보면 보이는데, 매우 어둡고 안개처럼 희미하게 보인다. 전파 망원경으로 조사해 보면 티코의 초신성은 매우 강한 전파 방출원이다. 폭발에 의해 분출된 가스 구름이 연못의 물결처럼 바깥으로 팽창하는 거의 완벽한 고리 모양을 하고 있다. 티코의 초신성은 약 20,000 광년 거리에 있는 제I형 초신성이었다.

1604년의 초신성 때에도 역시 저명한 천문학자가 관측을 했었다. 바로 티코 브라헤의 제자이던 독일의 케플러(1571~1630)였다. 티코는 1601년에 죽었기 때문에 일생 동안 두 개의 밝은 초신성을 관측할 수 있는 행운을 놓쳤다. 이 초신성의 경우에도 케플러 초신성이라고 부르기는 하지만, 역시 케플러가 발견자는 아니었다. 티코는 1572년에 초신성이 터졌을 때 처음으로 초신성을 본 사람들 축에 들지 못했지만, 케플러는 1604년 초신성을 처음 본 사람들 중 하나였으므로, 이 경우에는 그래도 공정한 편이라고 할 수 있다. 1572년에 그의 스승이 했던 것처럼 케플러 역시 아주 세심하게, 최대한 주의를 기울여서 이 별을 관측했는데, 특히 밝기의 변화를 조심스럽게 측정했다. 이 초신성은 티코의 초신성보다 거리도 멀었고, 또 초신성과 우리 사이의 우주 공간에 놓여 있는 먼지 구름에 조금 가리워져 있어서 티코의 별보다 훨씬 덜 밝았다. 지금 이 별은 광학 파장대에서 꽤 어둡지만 커다란 망원경을 사용하면 그래도 쉽게 찾을 수 있고, 별의 잔해인 팽창하는 가스 구름은 역시 밝은 전파원이다. 티코의 별에서와 같이, 이 초신성도 제I형 초신성이었고, 거리는 20,000 광년에서 30,000 광년의 사이라고 추정된다. 지난 천 년 동안의 다른 초신성들과 다른 재미있는 점 하나는, 다른 초신성들은 (아마도 티코의 초신성은 예외이지만) 우리 은하의 중심에서는 멀리 떨어진, 우리 근처의 나선팔에서 터졌지만, 이 초신성은 우리 은하의 중심에 가깝지만 그보다 약간 위로 치우쳐 있고 우리 은하 중심의 뒤 부분에서 터진 것 같다는 것이다.

　　세 개의 가장 오래된 초신성 후보들이 정말로 초신성이 었는지를 증명해 내기는 어렵다. 하지만 시간을 거슬러올라가 베들레헴의 별이 될 만한 초신성을 한번 찾아보기로 하자. AD 185년에 관측된 별은 단 하나의 중국 사서에 짤막하게 언급되고 있을 뿐이다. 그나마 이 사서도 200년 이상 뒤에 쓰여졌다. 오늘날 강력한 전파원이 이 위치 가까이에 놓여 있다. 그래도 확실하게 말할 수 있는 것은, 사서에 기록된 별이 AD 185년 12월 7일 새벽하늘에 매우 낮게 보였다고 한다면,

이 별은 특별히 밝았으리라는 점이다. 이렇게 밝고 20개월이나 되는 긴 기간 동안 보였다면 이것은 틀림없는 초신성이었을 것이다.

AD 393년에 보인 별 역시 충분히 밝고 긴 기간 동안 관측되었으므로 아마 초신성이었을 것이나, 이 초신성의 결과로 보이는 전파원을 확인하는 것은 가능하지 않다. 또 다른 하나인 AD 386년의 별은 확실성이 더 적은 경우이다. 이 별은 어둡고 거리가 먼 초신성이었을 수 있으며, 이 별 근처에 있는 전파원은 거의 비슷한 나이와 모양을 가진 것처럼 보이지만 그렇다고 확신할 수는 없다.

베들레헴의 별이 초신성이었으리라는 주장은 새로운 것은 아니다. 거룩한 땅 위의 하늘에서 빛나는 별의 죽음이 새로운 탄생을 알려준다는 생각은 어떤 면에서는 맞고 적절하다. 실제로 티코의 별이 나타났을 때 르네상스 시기였던 유럽 사람들은 일반적으로 베들레헴의 별이 다시 나타났다고 해석했다. 이들이 베들레헴의 별이 다시 나타났다고 생각하게 된 이유는 대중들이 티코의 별을 보고 놀라고 당황했기 때문이다. 이들은 별이 영원하고 변하지 않는다는 생각을 가지고 있었는데, 이 '새로운' 별은 너무 놀라운 것이었고 그들에게 특별한 의미를 주었을 것이다. 티코는 비록 자신이 관측한 별의 정체를 알지는 못했지만, 이 별이 '새로운' 별이라고는 생각하지 않았다. 그는 이 별이 멀리 떨어져 있다고 생각했지만, 실제 거리가 얼마나 되는지는 추측할 수 없었다. 그럼에도 티코는 하늘에서 이 별의 시차와 운동을 측정하려고 시도했다가 실패했다. 그 때문에 태양과 달, 행성들과 별들이 유리로 된 구(球)에 박혀 있다는 옛 모형을 지지할 수 없다는 확신을 가지게 되었다. 그는 새로운 별을 목격했지만 그것이 20,000 광

년 떨어진 거리에서 나이 들어 피곤한 별을 화장(火葬)하는
장작 불빛이라는 생각은 전혀 하지 못한 채 그대로 흘려버렸
다.

베들레헴 상공에서 빛났던 천체가 초신성이었으리라는
것이 가능할까? 티코의 시대에 유럽에서 고대 관측에 관한
유일한 참고문헌이었던 것은 성경과 몇몇 라틴 서적들, 그리
고 그리스어 서적들이 전부였다. 뒤에서 살펴보겠지만, 값을
매길 수 없을 만큼 귀중한 중국의 기록들과 그보다 양은 다
소 적은 한국이나 일본의 관측들은 전혀 알려져 있지 않다.
심지어는 1950년대 중반에도 저 방대하고 번역되지 않은 채
남아 있는 기록들의 내용이 알려지지 않았다. 클라크가 초신
성 이론을 주장했을 때, 비록 증명은 할 수 없었겠지만, 예수
님의 태어나실 무렵에 초신성이 나타났었으리라는 것은 충분
히 가능성 있는 주장이었다.

초신성이 있었다면 그 징조로는 어떤 것이 있을까? 이것
을 찾아보기 위해서는 먼저 밝은 '객성'(客星, guest star)이
관측되었는지를 찾아보아야 한다. AD 386년에 궁수자리
(Sagittarius)에서 나타나 초신성으로 관측되었을지도 모르는
어두운 천체 정도여서는 곤란하다. 긴 동안 관측되었어야 좋
은 후보라고 할 수 있다. 제I형 초신성은 약 300일 동안에 7
등급 (밝기로는 630배) 어두워지며, 제II형 초신성은 약 400일
동안에 같은 양만큼 어두워진다. 그러므로 밝은 초신성은 적
어도 9개월, 보통은 1년 이상 관측된다. 또 다른 조건은 하늘
에서 움직이거나, 꼬리를 가지고 있었다는 기록이 없는 천체
여야 한다는 것이다. 이유는 이 두 가지가 모두 초신성이 아
닌 혜성의 특징을 말해 주는 것이기 때문이다. 이런 확고한
기준들로 인해서 대부분의 천체현상들이 제외되고, 실제로는

베들레헴의 별이 초신성이라는 가정도 제거된다. 중요한 중국의 관측 기록들이 대부분 하늘의 어느 위치에 있는지 확인되고 번역된 덕택에 우리는 중국의 기록들에 대해 상당히 많이 알게 되었다. 예수님이 태어나신 즈음에 나타나 중국사람들에 의해 관측된 천체 중 그 어느 것도 초신성의 기준을 만족시키는 것은 없다.

예수님이 태어나신 때에 가장 가까운 초신성은 AD 185년에 터졌는데, 물론 이것은 생각보다 거의 200년이나 늦다. BC 15년과 AD 10년 사이에 관측된 그 어느 것도 석 달 이상 관측된 천체는 없다. 이 시기에 관측된 몇몇 천체 중 적어도 하나는 혜성이었다. 만약 어떤 이유에서든 중국인들이 그 천체를 관측하지 못했다면, 오늘날 하늘에서 강하고 특징적인 전파원은 남아 있어야 할 것이다. 그러나 실제로는 2천 년 정도의 나이를 가진, 초신성 잔해(supernova remnant)로 보이는 천체는 남아 있지 않다.

하지만 중국 기록에 없다거나, 전파원이 보이지 않는다고 해서 아무 것도 없었다고 결론지을 수는 없다. 우리가 보아왔던 것처럼 어떤 경우에는, 하늘의 좁은 영역에 많은 천체들이 밀집되어 그 중 어느 천체가 우리가 알고 있는 초신성과 관련된 잔해인지 확실히 구별할 수 없을 때도 있다. 혹시 중국의 기록에 실수가 있었고 빠진 부분이 있더라도, 한국의 기록이 틀린 부분을 바르게 고치거나 빠진 부분을 메우는 데 사용될 수 있으며, 한국의 기록만큼은 안 되지만 일본의 기록도 어느 정도는 이런 역할을 해줄 수 있다. 하지만 지금으로선 '잃어버린' 초신성의 증거는 보이지 않으며, 그 이유는 명확하다. 보이는 초신성이 전혀 없었기 때문이다. 초신성 가정의 매력에도 불구하고, 이 가정은 가장 기본적이고 중요한 기준에 들지 못하는 것이다.

우리는 9장에서 우리를 고대의 하늘과 천문학적 사건들로 돌아가게 해주는 진귀한 기록들, 즉 중국과 한국, 일본의 기록들을 다시 살펴보게 될 것이다. 이 기록들은 대단히 인상적이고, 베들레헴의 별을 찾아 나선 우리들에게 아주 중요하기 때문에 한 장(章) 전체를 할애할 만한 가치가 있다. 하지만 먼저, 고대의 세계를 여행해 보고, 그 당시의 사람들을 만나 그들에 대해 알아보기로 하자. 우리는 이 책에서 계속 동방박사들에 대해 이야기해 왔는데, 도대체 그들은 누구인가? 그들은 어디에서 왔는가? 그리고 그들은 왜 별을 따라 왔는가?

동방박사 세 사람?

이 장에서 우리는 1장에서 처음 접했던 주제들로 다시 돌아왔다. 이렇게 잠시 한 발 뒤로 물러설 필요가 있다. 바로 앞의 몇 장에서 우리는, 발생한 시간만 맞았다면 베들레헴의 별이었을지도 모르는 아주 놀라운 천체현상들을 여럿 살펴보았다. 하지만 아무 것도 베들레헴의 별이기 위한 조건을 만족하는 게 없었고, 결국 우리는 별로 큰 진전 없이 여기까지 이르렀다. 지금까지는 베들레헴의 별일 가능성이 있는 천체들을 주로 살펴보았지만, 대부분은 전혀 그렇지 않았다. 수천 년 전에 죽은 별들을 '볼' 수 있는 망원경으로 하늘을 탐사하는 일을 계속하기보다, 지구에서 시간적으로 과거를 한 번 돌아보고 점토판과 동굴 벽화, 그리고 다른 기록들을 더 살펴보자. 만약 베들레헴의 별이 정말로 존재했었고, 그걸 봤다고 하는 사람들을 이해할 수 있다면, 우리는 그 별이 이 사람들을 어떻게 자극했길래 사막을 지나야 하는 위험한 여행을 떠나도록 만들 수 있었을까도 보다 더 잘 이해할 수 있을 것이다. 마태복음 2장 1절~2절에서 아래와 같이 묘사하고 있는 동방의 박사들(Magi), 또는 점성술사들은 누구였을까?

> ¹ 헤롯 왕 때에 예수께서 유대 베들레헴에서 나시매 동방(東方)으로부터 박사(博士)들이 예루살렘에 이르러 말하되
> ² 유대인의 왕으로 나신 이가 어디 계시뇨 우리가 동방에서 그의 별을 보고 그에게 경배하러 왔노라 하니

오늘날 크리스마스 캐롤이나 연극에서는 동방박사들이 거의 빠지지 않는다. 영어권에 속한 수백만의 어린이들은 다음과 같은 말을 들어보았을 것이다.

> 우리 동방의 세 왕은,
> 선물을 가지고 멀리 멀리 여행 왔네.

이 가사는 영어로 된 유명한 크리스마스 캐롤의 시작 부분이다. 우리는 잘 모르는 이 세 사람을 예수 탄생에 관한 크리스마스 연극과 대중문화에서는 멜키오르(Melchior), 발타사르(Balthasar), 그리고 가스파르(Gaspar)라고 부른다. 여러 나라에 남아 있는 풍습에 따르면, 이 세 명 중 한 명은 흑인이라고 한다.

많은 가톨릭 국가에서는 크리스마스 신부님, 산타 클로스, 혹은 성 니콜라우스보다는 세 '동방의 왕'이 오기를 더 간절히 기다린다.¹ 예를 들어 스페인의 텔레비전에서는 상당한 시간을 할애해서 세 왕이 오는 광경을 방송해 준다. 매년 1월 5일 저녁에 이 세 명의 왕들이 스페인의 여러 마을과 도시들을 방문하는 것이 방송으로 나오며, 스페인 국영방송 네 개 중 세 개가 이 광경을 생중계하는 것이 보통이다. 대부분의

경우, 이 손님들은 시장(市長)이나 고위 관리들, 그리고 외국에서 온 귀빈들인데, 그들은 환대를 받은 뒤 낙타를 타고 도시를 행진한다. 그러면 어린아이들은 이 손님들이 무사히 도착했다는 사실에 안도하면서, 그 밤에 이들이 남기고 갈 선물을 기다리게 된다.[2]

동방박사들이 누구였는지, 그들이 어디에서 왔는지를 알아보는 가장 좋은 방법은 우리의 전통 속에 남아 있는 동방박사들의 모습에 기초해서, 그들에 관한 몇 가지 질문에 답해 보는 것이다. 이제 곧 보게 되겠지만, 동방에서 온 세 왕들에 관한 현대의 많은 관례들은 믿을 수 없는 데서부터 온 것들이 대부분이다.[3]

동방박사들은 누구였나?
그들은 정말로 왕이었나?

우리가 동방박사들에 관해 거의 아무 것도 모른다는 것은 진실이다. 성경의 전통적인 번역에서는 그들을 현자(賢者, Wise Men)라고 불렀지만, 최근의 혁신적인 경향은 신영어성경(New English Bible)에서처럼 점성가들(astrologers)로 보는 것이다. 새개역표준성경에서는 '현자'라는 번역에 '점성가들'이라는 각주를 달아 놓고 있다.

이들을 일컫는 데 일반적으로 사용되는 단어는 "동방박사들(Magi)"이다. 이것은 원래 그리스어이던 마고스(영 : magos, 그 : μαγος)의 복수형인 마고이(영 : magoi, 그 : μαγοι)가 영어화(英語化)되어 사용되는 것이다(이 장의 뒷부분에서 이 단어에 대해 보다 자세히 알아보게 될 것이다.) 스페인에서는 전통

적으로 이 단어를 '레예스 마고스(Reyes Magos)'로 번역했는
데, 이것은 문자적으로 보면 '마술사 왕들'이라는 뜻이다. 아프
리카 카르타고에서 자라난 초대교회의 감독 터툴리안
(Tertullian)이 AD 250년에 이들을 왕이라고 부르기는 했지만,
교회의 주류 쪽에서 이 현자들을 왕족으로 보게 된 것은 AD
6세기가 되어서였다. 또한 이들을 왕이라고 부르는 것이 널리
퍼진 것은 한참 나중인 10세기 경이 되어서였다. 동방박사들
을 왕이라고 부른 것은 아마 틀림없이 인간의 왕은 스스로 왕
중의 왕에게 복종하기 때문에 왕으로 대접을 받는다는 생각을
가지고 있었던 초대교회의 정책과도 관련이 있었다고 본다.

　　이들을 왕으로 해석하는 것은, 부분적으로 메시야의 탄생
에 관한 구약성경의 예언이나, 메시야의 오심을 표현했다고
여겨지는 구절들로부터 왔을 수도 있다. 예를 들어 시편 68편
29절에는 다음과 같은 구절이 있다.

예루살렘에 있는 주의 전을 위하여 왕들이 주께 예물(禮物)을 드
리리이다.

또는 시편 72편 10절을 보자.

다시스(Tarshish)와 섬의 왕들이 공세(貢稅)를 바치며 스바(Sheba)
와 시바(Seba) 왕들이 예물을 드리리이다.[4]

또는 이사야 60장 3절과 6절을 보자.

열방은 네 빛으로, 열왕은 비취는 네 광명(光明)으로 나아오리라.
　　· · ·

허다한 약대, 미디안(Midian)과 에바(Ephah)의 젊은 약대가 네 가
운데 편만(遍滿)할 것이며 스바의 사람들은 다 금과 유향을 가지
고 와서 여호와의 찬송을 전파할 것이며

마태도 잘 알고 있었을 이 이사야의 글이, 마태가 묘사했던
동방박사들의 방문과 얼마나 세밀하게 비슷한지 주의해서 볼
필요가 있다. 왕들이 메시야를 방문할 것이라고 한 위의 기록
들을 보면, 후세의 기록자들이 마태의 글을 '바로 잡아서' 이
중요한 내용을 포함시켰고, 마태가 기록한 현자(賢者) 또는
동방박사(Magi)를 왕으로 바꾸어 놓았다고 상상하는 것은 어
렵지 않다.

어떤 성경 주석가들은, 성경이 약간 조용하면서도 삼가는
투로 동방박사들의 방문을 묘사한 것은, 먼 땅에서부터 여행
해 온 세 명의 이국적인 모습의 왕들과 그들의 수행원들이
도착하는 장면을 상상해 보면 별로 어울리지 않는다고 지적
한다. 만약 동방박사들이 중요한 요인들이었다면, 그들이 예
루살렘에 도착했을 때, 그리고 조용하고 생기없는 작은 마을
베들레헴에 도착했을 때의 정황을 보다 상세하게 기록했을
것이라는 지적이다. 그러므로 동방박사들이 왕들이었다는 주
장은 진실이기 어려우며, 그들이 왕족이었다고 믿을 만한 정
황도 없다.

정말로 동방박사는 세 명이었나?

세 명의 '왕'이 있었다는 서양의 풍습은 독창적인 것도
아니고, 뚜렷한 증거가 있는 것도 아니다. 게다가 세 명이란
수의 왕이 나오게 된 것은 단순히 금, 유향(乳香) 그리고 몰

약(沒藥)이라는 세 개의 선물이 드려졌기 때문이다. 4세기 말에 살았던 히포의 어거스틴(Augustine of Hippo)은, 동방박사가 세 명이라는 전통은 모든 이방세계에서 받아들여진 것처럼 말하고 있다. 하지만 초대 그리스도인들의 피난처였던 로마의 카타콤(catacomb)에서 발견된 예수 탄생에 관한 초기 그림들을 보면, 어떤 그림에서는 동방박사를 네 명으로, 어떤 데서는 단 두 명으로 그리기도 한다. 또한 소수의 동방박사들만 있었다는 생각을 모든 사람들이 받아들이는 것도 아니다. 동양의 전통에서는 열두 명의 왕이 나온다. 8세기에 완성된 동양의 작품인『주크닌 이야기(*Chronicle of Zuqnin*)』에 담긴 열두 명의 동방박사들은 베들레헴의 별을 보면서 각자가 서로 다른 영상을 보았다는 이야기가 자세히 쓰여져 있다.

성경이나 외경 어디에도 동방박사들의 수에 관한 언급은 없다. 하지만 본문이 그들을 설명하면서 분명히 복수 형태를 사용하고 있는 것으로 보아 한 명보다 많았다는 것만은 확실히 말할 수 있다.

동방박사들의 이름과 고향은?

예수 탄생에 관한 전통적인 연극에서는 동방박사들의 이름이 가스파르, 발타사르, 그리고 멜키오르이다. 그런데 이 이름들은 아주 최근에 붙여진 이름들이고, 성경이나 외경 어디에도 언급되어 있지 않다. 그릿햄은 예수 탄생에 관한 어떤 글들을 보면 전혀 다른 이름들이 기록되어 있다고 주장한다. 어떤 글에서는 동방박사들의 이름이 호르미즈다(Hormizdah), 야즈데걸드(Yazdegerd), 페로즈(Perozdh)로 되어 있고, 어떤 글에서는 호르(Hor), 바산테르(Basanter), 카르수단(Karsudan)으로 되어 있다.[5] 가스파르, 발타사르, 멜키오르라는 이름은

AD 3세기에 활동했던 오리겐 시대부터 등장했던 것 같고, 6세기 경에부터 일반에 통용되기 시작했다(그림 7.1을 보시오). 리차드 트렉슬러(Richard Trexler)는 이와 같은 시기 결정에 반대의견을 내세운다. 그는 이 이름들이 오리겐이 죽은 지 한참 후인 5세기까지 등장하지 않았고, 첫번째 천 년이 끝나갈 때까지도 통용되지 않았다고 주장한다.

예수 탄생에 관한 어떤 설명에서는 이 왕들 중 적어도

그림 7.1 동방박사들의 경배(Adoration of the Magi). 엑벌투스 사본(Codex Egbertus). (뉴욕 미술품센터)

한 명이 칼데아(Chaldea)[24] 지방 출신의 흑인이라고 하는데, 여기에서도 비교적 현대적인 냄새가 풍긴다(그림 7.2를 보시오). 이 주장은 종종 간과되었던 가능성, 즉 동방박사들이 꼭 한 군데서 오지 않았으리라는 해석과 일치한다. 실제로 첫 번째 천 년의 말기쯤에 나온 예수 탄생 이야기에는 세 명의 동방박사들이 전혀 다른 인종이었고, 전혀 다른 곳에서 왔다고 되어 있다. 여기에서 멜키오르는 아프리카에서 온 흑인이었고, 가스파르는 유럽의 백인이었으며, 발타사르는 아시아인이었다.

트렉슬러는 수백 년 동안 동방박사들에 관한 생각이 어떻게 변해왔는지를 정교하고 상세하게 설명한 자신의 책에서 7세기 말 혹은 8세기 초의 중세 암흑시대에 영국에서 활동했던 몇 안 되는 학자이며 역사가 중 하나인 베네러블 베데(Venerable Bede)가 동방박사들에 관해 다음과 같이 기록했다는 것을 지적한다. "신비하게도 세 명의 동방박사들은 세상의 세 부분인 아시아, 아프리카, 유럽을 상징한다." 현대의 예수 탄생 이야기들에서는 이런 이야기가 간과되었고, 암묵적으로 세 명의 동방박사들은 모두 한 군데서 왔고 함께 여행해 왔다고 생각하게 된 게 아닌가 싶다.

하지만 다른 이야기들에서는 세 동방박사들의 인종이 변화한다. 트렉슬러는 동방박사들에 관한 아주 기묘한 이야기를 소개한다. 그 이야기에 따르면 1610년에 호안 발테사르(Joan Balthesar)라는 이름의 에티오피아 인이 스페인 발렌시아(Valencia)에 사는 도미닉 수도사(Dominican)인 루이스 데 우레타(Luis de Urreta)를 방문해서 자신이 발타사르 '왕'의 후

---

24) 갈대아. 바빌로니아 남부 지방의 옛이름이다. (역자 주)

그림 7.2 동방박사들의 경배(Adoration of the Magi), 세부 묘사, 얀
스와트 반 그로닝겐(Jan Swart van Groningen) 작품.
(밥 존스 Bob Jones 대학 소장품)

손이라고 주장했다는 것이다.[6] 또한 발테사르는 가스파르와 멜키오르의 후손이 에티오피아에 아직도 건재하며, 가스파르는 원래부터 에티오피아에 살던 원주민이었던 반면, 발타사르와 멜키오르는 비그리스도인들의 박해를 피해 페르시아와 아라비아(Arabia)를 떠나 에티오피아에 정착한 사람들이라고 주장했다. 발테사르는 에티오피아의 통치는 동방박사들의 후손 가문들이 엄격하게 돌아가면서 맡았다고 덧붙이면서 이야기를 끝냈다.[7]

발테사르의 이야기에 금방 눈에 띄는 결함들이 발견됨에도 불구하고, 루이스 데 우레타는 그의 이야기를 찰떡같이 믿었던 것으로 보인다. 얼마 지나지 않아 우레타는 대중 앞에서 자신의 멍청함으로 인해 모욕을 당했는데, 특히 빠에스(Pedro Paez)라는 예수회 수사에게 곤욕을 치렀다. 또한 빠에스는 우레타가 말한 에티오피아인에 관한 일로 에티오피아 지도자를 모욕했다. 그러자 에티오피아 지도자는 모든 진실을 폭로했고, 자신이 동방박사들의 후손이라는 것과 동방박사들의 후손 가문 사이에 통치자가 교대로 나온다는 사실을 강하게 부인했다.

따라서 동방박사들의 이름―가스파르, 멜키오르, 발타사르―조차도 그 정체나 수, 심지어는 정말로 존재했었는지에 관해 아무런 도움도 주지 못한다.

동방박사들이 가져온 선물은?

앞에서 보았던 것처럼 이사야는 새로 태어난 왕에게 금과 유향이 선물로 드려질 것이라고 예언했다. 몰약과 함께 이 두 가지는 아주 상징적인 물건들이다. 금(金)은 오랜 동안 왕족의 상징으로 여겨졌고, 선물로 많이 사용되었다. 금은 이집트 동부, 아라비아 서부, 아르메니아, 페르시아 등지의 광산에서 채굴되거나 또는 사금으로 채취되었고, 수입해 올 만큼 재력이 있는 이들에게는 광범위하게 퍼져 있었다. 어떤 전설에서는 동방박사들이 가져온 금은 아담이 동산의 재물을 저장해 놓았던 동굴에서 가져온 것이라고 한다. 수백 년 동안 여러 종파의 교회들은 자기들이 간직한 성배(聖杯)가 마리아와 아기 예수께 드려졌던 바로 그 금으로 만든 것이라고 주장하곤 했다.

유향(乳香)은 보스웰리아 사크라(Boswellia sacra)라는 유향 나무에서 나오는 노란 수지(樹脂)이다. 이것은 마치 고무나 단풍 당밀(maple syrup)처럼 나무에서 '즙으로' 받아낸다. 먼저 나무 껍질을 벗기고 아래쪽의 나무를 베어낸다. 시간이 지나면 나무를 벤 곳에서 노란 액체가 스며나와 천천히 굳어 수지를 만드는데, 불에 데우거나 태우면 향기로운 냄새가 난다. 전통적으로 유향은 성별(聖別) 의식 때 붓는 기름으로 사용되었고, 그래서 예수의 사제(司祭) 의식을 상징한다.[8] 동방박사들은 유향을 드림으로써 예수께서 중요한 선지자 또는 설교자가 될 것이라는 사실을 알렸던 것이다.

몰약(沒藥)은 코미포라 미르라(Commiphora myrrha)라는 관목(灌木)에서 나온다는 것 말고는 유향과 비슷한 방법으로 만들어진다. 아프리카와 아라비아 남부에서 발견되는 이 관목에서는 짙은 향기가 나는 황갈색의 유성(油性) 수지가 나온다. 몰약 역시 성별 의식 때 붓는 기름의 재료로 사용되었지만, 죽은 자에게 붓는 기름으로 사용된다는 보다 구체적인 의미를 가진다. 그러므로 몰약을 선물한 것은 예수께서 나중에 십자가에서 죽을 것이라는 방법을 상징화한 것인지도 모른다.

따라서 세 가지 선물은 상당히 상징적이다. 이사야의 예언처럼 두 가지는 새로운 '왕'으로서의 통치를 의미하고, 나머지 한 가지는 장차 그리스도인의 신앙중 가장 중요한 믿음의 초석으로 바뀌는 예수의 죽음을 상징화한 것이다.

도대체 '동방박사(Magus)'란 무엇인가?

마기(magi, magus의 복수 : 동방박사)란 관측한 사실을 해석하고 별점을 치던 사제 계급을 의미한다고 확실하게 믿을 만한 근거가 있다. 이 정의(定義)는 일부 성경에서 '점성가들'이라고 한 번역과 관련된다. 이 점에서는 여러 사람들의 의견이 비교적 일치하고 있다.

천문학자이자 천문학사가인 휴즈는 이에 대해 명확한 정의를 제시한다. "동방박사들은 아마도 조로아스터교(Zoroastrianism)의 사제들로서, 국가의 사제직(司祭職)을 수행하면서 동시에 꿈을 해석하는 일을 했던 이들로 보인다."[9] 휴즈는 '동방박사들'이 단순히 '마술적인' 경향이 있는 사제 계급을 부르는 일반적인 이름이었을 가능성도 있다고 주장한다. 험프리스 역시 휴즈와 거의 같은 의견을 가지고 있다.[10] 험프리스는, BC 485년에 고대의 7대 불가사의 중 하나인 할리카르나수스(Halicarnassus)에서 태어난 역사가 헤로도투스(Herodotus)의 말을 인용한다. 동방박사들은 BC 6세기에 페르시아로 탈출해 온 메디아(Media)[25]인들 중의 종교인들이었는데, 그들은 페르시아에 와서 종교 의식을 행하고, 징조와

---

25) 메대. 카스피해의 남쪽에 있던 옛 왕국. (역자 주)

계시를 해석하는 일을 했다.

그릿햄 목사는 '마구스(magus)'라는 단어는 원래 메디아인 및 페르시아인과 관련되어 있으며, 페르시아의 선지자인 조로아스터(Zoroaster) 시대로까지 거슬러올라간다고 덧붙인다. 낙타를 다루는 사람을 뜻하는 그리스어에서 유래한 이름의 조로아스터가 정확히 언제 어디에서 살았는지는 논란거리이다. 어떤 이들은 그가 창시한 종교 조로아스터교가 BC 6세기 또는 7세기에 시작했다고 하고, 어떤 이들은 그보다 훨씬 더 거슬러올라가 적어도 BC 1,000년 심지어는 BC 1,700년 무렵에 시작했다고 주장한다. 동방박사들을 메디아인으로 보는 데 있어서는 그릿햄, 휴즈, 험프리스 모두가 일치했다. 그릿햄은 여기에 덧붙여 마기라는 단어가 예수 탄생 얼마 뒤인 AD 1세기 경이 되어서야 일반적으로 통용되었다는 중요한 연구 결과를 제시했다.

구약성경에는 '마술사'(magicians ; magi와 어원이 같은 단어이다)에 관한 언급이 여러 번 나오는데, 특히 다니엘서에 많이 등장한다. 하나만 예로 들어보자. 다니엘서 2장을 보면, 바빌론의 "박수(magicians)와 술객(術客, enchanters)과 점장이(sorcerers)와 갈대아 술사(術士, Chaldeans)"들이 느부갓네살(Nebuchadnezzar) 왕 앞에 불려와서 그가 꾼 꿈을 해석하라는 명령을 받았는데,[11] 느부갓네살이 이들의 해석에 만족하지 못하고, "바빌론의 박사(博士)를 모조리 멸(滅)하려고" 결심하는 과정이 잘 묘사되어 있다.[12] 이 박수들(magicians 또는 wise men)과 예수 탄생 이야기에 등장하는 동방박사들(Magi 또는 Wise Men)을 관련지어 생각해 보는 것은 별로 어렵지 않다.

하지만 마기라는 단어는 신약성경(예를 들어, 사도행전에서)에서도 쓰였는데, 이때는 일반적으로 사기꾼이나 협잡꾼을 의미하는 아주 경멸스런 어투로 사용되었다. 마구스로 묘사된 대표적인 인물로 바예수(Bar-Jesus) 또는 (번역해서) 엘루마(Elymus)라 하는 이가 있다. 사울(바울)은 다음과 같이 그를 유대의 거짓 선지자로 이야기한다.

> 모든 궤계(詭計 ; deceit)와 악행이 가득한 자요 마귀의 자식이요 모든 의(義)의 원수여 주의 바른 길을 굽게 하기를 그치지 아니하겠느냐?[13]

이것은 강력한 자료이고, 예수 탄생 이야기에 나오는 마기(magi ; 동방박사들)의 선하고 친절한 모습과는 정반대의 모습이다.

구약성경에 묘사된 마기의 세 번째 형태는 왕족을 대표해서 다른 나라에 사절로 파견된 전문가나 대사(大使)들이다.

'마기'는 어느 정도 중간적인 용어인데, 그래서 그 의미에 관한 논쟁이 야기되는 것이다. 하지만 '점성가들'이라는 용어는 사용 목적을 쉽게 짐작케 해준다. 그래서 나는 마기를 점성가들이라고 번역하는 것을 별로 환영하지 않는다. 그릿햄 역시 나와 같은 의견인데, 그는 마기들에 대해 다음과 같이 주장한다. "그러므로 밤하늘에 대한 지식은 필수적이었다." 이것이, 우리가 생각하는 마기들이 종교적이고 학문적인 사절(使節)이었음을 의미하는가? 이것은 우리가 마태복음에서 보는 '마기'들을 더 잘 설명하는 것 같다. 그들은 '지혜를 찾는 사람들'이었다. '마기'(Magi)를 반드시 번역해야 한다면, 다른 그 무엇보다 '현자(賢者, Wise Men)'가 가장 좋을 듯 싶다.

동방박사들은 어디에서 왔는가?

일반적으로 동방박사들은 바빌론(Babylon)이나, 적어도 그 근처에서 왔다고 생각된다. 하지만 동방박사들이 바빌론의 동쪽, 일반적으로 그들이 출발했다고 알려진 지역보다 더 먼 땅인 페르시아에서 왔다는 증거와 전설도 약간 있다.

우리가 살펴본 것처럼 위에서 설명한 인물들이나 사건들과 페르시아 사이에는 중요한 연결고리가 있다. 내가 처음 이 책의 집필에 들어갈 때 나는 동방박사들이 바빌론이나 그 근방에서 왔을 거라고 믿었다. 하지만 지금은 바빌론이라고 생각하는 가능성이 상당히 줄어들었고, '페르시아'일지도 모른다는 생각이 점점 더 커지고 있다. 이 장의 뒤에서 우리는 동방박사들이 출발했을 만한 장소들을 자세히 살펴보면서, 왜 페르시아가 주목을 받는지 보게 될 것이다.

동방박사들이 바빌론에서 왔다는 '전통적인' 견해는 바빌론과 그 근처 도시들의 천문학 기록들이 예수 이전 이천 년부터 존재했고, 이 도시들의 역사는 그보다도 더 오래 됐기 때문에 충분히 받아들일 만하다. 바빌론, 우르(Ur), 니네베 같은 이 지역의 여러 도시들은 구약성경에 여러 번 등장하며, 이 도시들 사이에 사상, 전통, 지식의 교류가 있었음을 보여준다.[14] 나중에 다시 살펴보게 될 '바빌론 유수(幽囚, Babylonian captivity)'로 인해, 바빌론 사람들은 메시야 예언 같은 유대인의 전통과 예언을 잘 알게 되었고, 또 상당한 영향을 받았을 것이다. 동방박사들이 '베들레헴의 별'을 보고 이해하려면 상당한 천문학적 지식이 필요했을 것이므로, 그들이 천문학이 아주 발달한 지역에서부터 왔다고 하는 것은 지극히 논리적이고 상식적이라고 할 수 있다.

베들레헴의 별 연구자인 영국의 험프리스는, 동방박사들이 아라비아나 메소포타미아(Mesopotamia)에서 왔다고 생각하는 전통이 있다는 사실을 지적한다. 초기의 그리스도인 작가였던 저스틴 마르터(Justin Martyr)는 AD 160년에 헤롯 왕에 관한 글을 쓰면서, "동방박사들이 아라비아에서부터 헤롯 왕에게로 왔다"고 썼다. 한편 그릿햄 목사는 초기 그리스도 교회는 동방박사들이 페르시아에서 왔다는 것을 믿었다고 말한다. 이 믿음을 뒷받침하는 근거로 외경 유아기(Gospel of the Infancy) 7장 1절에 동방박사들을 설명하는 부분을 든다. 동방박사들이 '조로아스터의 예언을 따라' 예루살렘에 왔다고 했는데, 이것은 분명히 동방박사들이 페르시아인임을 말해 주는 것이라고 한다.

이제 이 지역의 과학과 문화를 살펴봄으로써 또 다른 어떤 단서가 있는지 알아보도록 하자. 바빌론이 다른 지역들의 통치권력보다 우리에게 잘 알려져 있으므로, 바빌론에서부터 탐사를 시작하기로 하자.

바빌론과 그 근방 지역

그리스도의 시대에 이 지역에는 네 개의 왕국이 번성했다(이 지역의 지도는 그림 2.1을 보시오). 하나는 티스리스강과 유프라테스강 사이, 두 강으로 관개(灌漑)되던 비옥한 범람원(汎濫原, flood plain)에 위치한 바빌로니아(Babylonia) 왕국이었다. 오늘날 이 지역은 이라크의 중앙부이다. 현대의 행정구역으로 보자면 바그다드(Baghdad)의 남쪽에 위치한 바빌

(Babil)에는 바빌로니아의 수도였던 고대도시 바빌론의 유적이 남아 있다. 바빌론은 바그다드로부터 대략 100 km 정도 떨어져 있으며, 오늘날의 작은 도시인 힐라(Al Hillah)와 무사입(Al Musayyib)의 중간 정도에 위치하고 있다.

또 다른 왕국은 바빌로니아로부터 티그리스강을 따라 상류로 400 km 정도 올라간 비옥한 곳을 점령하고 있던 앗시리아(Assyria)였다. 앗시리아의 수도였고 구약성경 요나(Jonah)서로 유명한 니네베는 이라크 북부 쿠르드(Kurdish) 지역에 위치한 현대도시 모술(Mostul)의 약간 북쪽에 위치하고 있다. 앗시리아인과 바빌론인 사이에 자주 혼동이 있기는 하지만, 세계에서 가장 먼저 거대 문명을 일으켰고, 체계적으로 천문관측을 수행하였으며, 그것을 기록으로 남겼던 이들은 앗시리아인들이었다.

이 지역에 있던 세 번째 왕국은 메소포타미아(Mesopotamia)였는데, 그 이름은 '강 사이에'를 의미하는 두 개의 그리스어에서 유래되었다. 메소포타미아는 이 지역을 흐르는 두 개의 강, 티그리스강과 유프라테스강 사이에 있었으며, 유프라테스강의 북쪽 강둑에 퍼져 있었다.

네 번째 왕국은 칼데아(Chaldea)로서, 유프라테스강의 남쪽, 바빌로니아의 남동쪽에 있었으며, 페르시아만(Persian Gulf) 주변에 퍼져 있었다. 칼데아는 아라비아 사막과 아라비아 반도의 뜨거운 태양의 땅의 경계에 놓여 있었다. 칼데아의 수도였던 우르(Ur)의 유적은 나시리아(An Nasiryah) 도시의 서쪽 수십 km 위치에 묻혀 있다.

최초의 현대 문명이 발원한 곳은 바빌로니아 왕국의 남쪽 지역에서 BC 3000년보다 훨씬 이전에 번영했던 도시국가 수메르(Sumer)였으며, 여기에는 인류가 처음 건설한 대도시들이 있다. 그 위치가 티그리스강과 유프라테스강의 사이였고, 한 군대가 이 비옥한 땅들을 차지하면 다른 군대가 쳐들어오곤 했기 때문에 이 지역은 인간의 역사가 기록된 이래 수천 년간 계속 격전지였다. 사막의 한가운데 있는 비옥한 오아시스는 근방의 군대들, 특히 물자가 풍부하지 못한 왕국에게는 탐나는 목표였고, 그래서 이 땅을 두고 끊임없이 전쟁이 계속되었다. 수메르인(Sumerian)들은 최초로 거대한 전쟁기구들을 발명했고, 우르, 키시(Kish), 우르크(Uruk) 같은 도시들은 지역의 패권을 두고 서로 싸우면서 자신들의 전쟁 기술들을 연마했다. 그 결과는 예견할 만한 것이었다. 사막의 여러 민족들을 통일한 사르곤 대왕(Sargon the Great)은 서로 끊임없이 싸우기만 하는 수메르인들이 차지하고 있는 매우 비옥한 땅을 탐냈다. 그리고 수메르인들은 비교적 군사력이 약하므로 쉽게 정복할 수 있으리라고 판단했다. 카리스마가 있는 지도자 때문이었든 어쨌든 간에 통일된 사르곤의 군대에게, 분열되어 있던 수메르인들은 적수가 되지 못했다. BC 3000년 초에 발생한 이 점령은 이 지역에서 자행된 수많은 침략 중 첫번째 침략이었다.

바빌로니아의 언어와 명판

일반적으로 바빌로니아가 남긴 과학과 학문에의 위대한 공헌 중 하나는 BC 668년부터 626년까지 살았던 아슈르바니팔(Ashurbanipal) 왕의 재위시기에 만들어진 도서관이었다. 아슈르바니팔의 도서관으로 알려진 이 도서관은 니네베시에 위치한 중요한 기록유산이었으며, 바빌로니아의 모든 지식과 기록을 보관하는 주된 저장고였다.

기록들이 조각의 형태로 남아 있다는 점 외에도 문헌 연구에 있어서 어려운 점은 명판(銘板, tablet)의 번역 문제이다. 기록들은 바빌로니아보다 이전의 국가였던 수메르어(Sumerian)로 되어 있는데, 수메르어는 아슈르바니팔의 대도서관이 세워지기 천 년쯤 전에 이미 사라져버린 언어였다. 그럼에도 완전히 죽은 언어로 기록을 남긴 데에는 그럴 만한 이유가 있었다. 이렇게 함으로써 얻을 수 있는 것은 명판의 내용들을 아주 제한된 상류층의 식자(識者)들과 지식인들에게만 알게 할 수 있다는 이유이다. 이런 방법으로 위험의 요소가 담겨 있는 지식을 소수에게만 제한적으로 알려줄 수 있었던 것이다. 글자의 모양이 쐐기 모양으로 생겼다고 해서 붙여진 이름인 쐐기문자(cuneiform)로 쓰여진 수메르어는 특히 판독하기가 어렵다. 이것을 판독하는 데 필요한 고난도의 기술은 제한된 소수의 전문가들만이 터득한 상태이고, 이들 중 대부분은 문자 그대로 자신들의 일생을 바친 도전 끝에 이 기술들을 터득하였다.

이 도서관에 남아 있는 명판들은 번역가들의 인내 덕택에 겨우 판독될 수 있었다. 하지만 그에 더하여 행운도 있었다. 판독된 명판들 중 몇 개의 한쪽 면은 수메르어 쐐기문자로 되어 있지만, 다른 쪽 면에는 그리스어 번역이 있었던 것이다. 이 명판들은 AD 200년 정도의 비교적 후기에 만들어진 것 같다. 이 책이 우리에게 던지는 중요한 사항은 이 명판들 중 상당수가 여러 가지 천문현상을 기록한 고대 바빌론의 천문기록을 담고 있다는 것이다. 많은 명판들이, 1년에 하나씩 매 열(column)에 천체현상을 기록한 천문 일기로 보인다.

중근동 역사의 전문가이며, 런던의 대영박물관에서 근무하는 크리스토퍼 워커(Christopher Walker)는, 많은 발굴에도 불구하고 바빌로니아 명판의 극히 일부만이 발견되었다는 점을 지적한다. 이 명판의 90% 정도는 대영박물관에 보관되어 있으며, 이들 대부분이 여러 장소에서 모아 온 작은 조각들이다. 대부분의 경우, 특정한 연도를 가리키는 명판의 작은 부분만이 발견되었다.[15] 여러 개의 작은 조각들을 재조합해서 완벽한 명판을 만들더라도, 결과는 여전히 원래 것의 작은 일부에 지나지 않는다. 내가 대영박물관에 갈 때마다 본 모든 조각들은 내 손보다도 작은 것이었다.

게다가 이 천문 일기와 관련된 기묘한 사항이 하나 있다. 워커에 따르자면, 여러 박물관에 보관되어 있는 조각들이 같은 내용의 복사본이라는 것이다. 왜 이렇게 똑같은 내용을 담고 있는 명판들이 여기저기서 나타나고 있는 것일까? 그 이유의 하나는 중세 때 서양의 승려들이 그랬던 것처럼 바빌로니아인들 역시 이 자료들을 잃어버리지 않고 싶어했기 때문에 기록을 복사해 두었던 것이다. 여기에는 직접적인 증거가 있다. 금성 명판(Venus Tablet)은 그것이 만들어지기 천 년 전에 일어난 일을 기록하고 있다. 금성 명판을 쓰던 사람은 천문 기록을 준비하고 있었던 듯한데, 그러던 중 이 초기 관측을 직접 발견했거나, 또는 자료를 제공받아서 자신의 자료에 포함시켰던 것으로 보인다. 중동 전문가들은 여러 증거 자료들에 이런 종류의 체계적인 반복이 있다고 이야기한다. 즉 옛날에 있었던 관측 사실들이 재현되는데, 아마도 오랜 시간에 걸쳐 수차례 반복되었던 것으로 보인다. 문제는 우리에게 있는 바빌로니아 기록들의 역사적인 시기를 결정해야 하는 것이다. 우리에게 있는 자료는 정말로 적절하고 중요한 자료일까? 오늘날까지 남아 있는 명판들은 필요가 없어 그냥 버린 찌꺼기들일까? 워커에 따르면, 우리에게 남아 있는 명판들은 많은 경우 쓸모가 없어 폐기한 것들이라는 증거들이 있다고 한다. 바빌로니아 명판의 전문가들조차도 이 중요한 질문들에 답을 못해 주고 있다. 단지 워커는 가장 안 좋은 경우가 아닐까 생각하고 있다.

바빌로니아 천문학

바빌로니아에서 발굴되어 전 세계의 박물관에 안치된 수많은 공예품을 통해 상당한 양의 바빌로니아 역사가 알려졌지만, 그들의 천문학과 과학 전반에 대해서는 아직 알려진 바가 거의 없다. 바빌로니아인들이 별과 행성에 많은 관심이 있었는지는 알 수가 없다. 또한 그들은 수를 세는 데 있어 십진법 대신 60진법을 사용했던 것으로 보이며, 천문학 계산 역시 이를 이용해서 했을 것이다. 하지만 그들의 실제 관측에 대해서는 알려진 바가 거의 없다. 금성 명판(아래에 더 자세한 설명이 있다)이나 BC 164년의 핼리 혜성의 관측같이, 겨우 몇 개만이 알려져 있을 뿐이다. 이렇게 알려진 것이 거의 없다시피한 이유는 명판들이 대부분 상태가 좋지 않고, 또 그나마 거의 판독이 안 되었기 때문이다.

이러한 기록을 남겼던 천문학자들에 대해서는 알려진 것이 더욱 적다. 그들의 이름이 남아 있는 것도 거의 없을 뿐더러, 그들이 활동했던 시기 역시 알려져 있지 않다. 나부리아누(Naburiannu ; BC 500년 경)와 키디누(Kidinnu ; BC 350년 경)라는 두 명의 위대한 바빌로니아 천문학자가 알려져 있지만, 그들의 업적에 대해서는 잘 모르고 있다.

세계에서 가장 오래된 천문 기록은 오늘날의 시리아(Syria)인 우가리트(Ugarit)에서 관측된 일식이다. 기록에 의하면 "대낮에 태양이 창피를 당했고, 떨어졌다"라고 되어 있다. 날짜가 명확하게 기록되어 있지는 않지만 일식이 일어난 달이 오늘날의 4월 아니면 5월에 해당하는 히야르(Hiyar)월의 월초에 일어났다고 되어 있다. 일식이 일어난 달과 구체적인 장소만 알아낼 수 있다면, 정확한 날짜는 비교적 간단한 계산으로 알아낼 수 있다. 고대 천문 관측 전문가인 영국의 리차드 스티븐슨(Richard Stephenson)의 계산에 따르면, 여러 개의 일식 중 이 일식과 가장 잘 맞는 일식은 BC 1375년 5월 3일의 일식뿐이라고 한다.

스페인의 작가 알베르또 마르또스-루비오(Alberto Martos -Rubio)는, 대영박물관에는 BC 2053년에 일어난 월식을 기록한 명판이 있다고 이야기한다. 그의 계산에 따르면 이 월식은 부분월식이었는데, 달의 최대 60% 정도가 지구 그림자에 가려졌다. 이것은 BC 2053년 5월 28일, 세계시로 18시 55분에 최대식(最大食)이 일어났다. 고대에 일어난 또 다른 식 현상으로는 BC 1131년 9월 30일에 팔레스타인, 기브온(Gibeon)에서 일어난 식과 BC 763년 6월 15일에 니네베에서 일어난 식이 있다. 니네베 식에 관한 기록은 이 지역에서 수많은 전쟁이 있었다는 사실과 더불어 바빌로니아인들이 하늘에 대해 가지고 있던 관심사를 잘 드러내 준다. "앗수르(Assur)시에 폭동. 시반(Sivan)월에 일식이 일어남."

이러한 기록들과 명판들이 고대 수메르어로 쓰여졌다는 사실은 천문학이 BC 이천 년보다 더 이전에 수메르에서 시작됐다는 것을 사람들이 쉽게 확신하도록 만들어 준다. 불행하게도 우리는 점토판(clay tablet)에 쓰여진 바빌로니아의 관측 기록들을 아주 조금밖에 가지고 있지 않다.

바빌로니아인들이 다른 분야에서 많은 업적을 이루어 냈고, 비교적 높은 수준의 진보를 이루기는 했지만, 그들은 사

로스 주기(9장을 보시오)를 잘 몰랐던 것 같고, 따라서 처음
에는 일식을 예보하지 못했던 것 같다. 이들은 BC 6세기 초
에 이에 관한 내용을 아마도 다른 문명과의 접촉을 통해 알
아냈을 가능성이 있다. 하지만 이것은 어디까지나 추측이지
근거를 가지고 하는 말은 아니다. 바빌로니아인들이 다른 천
체현상들보다 일식과 월식을 훨씬 더 많이 관측했음에도 불
구하고 사로스 주기를 몰랐다는 건 의외의 사실이다. 이들이
일식을 예보할 수 있었는지에 관해 현재 우리가 말할 수 있
는 것은 궁정(宮廷) 천문학자들은 특정한 달에 일식이 일어날
것을 예보할 수 있었다는 몇 가지의 증거가 있다는 것뿐이다.

후기 바빌로니아 문서들(BC 700~50)에는 다양한 천문
기록들이 담겨 있다. 바빌론이 건설된 이후 그곳에서 처음 관
측된 것으로 알려진 일식은 BC 322년 9월 26일, 즉 페르시아
인에 의해 바빌론이 몰락된 이후였다. 남아 있는 것 중 확실
하게 날짜를 알고 있는, 가장 나중에 이루어진 바빌로니아 관
측 기록은 AD 46년이다(앞에서 본 것처럼, 수메르어-그리스
어로 된 글은 더 나중에 나왔을 것이다). 그러므로 바빌로니
아인들은 예수 탄생 이후 적어도 반 세기가 지난 후에도 열
심히 하늘을 관측했음을 알 수 있다. 이것은 적어도 동방박
사들이 바빌로니아 사람들이거나, 또는 바빌로니아에 살던 사
람들이라는 가능성과 맥을 같이하는 내용이다.

점성술적으로 바빌로니아인들에게 아주 중요했을 일식
이외에도 바빌로니아 사람들은 여러 개의 혜성도 기록했다.
행성과 행성의 엄폐에 관한 자세한 기록도 있다. 하지만 어느
때를 막론하고 밝은 신성이나 초신성은 기록된 적이 없는 것
으로 보인다. 이건 충분히 그럴 법하다. 이런 현상들은 비교
적 드물게 일어나는 것들이므로, 이런 관측 기록이 담겨 있는

명판들은 아직 발견되지 않았을 수 있다. 하늘에 많은 관심을
가지고 있던 문명권의 사람들이라면 분명히 이런 진귀한 현
상을 목격했을 것이다.

이 지역에 살던 사람들은 행성에 대해 잘 알고 있었고,
또 세심하게 관측했다. 티그리스-유프라테스 지역에 사는 사
람들은 너무나 자주 바뀌었기 때문에 도시들과 왕국들에서
일컫는 행성의 이름은 각각 달랐을 수 있다. 예를 들어, 수성
(水星, Mercury)은 여섯 개의 이름을 가지고 있었다. 수메르
인들은 비입-보우(Biib-bou)라고 불렀고, 앗시리아인들과
칼데아인들은 고웃-오웃(Goud-oûd), 바빌로니아인들은 니
놉(Ninob), 나보우(Nabou), 그리고 네보(Nébo)라고 불렀다.

바빌로니아의 점성술은 바빌로니아의 천문학보다도 덜
알려져 있다. 실제로 바빌로니아의 기록들은 거의 모두가 점
성술적이기보다는 천문학적이다. 사실상 니네베에서 나온 유
일한 점성술 기록은 BC 7세기의 것인데, 집합적으로 '오멘 문
서(Omen texts)'라고 부르고 있다. 알려진 예언 가운데 일부
는 합의 점성술적인 암시를 다루고 있다. 이것은 이 지역 사
람들이 이러한 현상을 알고 있었음을 보여주는 예라고 하겠
다. 이 몇 안 되는 '합'을 이용한 예언 가운데, 소수의 것이
아무루(amurru)라고 해서 우리가 '서쪽'이라고 일컫는 것과
연관되어 있다. 팔레스타인이 '서쪽'에 포함된다고 해서 바빌
로니아의 점성술사들을 유대인의 메시야 예언과 직접적으로
관련시킬 만한 증거는 없는 것이다. 우리가 찾는 동방박사들
이 정말로 바빌로니아인들이었다면, 이것은 우리에게 있어 걱
정할 만한 상황이 된다.

바빌로니아 사람들이 행성을 관측한 것은 수백 년 전으
로 거슬러올라간다. 세계에서 가장 오래된 천문 관측 기록은

바빌로니아인들이 BC 1700년 경에 금성을 관측한 것이다. 금성 명판으로 알려진 점토판 위에 바빌로니아인들이 관측했던 것들과 설명을 적은 이 명판은 코니운직(Konyunjik)에서 발견되어 대영박물관으로 옮겨졌다. 금성 명판에는 이시타르(Ishtar : 금성의 바빌로니아식 이름)가 나타나면 '하늘에 비가 있을 것이고', 석 달 동안 보이지 않다가 다시 나타나면 '그 땅에 전쟁이 있을 것이며, 곡식들이 익을 것이다'라고 기록되어 있다. 이 기록에서 볼 수 있는 것처럼 바빌로니아 사람들은 이시타르가 토지의 풍작을 지배한다고 생각했다. BC 265년에 처음 기록된 칼데아 비문(碑文)에, 바빌론 남부에 니므롯(Nimrod) 탑을 만들어서 수성을 기념했다고 되어 있는 것처럼, 니네베 도시를 비롯한 여러 곳에 금성을 위해 사원들이 건설되었다. 바빌로니아인들은 이시타르를 신들의 어머니로 숭배했다.

바빌로니아 사람들은 수백 년 동안 화성을 잘 알고 있었음에도 불구하고, 수성처럼 화성은 BC 1세기까지 바빌로니아의 기록에 나타나지 않는다. 마치 로마인들이 화성을 전쟁의 신으로 불렀던 것처럼 칼데아인들도 바빌로니아의 전쟁의 신 이름을 따라 화성을 니르갈(Nirgal) 또는 네르갈(Nergal)이라고 불렀다. 다른 나라의 전통들에서처럼 화성의 붉은 색은 분명히 피와 전쟁을 생각나게 했을 것이다. 바빌로니아 천문학자들이 화성을 처음 기록한 것은 BC 272년에 화성이 전갈자리 베타(β) 별에 가까이 접근했을 때이다.

토성은 BC 650년 경에, 아마도 엄폐를 말하는 "달에 들어갔다"는 내용이 기록된 때 이후부터 메소포타미아에서 관측되어 온 것으로 알려져 있다. 바빌로니아 사람들은 화성처럼 토성도 사악하고 해로운 행성으로 생각했다. 반면에 목성은 금성처럼 긍정적이고 인자한 행성으로 생각했다.

　다음 장에서 다시 보게 되겠지만, 많은 사람들이 베들레헴의 별은 BC 7세기에 일어난 목성-토성의 삼중합(三重合, triple conjunction)과 바로 이어 BC 6년에 일어난 화성-목성-토성의 결집26)이라고 생각한다. 두 가지 현상 모두 물고기자리에서 일어났는데, 고대 점성술에서 물고기자리는 유대인들과 관련된 별자리로 알려져 있다. 이 관련성은 동방박사들이 이 합으로 예수의 탄생을 생각했으리라는 설명에 사용된다.

　목성을 인자한 행성으로, 토성과 화성은 악한 행성으로 생각했다면, 위의 삼중합에 바로 이어 세 행성들이 모였다는 것은 분명히 바빌로니아의 천문학자이자 점성술사였던 이들에게 많은 점성술적인 의미를 생각나게 했을 것이다. 다만 우리가 생각해 낼 수 있는 것은 그들이 좋은 행성 하나와 사악한 행성 두 개가 만나는 것에 대해 생각했으리라는 것이다. 하지만 앞으로 보게 되는 것처럼 그들은 이 일련의 사건을 그리 중대하게 생각하지 않았다.

　우리는 또한 베들레헴의 별을 설명할 수 있었던, 과거에 후보였던 다른 행성 합에 대해서도 같은 질문을 던져야 한다. 전문가들 중 성경의 연대에 관한 현재의 해석에 의문을 제기하는 소수는 여전히 이 후보들을 고집한다. BC 2년에 있었던 금성과 목성의 합을 바빌론에서 보았다면 엄청나게 멋있는 장관이었을 것이다. 놀란 마음으로 쳐다보는 관측자들 앞에서 선한 행성과 악한 행성이 만나 하나로 합쳐지는 광경은 엄청났을 것이다. 또한 그 현상은 분명히 매우 중요한 의미를 내

---

26) planetary massing. 좁은 지역에 여러 행성이 모이는 것. (역자 주)

포하고 있었을 것이다. 다음날 밤, 하늘에서 두 행성은 여전히 가까이 있었고, 그러다가 다시 떨어져 나올 때 보인 광경도 역시 범상한 장면은 아니었을 것이다.

BC 2년의 합은 사자자리(Leo)에서 일어났다. 사자자리의 라틴어인 레오(Leo)가 사자를 의미하는 것과 똑같이 바빌로니아식 이름인 우르-갈-라(Ur-Ga-La) 역시 '사자'를 의미하는데, 별자리의 사자는 갈기가 없는 암사자를 의미한다. 사실상 바빌로니아의 황도상 별자리들은 오늘날 우리가 사용하는 그리스식 황도상 별자리와 거의 똑같다.

다른 문명권과는 달리 바빌로니아 사람들은 황도대(Zodiac)를 특별히 중요하게 여기지 않았던 것으로 보인다. 바빌로니아 신화에서 사자는 별로 중요하게 여겨지지 않는 동물이었던 것 같다. 다음과 같은 몇 가지 추리를 해봐야 겨우 사자에 관해 특별한 의미를 생각해 낼 수 있을 것 같다. 첫째로 바빌로니아에는 유대인 사회가 커다랗게 자리잡고 있었음을 기억할 필요가 있다. 다음으로 어떤 이들은 사자자리에서 가장 밝은 별인 레굴루스(Regulus)는 창세기 49장 9~10절에 언급된 '입법자'(立法者, 치리자 治理者, lawgiver)라고 생각한다.

> ⁹ 유다는 사자 새끼로다 …… 그의 엎드리고 웅크림이 수사자 같고 암사자 같으니 누가 그를 범할 수 있으랴.
> ¹⁰ 홀이 유다를 떠나지 아니하며 치리자의 지팡이가 그 발 사이에서 떠나지 아니하시기를 실로(Shiloh)가 오시기까지 미치리니 그에게 모든 백성이 복종하리로다.

이들은 만약 바빌로니아인들이 구약성경의 예언을 알고 있었다면 레굴루스 근처, 사자의 앞발 사이에서 일어난 합을 분명히 유대인과 관련된 것으로 해석했을 것이라고 주장한다.

전문가들 중 어떤 이들은 이 합은 그 자체만으로도 충분히 동방박사들을 팔레스타인으로 보낼 수 있었을 것이라고 주장한다. 하지만 바빌로니아 사람들이 합에 많은 관심을 가지고 있었다는 증거가 없기 때문에, 만약 동방박사들이 바빌로니아인들이었다면 이 가능성은 적다. 알려져 있는 바빌로니아의 관측들 중에, 행성들의 합에 관련된 것은 단 하나가 있는데, 이것은 BC 681년 5월 18일에 수성(에사라돈(Esarhaddon) 황태자의 행성)과 토성(세나체립(Sennacherib) 왕의 행성)이 일으킨 합이었다. 궁정 점성술사들은 이 합이 임박한 군주의 죽음을 알려 주는 것으로 해석했다. 세나체립 왕은 얼마 후에 암살당했는데, 이 경우의 예언은 정확하게 맞아 떨어졌다.

대영박물관에는 삼중합이 일어났던 BC 7년 내지 6년대의 천체력(天體曆, astronomical almanac) 명판이 있다(그림 7.3을 보시오).[16] 명판에는 두 행성의 운동이 명확하게 기술되어 있지만, 합에 관한 직접적인 언급이나 또는 합을 연상케 하는 단어 같은 것은 전혀 없다. 명판의 일부를 번역하면 다음과 같다.

일곱 번째 달, 이 달의 1일은 전(前) 달의 30일 다음날이다. 목성과 토성이 물고기자리에 있고, 금성은 전갈자리, 화성은 궁수자리에 있다. 2일은 분점(equinox)이다.
열한 번째 달, …… 목성과 토성, 그리고 화성이 물고기자리에 있고, 금성은 궁수자리에 있다. 13일에는 금성이 염소자리(Capricornus)에 들어간다.

그림 7.3 BC 7년과 6년의 바빌로니아 천체력(天體曆, astronomical almanac). (대영박물관.)

여기서 확인해 볼 수 있는 것은 삼중합(예를 들어, 위에 보인 일곱 번째 달의 경우)이나 또는 행성들의 결집(열한 번째 달)의 경우에도 합에 관해 우리가 알아차릴 만한 설명이나 관심이 전혀 없다는 사실이다.

페르시아와 페르시아의 영향권

동방박사들은 바빌로니아가 아닌 페르시아로부터 왔을까? 페르시아인들과 그들의 영향권에 대해 알려져 있는 바가 적기 때문에 이것은 대답하기 어려운 문제이다. 하지만 동방박사들이 페르시아로부터 왔다는 것을 암시하는 재미있는 증거들은 여럿 있다. 이 중 가장 중요한 것은 페르시아인들의 종교인 조로아스터교이다. 이것은 유대인들의 메시야에 관한 기록들과 깊은 연관을 가진다. 그릿햄에 의하면, 2세기의 신학자였던 알렉산드리아의 클레멘트가 페르시아인들의 기록은 실제로 하나님의 아들을 가리킨다고 믿었다고 한다. 만약 동방박사들이 페르시아 사람들이었다면 그들은 틀림없이 이 아들의 탄생을 알려 주는 징조를 찾기 위해 하늘을 관측했을 것이다.

조로아스터교는 무엇인가?

조로아스터교는 이란과 아시아 남부의 일부 지방에 아직도 남아 있다. 대략 BC 1000년 경에 조로아스터에 의해 창시되었는데, 그 정확한 시기는 불분명하지만, 구약성경보다 시대적으로 더 앞선다는 것은 분명하다. 조로아스터는 우르미야(Urmiyah)라는 마을에서 태어난 것으로 알려져 있는데, 이곳은 역사적으로는 페르시아였고, 지금은 이란에 해당하는 곳이다.

조로아스터는 세상에는 사악한 어둠의 힘에 대항하고 있는 선의 힘이며, 유일한 신(神)인 아후라-마즈다(Ahura-Mazda)가 있다고 가르쳤다. 그러므로 조로아스터교의 절대적바탕은 아후라-마즈다를 보좌하면서 부도덕과 타락에 대항하는, 즉 '선을 행하고 악을 미워하는' 것이 신조였으며, 그것은 지금까지도 그러하다.

어떤 조로아스터교의 글을 보면 메시야 신앙이 들어 있다. 이 글을 보면, 조로아스터가 죽은 뒤 오랜 세월이 지나조로아스터의 정액(精液)이 보존되어 있는 호수에서 목욕을한 처녀에게서 조로아스터의 한 아들이 태어날 것이라고 예언되어 있다. 조로아스터의 아들은 죽은 자를 살릴 것이며, 악의 힘과 대적할 것이라고 했다. 어떤 사람들은 이것을 예수의 탄생을 예언한 것이라고 해석했다.

메디아(Media) 마기와 마태복음에 나오는 현자 또는 마기를 관련짓는 것 외에도 예수 탄생과 페르시아를 직접 관련시켜 주는 몇 가지 증거들도 있다. 시노트는 마르코 폴로(Marco Polo)가 사베(Saveh)라는 페르시아의 작은 마을을 지나갈 때 주민들로부터 동방박사들이 그 마을에서 출발했다는 이야기를 들었다고 말한다. 이곳은 이란의 테헤란에서 남서쪽으로 130 km 떨어져 있는 작은 마을이다. 시노트는 이 이야기가 사베에만 있지 않고, 다른 마을에도 비슷한 이야기가 전해져 오고 있다는 것을 지적한다. 그러므로 이런 이야기들을 뒷받침해 주는 다른 증거가 없다면 이들을 취사선택해서 받아들여야 할 것이다. 하지만 동방박사들이 이 지역에서 출발했다는 믿음이 이 지방에 널리 퍼져 있다는 것은 재미있는 일이다. 아마도 이 이야기에는 얼마만큼의 진실이 담겨 있을 수도 있기 때문이다.

페르시아와 동방박사들 사이의 또 다른 관련은 AD 초기 몇 세기 동안 축적되어 온 그림들과 조각들에 있다. 이들은 예수께서 태어나신 뒤 한참 후에 이루어졌기 때문에 믿기 어렵고 위험한 관련을 만들 수 있다. 이들이 만들어질 때 당시의 선입견과 편견이 작용했을 것은 분명하다. 하지만 휴즈는 이러한 초기 조각들은 동방박사들이 페르시아의 의복을 입고 있으며, 전통의상 대신 바지를 입고 있다는 사실을 지적한다. 한 전설에 따르면 AD 614년에 이탈리아 북부, 아드리아(Adriatic) 해안을 침공한 페르시아 유목민 집단이 약탈을 감행할 때 위와 같은 조각품들 덕택에 라베나(Ravenna)에 있는 토착 교회가 무사할 수 있었다고 한다. 침략군이 교회 안에 있는 페르시아인의 조각을 보았을 때, 그것이 바로 자신들의 상징임을 알아보고는 그 건물을 약탈과 방화로부터 제외시켰다는 것이다.

그릿햄은 AD 614년에 유대(Judea)를 침공했던 페르시아
가 그리스도교 교회들을 파괴하고 불태웠던 사건과 관련해서
비슷한 이야기를 들려 준다. 페르시아인들이 베들레헴의 회당
(basilica)에 도착했을 때, 그들은 동방박사들의 경배 모자이크
그림을 보았는데, 여기에는 튜니카(tunic)[27] 위에 허리띠를 하
고, 긴 소매 옷과 바지를 입고, 피리지안(Phyrigian) 모자를
쓴 그들 자신의 모습이 그려져 있었다. 침략군들이 보기에 이
것은 페르시아인 자신들의 모습이었고, 따라서 그들은 이 건
물을 파괴하지 않았다.[17]

동방박사들이 페르시아로부터 왔을 것이라는 주장은 새
로운, 그리고 특히 어려운 문제를 야기시킨다. 왜냐하면 페르
시아에는 별다른 천문학적 전통이 없기 때문이다. 실제로 우
리에게는 페르시아의 천문 관측 기록이 거의 없으며, 페르시
아인들이 천문학에 특별한 관심을 기울였다는 증거도 거의
없다. 나는 대영박물관의 워커에게 페르시아에 천문학에 관련
한 증거물들이 있는지 물어보았으나, 역시 대답은 거의 없거
나 또는 전혀 없다는 것이었다. 이것은 페르시아인들이 점성
술에 관심이 없었다거나 또는 메시야의 오심에 관한 유대인
의 전통을 몰랐다는 것을 의미하지는 않는다. 하지만 동방박
사들이 페르시아인이었음을 믿기 어렵게 만든다. 페르시아인
들이 메소포타미아와 바빌론을 점령했을 때 바빌로니아의 일
부 문화와 믿음을 받아들여 동화되었으리라는 것도 사실이다.
따라서 페르시아 출신의 동방박사들이 유대교와 조로아스터
교 예언에 관해 알고 있었고, 우리가 전에 생각했던 것보다

27) 옛 그리스·로마 사람들이 입던 소매가 짧고 무릎까지 내려오는 속옷.
  (역자 주)

거의 두 배에 이르는 거리를 여행했다는 사실이 결코 불가능한 건 아니다. 예를 들어, 사베는 역사적 유적지인 바빌론에서 북동쪽으로 700 km 정도 떨어진 곳에 위치한 도시이다.

다른 대안에는 어떤 것이 있는가?

동방박사들의 고향으로서 또 다른 가능성은 아라비아다. 이것은 거의 저스틴 마르터의 글(위 '동방박사들은 어디에서 왔는가?' 참조)과 배의 닻에 묶인 채 흑해로 던져져 죽은 것으로 알려진 로마의 클레멘트(Clement of Rome)에 따른 것이다. AD 96년에 고린도인들에게 보내는 첫번째 편지에서 클레멘트는 자신이 동방박사들을 '아라비아 근처의 지역'과 관련시켰다고 말하고 있다. 이 견해를 뒷받침하는 유일한 또 다른 증거는 나중에 아기 예수에게 드려질 선물의 이름을 이야기하는 이사야 60장 6절의 예언이다. 아라비아 외의 다른 곳에 훨씬 더 가능성이 높은 후보들이 있는 상황에서, 동방박사들이 아라비아에서 왔으리라는 것을 직접적으로 뒷받침해 줄 만한 증거를 찾기는 어렵다.

그렇다면 동방박사들은 어디에서 왔을까?

대부분 간접적이고 예수가 탄생한 이후 수백 년 뒤에 나온 것들이긴 하지만, 우리가 구할 수 있는 자료들을 보면 동방박사들은 페르시아에서 온 것으로 추정된다. 하지만 바빌로니아 문명과 그곳에서 이루어진 수천 년간의 천체 관측 기록을 보면 바빌로니아가 더 가능성이 있어 보인다. 페르시아 사람들이 천문학에 대해 가졌던 관심은 거의 없거나 미미했기 때문에, 그들이 베들레헴의 별을 보고 감동을 받았을 거라고 생각하기는 어렵다. 하지만 페르시아는 메시야적 전통을 가지고 있었기 때문에 충분히 예수 탄생을 기다려 왔다고 볼 수 있다. 게다가 바빌로니아 천문학의 영향이 그곳까지 미쳤을 수도 있는데, 특히 예수 이전 시대에 천문학자들이 바빌론에서 도망쳤던 일들을 생각해 보면 더욱 그렇다. 페르시아에 유대인의 정착촌이나 또는 충분히 생각해 볼 수 있는 바빌로니아인들의 정착촌이 있었다면, 페르시아 사람들은 틀림없이 유대인들의 예언에 대해 알고 있었을 것이고, 이들의 예언이 자신들의 조로아스터교 신앙을 확고히 했거나, 또는 적어도 일치한다는 것을 알았을 것이다.

바빌론의 경우는 어떨까? 험프리스는 동방박사들과 유대인들의 전통을 연관시켜 주는 다른 중요하고 재미있는 이야기들을 들려 준다. BC 586년 경 앗시리아와 바빌로니아 제국이 가장 번영했던 그 시기에 바빌로니아인들은 예루살렘을 침공해서 점령했다. 그때부터 바빌론에는 전쟁의 성과로 예루살렘에서 잡아간 유대인들이 상당수 있었는데, 그 수는 수천 가구 이상이었다. 이것을 바빌론 유수라고 부르는데, 1세기 반 정도 전에 있었던 사마리아(Samaria) 점령에 이어, 이 지역에서 두 번째로 많은 유대인들이 잡혀간 사건이었다. 이 두 번의 침략에 의해 많은 수의 유대인들이 동쪽으로 옮겨갔다. 이스라엘을 점령한 기간이 그리 길지는 않았지만, 그 결과는 상당히 오래 지속되었다.

이렇게 하여 존재하게 된 유대인들 덕택에 바빌로니아의 과학과 유대인의 예언은 틀림없이 서로에게 상당한 영향을 끼쳤을 것이다. 따라서 바빌로니아의 천문학자들과 점성술사들은 메시야가 오실 것을 예언한 유대인의 예언을 잘 알고 있었을 것이고, 하늘에 새로 나타난 별을 새로운 왕의 탄생을 알리는 사건으로 해석했을 수 있다. 또한 동방박사들 자신이 원래 디아스포라 유대인(diaspora Jews, 여기저기에 흩어져 사는 유대인)의 후손이었을 수도 있다. 그러므로 바빌로니아 사람들은 특별한 현상을 메시야로 해석할 충분한 동기와 수단, 그리고 기회를 가지고 있었다. 조로아스터의 예언을 가지고 있었던 페르시아인들은 분명한 동기는 가지고 있었지만, 그들은 천문 관측과는 좀 거리가 멀었던 것으로 보인다.

만약 나더러 이 두 가지 동방박사들의 고향 중 하나를 고르라고 강요한다면, 나는 페르시아를 선택하겠다. 하지만 워커의 다음 말을 유념해야 한다. "만약 동방박사들이 실제로 존재했다면, 그들에 대한 유일한 설명은 그들이 디아스포라 유대인들이었을 것이라는 사실이다." 모든 전문가들이 이 가능성에 동의하는 건 아니지만, 일부는 강력히 지지한다. 만약 동방박사들이 바빌론에서 탈출한 유대인들이었다면, 동방박사들이 별과 메시야의 탄생에 관심을 가지고 있었다는 것을 비롯한 몇 가지 중요한 질문들이 해결될 수 있다. 아, 이 결론에는 이러한 질문이 뒤따른다. 만약 베들레헴의 별이 정말로 그토록 중요했고 흩어져 살던 유대인들에게 분명한 사건이었다면, 왜 헤롯 왕이나 그의 신하들은 이것에 대해 아무 것도 모르는 것처럼 보였을까?

삼중합 : 그것은 수수께끼를 푸는 열쇠인가?

동방박사들이 바빌로니아에서 왔든 페르시아에서 왔든 그들은 천문학, 점성술, 종교 그리고 특별히 예언에 대해 잘 알고 있었음이 분명하다. 그들은 어떤 천체현상에 의해 감동을 받았고, 그 현상이 일어난 별자리에서 큰 의미를 찾았다. 그 외의 현상들은 무시하거나 별로 중요하게 여기지 않았다. 예언을 실현시킬 새 왕의 탄생에는 특별한 징조가 필요했다. 동방박사들은 혜성을 자주 보았고, 수백 년간 계속 일어나고 있는 합과 엄폐를 잘 알고 있었을 것이고, 유성이나 행성들의 결집, 신성, 초신성들을 잘 알고 있었을 것이다. 이런 현상들은 모두 멋있는 장면들을 연출했을 것이고, 점성술적인 의미를 제공했을 것이다. 하지만 그 어느 현상도 왕의 탄생을 알려 주지는 못했을 것이다. 어떤 이유에서든 이런 현상 하나하나씩만으로는 동방박사들을 만족시킬 수 없었다. 또한 우리는 대략적인 예수 탄생의 시기를 알고 있다. 그러므로, 이 천체

현상 중 여럿은 시기적으로 우리의 관심 밖으로 밀려난다는 것도 알고 있다. 마태복음이 예수 탄생 뒤 한참 후에 쓰여지기는 했지만, 만약 그 안에 쓰여진 내용을 받아들인다면, 하늘에 별이 있었고 동방박사들이 그것을 따라 왔다고 믿어야 할 것이다. 하지만 동방박사들이 고무된 것은 단순히 그 별 때문만은 아니었을 수도 있다는 것을 고려해야 한다. 여러 번의 천체현상이 있었을 수도 있지 않을까? 하늘에 나타난 거역할 수 없는 천체현상을 보고 동방박사들은 열정적이고도 고집스럽게 하늘을 관측하면서 또 다른 징조가 나타나지 않을까 기다렸고, 마침내 하늘에는 승리자의 영광처럼, 예언에 기록되었던 대로 오랜 동안 기다리던 그 별이 나타난 것이 아닐까? 만약 그랬다면 그 첫번째 천체현상은 무엇이었을까?

BC 7년에 있었던 목성과 토성의 삼중합이 그 한 가지 해답일 수 있다. 우리는 앞에서 한 천체(행성이나 또는 달)가 하늘에서 다른 천체의 북쪽이나 남쪽으로 지나갈 때 합이 일어난다는 것을 보았다. 합은 두 개의 행성 사이에서 일어날 수도 있고, 행성과 별, 행성과 태양, 달과 별 사이에서도 일어날 수 있다. 삼중합은 좀 다른데, 이것은 두 개의 행성이 특별히 복잡하게 움직일 때 일어나는 아주 드문 현상이다. 하늘에서 한 행성이 다른 행성의 앞을 그저 한 번 지나가는 대신, 두 개의 행성이 가까워졌다가 다시 멀어지고, 또 두 번째 가까워졌다가 다시 멀어지고, 세 번째 가까워졌다가 이번에는 아주 멀어지는 것이다. 이러한 삼중합은 외행성(外行星 : 지구 궤도보다 바깥에 있는 행성)에서만 일어날 수 있고, 목성과 토성의 경우에 가장 잘 일어난다.

외행성 중 아무 행성이든지 둘만 짝을 이루면 삼중합은 일어날 수 있지만, 목성과 토성의 경우가 그보다 바깥에 있는 행성들보다 비교적 자주 일어난다.[1] 예를 들어 화성은 매 2년마다 목성 또는 토성과 합을 일으킨다. 삼중합의 예를 들자면, 1800년에서 2000년 사이에 화성과 목성이 일으킨 보통의 단일합은 89회였던 데 반해 삼중합은 단 두 번만 있었는데, 1835~36년과 1979~80년에 일어났다. 화성과 토성의 경우는 좀 더 횟수가 많아서 단일합은 99회였던 데 반해, 삼중합은 단 한 번뿐이었다. 반면에 목성과 토성의 경우에는 지난 이천 년 동안 89회의 단일합과 11회의 삼중합이 있었다(삼중합 11%). 천왕성과 해왕성은 176년에야 한 번 합을 일으키지만, 실제로 지난 이천 년 동안 삼중합(63%)이 단일합(37%)보다 훨씬 많았다. 임의의 두 행성 사이에서 일어나는 삼중합은 평균적으로 이백 년에 한 번 꼴로 일어난다. 하지만 이 수치는 숫자만으로 계산해서 얻어지는 평균값이고, 실제로는 여러 가지 다양한 변화가 생겨난다. 그렇지만 천문학자나 점성술사들도 평생 동안 한 번의 삼중합을 보기는 쉽지 않다.

베들레헴의 별과 관련이 깊어서 우리의 관심을 끄는 목성과 토성의 삼중합을 좀더 자세히 알아보자. 하늘에서 세 번 일어나게 되는 두 행성의 만남 또는 합은 일반적으로 7개월 정도씩 간격을 두고 일어난다. 이 기간 동안 제3의 행성이 일시적으로 가까이 접근해 와 이른바 '행성들의 결집'(planetary massing)을 일으킬 수 있다. 행성들의 결집이 일어나는 동안 여러 개의 행성들이 아주 가까이 모이는데, 실제로 하늘에서 이들은 5°, 또는 심지어는 10° 정도, 공간적으로는 수억 km 떨어져 있게 된다.

화성, 금성, 목성이 저녁하늘에 한곳에 모이는 특별히 멋있는 행성들의 결집이 몇 년 전에 일어났다. 1991년 6월 중순에 세 행성이 게자리(Cancer)에 있었고, 해가 진 후 여러 시간 동안 보였다. 6월 16일에는 세 행성이 모두 2°의 원 안에 있었고, 초승달이 그 바로 아래에 있었다. 하늘이 점차 어두 워지면서 그들은 모두 한덩어리인 양 서쪽으로 서서히 내려 갔다. 달이 이 행성들이 모여 있는 곳에서 멀어지고 나서도 세 행성은 여러 날을 더 가까이에 모여 있었다. 나는 운좋게 도 떼네리페에 있는 떼이데 천문대에서 관측하던 중, 수많은 사람들이 사진으로 찍은 이 멋진 광경을 모두 볼 수 있었고, 그것을 본 사람들이 엄청난 영향을 받았으리라고 장담할 수 있다.

이 행성들의 결집 때 세 행성들의 밝기의 차이는 상당했 다. 금성은 −4.3 등급이었고, 목성은 −1.8 등급이었으며, 화 성은 +1.7 등급이었다. 따라서 금성은 화성보다도 250배나 밝 았다. 세 행성들 사이에 이렇게 밝기 차이가 컸다고 해서 행 성들의 결집이 덜 멋있어진 것은 아니다. 6월 18일에는 금성 이 목성의 69′ 북쪽을 지나갔고, 5일 후인 6월 23일에는 화성 이 금성의 13′ 남쪽을 지나갔으며, 동시에 목성은 이 행성들 의 결집에서 서서히 멀어져 갔다. 3주 후에는 또 다른 재미있 는 결집이 일어났는데, 가까이 있던 금성과 화성이 레굴루스 를 사이에 두고 양쪽을 지나간 것이다.

이러한 행성들의 결집은 오늘날에도 대단한 관심을 불러 일으킨다. 그 때문에 행성들과 행성들의 운동이나 나열에 깊 은 관심을 가지고 있던 동방박사들에게는 이런 현상들이 더 욱 더 중요했었을 것이다. 행성들의 결집이 오랜 세월동안 많 은 관심을 받았고, 또 자주 베들레헴 별의 후보에 올랐었다는 것은 별로 놀랄 일은 아니다. 사실 합이 크리스마스 별의 후 보로 처음 언급된 것은 4백 년 전의 일이다.

맨 눈으로 볼 수 있는 삼중합은 화성, 목성, 토성이 일으키는 현상에만 국한된다. 천왕성과 해왕성은 삼중합을 일으킬 수는 있지만 사진을 찍거나 쌍안경으로 봐야만 확인할 수 있다. 보통은 두 행성이 서로 아주 가까이 접근하지는 않는다. 1°(보름달 지름의 2배) 이내의 거리로 가까워지는 일은 아주 드물다. 그래서 일반적으로는 삼중합보다 행성들의 결집이나 또는 일부 단일합이 더 멋있는 장면을 연출하기도 한다. 하지만 삼중합은 아주 드문 현상이며 행성들이 일으키는 현상들 중 독특한 현상이다. 따라서 동방박사들에게는 아주 특별한 점성술적인 중요성을 부여했을 것이다.

평균적으로 목성과 토성의 합은 19.86년마다 일어난다. 태양을 한 바퀴 도는데 11.79년이 걸리는 목성은 29.46년에 태양을 한 바퀴 도는 토성을 '따라잡기' 위해 한 바퀴하고도 거의 3분의 2를 더 돌아야 한다. 목성이 토성을 따라잡을 때마다 두 행성은 하늘에서 며칠 동안 가까이 있게 된다.

보통 목성은 마치 경주 트랙의 안쪽에서 달리는 운동선수처럼, 훨씬 안쪽 궤도에서 느린 동료인 토성을 빠르게 앞질러서 멀리 내달아 버린다. 이런 상황에서 두 행성이 함께 보이는 것은 아주 짧은 순간인데, 이때를 가르켜 단일합(single conjunction)이라 한다. 가끔은 목성·토성의 운동에 더하여, 시차나 또는 태양 주변을 돌면서 위치를 바꾸는 지구 때문에 단일합 대신 삼중합을 볼 수 있게 된다. 삼중합이 일어나기 위해서는 지구, 목성, 토성이 각자의 궤도에서 아주 정확한 위치에 있어야 한다. 그래서 지구가 6개월 동안 궤도의 이쪽에서 저쪽으로 움직이는 동안 다른 두 행성은 한 번이 아니라 세 번 일렬로 늘어서게 된다. 이것은 목성이 토성을 따라잡는 바로 그때 지구가 목성과 토성을 함께 '따라잡아'야 일어날 수 있다.

목성-토성 합에 수반되는 규칙 하나는 삼중합이 일어나고 나서 20년 뒤에는 반드시 보통의 단일합이 일어난다는 것이다. 일반적으로 다음 삼중합이 일어날 때까지 매 20년마다 보통의 합이 계속적으로 일어난다. 드물게는 삼중합이 한 번 일어나고 난 후, 40년 만에 두 번째 삼중합이 일어나기도 한다. 이런 경우가 바로 가장 최근에 일어난 두 번의 목성-토성 삼중합이다. 1940~41년에 미국을 제외한 전 세계 대부분의 천문학자들은 행성들의 운동 외에 마음속에 두고 있는 것이 있었다. 이들 대부분의 천문학자들에게는 형이상학(形而上學)적인 천문학의 주제보다 나날이 강도를 더해 가는 세계 대전에서 살아남는 것이 더 중요했다. 하지만 1940년 8월과 10월, 그리고 1941년 2월에 삼중합은 일어났다. 또 다른 삼중합이 1980~81년에 일어났는데, 두 행성은 1980년 마지막 날에 다시 만났고, 1981년 3월과 7월에 또 다시 만났다.

20세기에 일어났던 것처럼 두 번의 삼중합이 40년 만에 연달아 일어나게 되면, 그 다음 삼중합은 수백 년 동안 다시 일어나지 않게 된다. 1980~81년의 삼중합을 보려고 했다가 놓쳤다면 그 다음 삼중합은 2238~39년과 그 다음 삼중합이 일어나는 2279년까지 기다려야 할 것이다. 극단적인 경우에는 이 간격이 400년 이상이 되기도 한다. 물론 이러는 동안에도 20년마다 일어나는 보통의 합은 마치 시계처럼 계속 일어난다.

베들레헴의 별에 관련해서 삼중합이 처음 언급되는 것은 우리가 몇 장 앞에서 본 것처럼 1604년에 초신성을 관측했던 케플러에 의해서였다. 초신성이 나타나기 몇 달 전인 1603년 12월에 케플러는 목성-토성의 합과 곧이어 일어난 화성, 목성, 토성의 결집을 보게 되었다. 1604년 초에 케플러는 시간을 거슬러올라가며 계산을 함으로써 BC 7년에 비슷한 합이 일어났고, 또 그 뒤이어 목성, 토성에 화성까지 가세한 행성들의 결집이 일어났었다는 것을 알아냈다. 그는 이것이 베들레헴의 별을 설명하는 것이라고는 주장하지 않았다. 신성 로마제국 황제인 루돌프 2세(Rudolf II)의 궁정(宮廷) 점성술사였던 케플러는 틀림없이 이 현상에 매료되었을 것이다. 하지만 케플러는 곧이어 세 행성이 있던 근처 뱀주인자리(Ophiuchus)에서 터진 초신성에 훨씬 더 큰 인상을 받았다. 사실 케플러는, 베들레헴의 별은 그가 방금 본 것 같은 신성이라고 믿었다. 이럼에도 불구하고 베들레헴의 별에 관한 많은 이야기에서 케플러가 삼중합 이론을 창시했다고 잘못 알려져 있다. 사실 삼중합이 베들레헴의 별이라고 처음으로 심각하게 주장된 것은 1825년이 되어서였다. 독일의 천문학자이자 문헌학자인 크리스챤 루드비히 이델러(Christian Ludwig Ideler)는 케플러의 말을 잘못 이해하고서 삼중합 이론을 주창했다. 삼중합 이론이 보편화된 것은 지난 20년 동안이었다.

삼중합이 좋은 후보가 되려면, 너무 자주 일어나서도 안 되고 너무 자주 반복되어서도 안 된다. 성경시대에는 목성-토성의 삼중합이 얼마나 자주 일어났었을까? 너무 짧은 동안 너무 많은 삼중합이 일어났다면 삼중합 이론을 믿기는 어려울 것이다.

두 행성이 남북으로 떨어져서 3° 이내의 거리로 가까워진 모든 합을 조사했더니 여럿 있었다. 두 행성 사이의 거리가 1.5°보다 멀어진 경우는 드물었고, 2°보다 멀어진 경우는 없었다. 이런 식으로 3° 이내로 가까워진 합을 조사한다면 실수로 빠뜨리는 것은 없을 것이다. 이것은 우리에게 신중한 선택 기준을 갖도록 해준다. AD 첫 이천 년 동안 일어난 122개의 목

성-토성 합 중에 단 일곱 개만이 최소거리가 10′ 보다 가까
웠다는 사실로 보건대, 위의 합들 중에 특별히 인상적인 합은
별로 없었음을 알 수 있다.

　BC 1000년에서 AD 1년 사이에 있었던 목성-토성의 합
은 총 64회나 되었고, 이들 중 일부는 아주 작은 거리까지 가
까워졌고 일부는 다른 행성과 함께 또 다른 합을 일으키기도
했다. 목성-토성이 꽤 작은 거리까지 가까워진 합(45′ 거리)
이 BC 126년 4월 하순에 일어났는데, 그보다 앞서 3월 중순
에는 수성, 목성, 토성의 결집이, 4월 초에는 목성, 금성, 토성
의 결집이 일어났다. 이 4월의 행성들의 결집 때 있었던 금성
과 목성의 접근은 엄청나게 멋있는 합이었다.

　BC 1000년에서 AD 1년 사이에 목성-토성 간에 있었던
총 64회의 합 중에 삼중합은 단 일곱 번 있었다. 표 8.1에 이
들의 연도, 최소거리, 합이 일어난 별자리를 보여 주고 있다.
이 표를 보면 삼중합이 매우 드물기는 하지만, 그래도 극단적
으로 희귀하게 일어날 정도는 아닌 것을 알 수 있다. 서로 다
른 다양한 종류의 삼중합이 존재한다. 어떤 것은 아주 멋이
있어서 두 행성이 하늘에서 아주 좁은 거리까지 가까워지고,
어떤 것은 관측자가 별로 주목할 게 못 되는 것도 있다.

　표 8.1은 또 다른 중요한 사항을 보여준다. 목성-토성의
특별한 삼중합, BC 처음 천 년 동안에 가장 멋있었던 합이
BC 146~145년에 일어났다. 이 삼중합은 보통 베들레헴의 별
로 받아들여지며, 훨씬 많이 이야기되고 연구된 BC 7년의 삼
중합보다 불과 한 세기 반밖에 앞서지 않기 때문에 흥미롭다.
만약 고려해야 할 유일한 요소가 합뿐이라면, 동방박사들은
이 특별한 삼중합을 목격하고 나서 예루살렘에 139년 일찍
도착했을지도 모른다. BC 7년의 합은 두 행성이 가장 가까워

표 8.1 BC 1000년에서 AD 1년 사이에 있었던 삼중합

연도	최소 거리	별자리
BC 980~979	38′	물고기자리
BC 861~860	55′	물고기자리
BC 821~820	22′	사자자리
BC 563~562	68′	황소자리
BC 523~522	65′	처녀자리
BC 146~145	10′	게자리
BC 7	58′	물고기자리

주 : BC 7년의 삼중합보다 훨씬 더 멋있는 장면을 만들어 낸 두 개의 삼중합은 BC 2세기와 BC 9세기에 일어났다. 물고기자리에서 있었던 삼중합 중 BC 7년의 것보다 훨씬 멋있었던 것은 BC 10세기에 일어났다.

졌을 때도 그리 인상적인 것은 아니었다. 하지만 BC 146~145년의 합은 전혀 달랐다. BC 146~145년에 일어난 세 번의 합 때마다 두 행성은 달의 반지름보다도 더 가까운 거리까지 접근했고, 두 행성이 가장 가까이 접근했을 때는 달 지름의 3분의 1보다 더 좁은 거리까지 가까워졌다.

고려해야 할 요소가 하나 더 있다. 합은 어디에서 일어났는가? 아마도 동방박사들은 천문학자이기보다는 점성술사였을 것이므로, 합이 일어난 별자리는 그들에게 각별한 의미를 가져다 주었을 것이다. 예를 들어, 유대인과 관련이 있는 물고기자리에서 삼중합이 일어났다면, 이것은 중요한 징조이다. 표 8.1에서 볼 수 있는 것처럼 실제로 세 번의 삼중합이 물고기자리에서 일어났다. 그 중 두 번은 BC 7년의 삼중합보다 거의 천 년이나 전에 일어났다. 이 초기의 삼중합들은 메시야의 오심을 이야기한 성경의 예언들보다 먼저 일어났을 수도 있

다. 결론적으로 이 합들은 동방박사들과 관련이 거의 없다고 할 수 있다. 이 두 번의 고대 삼중합은 모두 BC 7세기에 세워진 바빌론보다도 더 시기적으로 앞선다. 하지만 분명한 것은 둘 다 수메르나 앗시리아의 천문학보다는 오래되지 않았으므로, 동방박사의 선조들이 틀림없이 관측을 했을 것이다. 이 오래된 삼중합들이 너무 일찍 일어났고, 따라서 동방박사들이 그것들을 볼 준비가 되어 있지 않았을 것이라는 이유만으로 이들을 무시해야 할까? 동방박사들과 그들의 조상들은 언제부터 베들레헴의 별을 찾기 위한 관측을 시작했을까?

이 마지막 질문은 곤란한 부분이며 대답하기 어렵다. 구약성경에 기록된 내용들은 BC 수백 년으로 거슬러올라가고, 그 중 얼마는 아마 수천 년을 거슬러올라가는 것으로 알려져 있다. 메시야가 오신다는 것은 바빌론이 세워진 것보다도 수백 년 먼저 예언되었을 것이나, 그 정확한 시기는 미래에도 알기 어려울 것 같다. BC 500년 이후에 일어난 현상들을 모두 베들레헴의 별로 '착각했을' 수도 있다. 그렇게 하는 것이 안전하고, 그보다 수백 년 먼저 일어난 일까지도 포함시켜야 할지 모른다. BC 500년경 바빌로니아가 예루살렘을 점령하자, 수많은 유대인들이 도망해서 흩어지고 강제로 수많은 유대인들이 바빌론으로 잡혀갔다. 이때부터 바빌론의 천문학에는 유대인들의 영향력이 배어들기 시작했다. 그럼으로써 유대의 전통과 예언이 문화적인 확산을 통해 부근 지역의 다른 왕국들에까지 퍼지게 되었다.

어느 선 이상의 과거는 살펴볼 필요가 없다고 말할 수 있을 만한, 확실한 경계 시점은 어디일까? 이 점에서는 따져봐야 할 것이 여러 가지 있다. '별'이 언급되어 있는 발람의 예언은 (1장을 보시오) 분명히 BC 5세기보다 이전에 쓰여졌을 것이고, BC 8세기 경에 쓰여졌을 가능성도 있다. 다시 말하면 BC 500년 이후에 일어난 모든 현상들, 그리고 아마도 BC 800년 이후에 일어난 현상들까지도 충분히 베들레헴의 별로 여겨졌을 수 있다.

짐작컨대 BC 7년에 물고기자리에서 삼중합이 일어났다는 사실이 유일하면서 가장 중요한 요소는 아닐 것이다. 일부 학자들이 주장했던 것처럼 동방박사들이 베들레헴의 별을 알아보는 데 가장 중요했던 요소는 삼중합과 다른 현상들과의 조합이었으리라는 것이 충분히 가능하다. 이것은 삼중합과 전혀 관계 없는 여러 현상들의 조합일 수도 있다. 이것은 우리가 만약 베들레헴의 별을 이해하고자 한다면, 이러한 역사적인 삼중합들을 살펴보는 것이 중요함을 의미한다. 역사적인 삼중합들을 살펴보게 되면, BC 7년의 현상이 어떤 점에서든 동방박사들이 인지할 수 있을 만큼 특별한 것이었는지, 또는 BC 7년의 삼중합 같은 현상과 다른 삼중합이 관련이 있었는지를 알 수 있을 것이다. 만약 BC 7년의 합이 정말로 독특한 것임을 알게 된다면, BC 7년의 현상은 베들레헴 별의 강력하고 그럴듯한 좋은 후보가 되거나, 또는 그 전조(前兆)가 될 것이다. 만약 그렇지 않다면, 삼중합만으로는 그리 중요한 의미를 못 가진다는 뜻이다. 여기서 BC 처음 천 년 동안 일어난 각각의 삼중합들을 간단히 살펴보자.

BC 980~979 삼중합

천 년 중에 일어난 최초의 삼중합은 BC 980년 5월 5일에 일어났다. 곧이어 BC 980년 9월 25일과 BC 979년 3월 11일에도 합이 일어났다. 첫번째와 세 번째 합의 때에는 행성들 사이의 거리가 42′이었고, 두 번째 합의 때에는 38′이었는데, 행성들이 가장 가까이 접근했을 때의 거리가 보름달의 지름보다 약간 큰 정도였다. 이 삼중합이 일어나는 동안 달은 두 행성의 아주 가까운 곳을 여러 번 지나가면서 목성과 토성을 가리는 엄폐를 여러 번 일으켰다. 물론 엄폐가 일어났다고 해서 바빌론과 예루살렘 양쪽에서 반드시 볼 수 있는 것은 아니다.

사실 실제로 그러했다. 하나의 엄폐를 제외하고는 대부분의 엄폐를 예루살렘과 바빌론 양쪽에서 볼 수는 없었다. BC 980년 8월 26일 늦은 저녁에 보름달이 남쪽 하늘 높이 떠 있는 목성을 가리는 엄폐를 일으켰다. 달에서 나오는 빛은 무척 강하였다. 목성과 토성이 서로 두 번째 합을 향해 가까이 가고 있다는 것을 생각하면, 이 장면은 특별히 멋있는 엄폐였을 것이다. 점성술적으로 엄폐는 두 가지 면에서 중요하다. 첫째는 왕의 행성인 목성이 달에 의해 '죽임'을 당했고, 곧이어 다시 부활했다는 점이다. 둘째로 이 합이 물고기자리에서 일어났는데, 이것은 우리가 앞에서 살펴보았듯이 유대인에게 중요한 의미를 가진다는 점이다. 이런 것이 바로 우리가 베들레헴의 별을 찾기 위해 조사할 때 가장 중요한 정보이다.

BC 861∼860 삼중합

이 삼중합 역시 물고기자리에서 일어났다. 두 행성의 각거리[28](7월 3일에는 57′ 또는 1°보다 약간 작은 정도, 또는 보

---

28) 하늘에 있는 두 천체가 우리 눈과 이루는 각도를 각거리(angular

름달 지름의 두 배 거리, 8월 3일에는 55′, BC 860년 1월 1일에는 63′)가 BC 7년의 경우와 거의 똑같다는 점에서 BC 7년의 삼중합과 비슷하다. 하지만 BC 7년의 삼중합과는 달리 이 합과 관련해서 행성들의 결집은 전혀 일어나지 않았다. 목성과 토성은 삼중합이 끝나고 나서 한참 뒤까지 하늘에서 다른 행성들로부터 상당히 떨어져 있었다. 하지만 앞의 삼중합의 경우처럼, 달에 의한 목성의 엄폐가 뚜렷하게 나타났다. 지방시로 BC 861년 10월 25일 저녁 9시 5분, 목성이 남동쪽 하늘 높이 46° 고도로 떠 있을 때 보름달이 되기 며칠 전이어서 둥근 원보다 조금 작은 달이 목성을 가리는 것이 바빌론에서 관측되었다. 바빌론에서 볼 수 있었던 엄폐는 이것 외에 하나 더 있지만, 어쨌든 이 엄폐는 이 시기에 일어난, 달이 목성이나 토성을 가리는 엄폐들 중에서 가장 긴 시간동안 지속된 엄폐였다. 또 하나의 엄폐는 BC 861년 12월 19일 정오가 조금 지나 햇빛이 강할 때 일어났기 때문에 맨눈으로는 볼 수 없었다.

BC 821~820 삼중합

이 삼중합은 사자자리, 사자의 엉덩이와 뒷다리 아래에서 일어났다. 이 삼중합은 세 번의 경우 모두 두 행성이 보름달의 지름보다도 작은 거리까지 접근한 아주 멋있는 합이었다. BC 821년 11월 16일에는 두 행성 사이의 거리가 25′이었다. BC 820년 1월 7일 두 번째 합 때는 이 거리가 22′으로 줄어들었고, BC 820년 5월 5일 세 번째 합이 일어날 때는 다시

---

distance)라고 하며, 각도의 도(°), 분(′), 초(″)로 표시한다. (역자 주)

거리가 28′으로 늘어났다. 하늘에서 두 행성의 거리가 멀어지
면서 태양에 가까이 다가갈 때, 인상적인 행성들의 결집이 일
어났다. BC 820년 7월 21일에 목성, 토성, 화성, 그리고 수성
의 네 개 행성이 서로간의 거리가 몇° 밖에 안 되는 거리로
모여들었다. 이 결집은 저녁 석양이 비치는 하늘의 서쪽 낮은
곳에서 아주 뚜렷하고 멋있게 일어났다.[2]

BC 563~562 삼중합

이 삼중합은 BC 처음 천 년 동안 일어난 일곱 번의 삼중
합 중 가장 밋밋한 합이었다. 이 합은 황소자리의 두 산개성
단인 히아데스(Hyades) 성단과 플레이아데스(Pleiades) 성단
의 사이에서 일어났다. 두 행성들이 가장 가까워진 것은 BC
563년 7월 27일에 일어난 첫번째 합 때의 68′일 경우였고, 11
월 1일의 두 번째 합 때는 75′, BC 562년 2월 10일의 세 번
째 합 때는 76′의 거리였다. 행성들의 결집은 일어나지 않았
지만, 비교적 중요한 합이 (썩 멋있지는 않았어도) 또 하나
일어났다. 이 합은 BC 563년 6월 5일(거리 26′)에 일어났고,
화성과 목성이 만들어 냈는데, 이 합이 일어나고 얼마 안 있
어서 저 삼중합이 시작되었다.

BC 523~522 삼중합

이 삼중합 역시 비교적 밋밋한 것이어서, 두 행성 사이의
거리가 항상 1°보다 멀었다. 하지만 이 합과 관련해서 멋있는
행성들의 결집이 일어났고, 또 하나의 합이 뒤따라 일어났다.

그 때문에 행성들이 모이는 면으로만 봐서는 이 경우가 더욱 중요한 삼중합이 된다. 목성과 토성의 합은 BC 523년 12월 16일(65′ 거리)과 BC 522년 3월 14일(65′), 그리고 BC 522년 7월 10일(71′)에 일어났다. 마지막 합이 일어나고 나서 몇 주 후인 BC 522년 8월 22일 경에 목성, 토성, 금성의 아주 중요한 결집이 일어났다. 또한 그리고 나서 3일 후 목성과 금성 사이에 특별한 합이 일어났다. 비록 이 합 때 두 행성 사이의 거리는 1°보다도 약간 큰 정도(69′)였지만, 두 행성 모두는 아주 밝아 서로에게 접근할 때의 모습은 저녁 하늘에서 엄청난 장관을 이루었을 것이다.

BC 146~145 삼중합

여기서 우리는 BC 처음 천 년의 기간 중 가장 멋 있었던 이 삼중합을 감상하기 위해 잠시 쉬어 가야겠다. 이 삼중합과 관련해서는 행성들의 결집이나 엄폐나 그 밖의 관련된 현상이 하나도 없었다. 그럼에도 불구하고 이 합은 바라볼수록 멋 있었던 현상이었다. 세 번의 합은 BC 146년 10월과 BC 145년 5월 사이에 게자리에서 일어났다. 게자리는 아주 어두운 별자리인데, 이것은 훨씬 유명한 쌍둥이자리(Gemini, 서쪽에)와 사자자리(Leo, 동쪽에)의 사이에 위치한다. 목성과 토성의 첫번째 접근은 BC 146년 10월 18일에 일어났는데, 이때 두 행성이 11′(달 지름의 ⅓)까지 접근했고, 두 번째 합은 8주 후인 12월 10일에 일어났는데, 이때는 두 행성이 조금 더 멀어졌고(15′, 보름달의 반지름 크기), 세 번째로 가장 가까이 접근(10′ 거리)한 합은 BC 145년 5월 4일에 일어났다. 행성들이 합쳐져서 하나로 보일 만큼 가까워지지는 않았지만, 그래도 여전히 관측하기에 멋있는 장면이었을 것이다.

시기적으로 앞선 삼중합들을 살펴보고 BC 7년의 것과 비교해 보면, BC 7년의 삼중합은 '또 하나의 삼중합'일 뿐임을 알 수 있게 된다. 다시 말하면 BC 7년의 삼중합에 특별히 두드러진 것이 없고, 겉으로 보나 상황으로 보나 이 삼중합은 다른 것보다 두드러진 점이 별로 없다. 혹 당신이 좀더 뒤인, BC 6년에 일어난 행성들의 결집을 지적할지도 모르나, 다른 삼중합들의 경우에는 더 좋은, 그리고 더 멋있는 행성들의 결집과 더 가까운 합, 심지어는 엄폐까지도 일어났었다. 다시 말하자면, 우리가 무언가 중요한 것을 잃어버리지만 않았다면, BC 7년의 삼중합은 특별한 것이 아니다.

BC 7년의 삼중합처럼 BC 980~979년과 BC 861~860년의 삼중합 역시도 물고기자리에서 일어났다. BC 980~979년의 삼중합은 BC 7년의 삼중합보다도 훨씬 멋있는 것이었던 반면에, BC 861~860년의 삼중합은 BC 7년의 것과 비슷하였다. 합의 정도만 살펴본다면, 세 가지 중 BC 980~979년의 삼중합이 동방박사들의 별이었으리라고 생각할 수 있을 것이다. 앞의 두 삼중합과 BC 7년의 삼중합의 가장 큰 차이는 관련된 현상이다. BC 7년의 삼중합 때는 조금 뒤에 목성, 토성, 화성의 결집이 있었고, BC 980년과 BC 861년의 삼중합 때는 바빌론에서 볼 수 있는, 달이 목성을 가리는 엄폐가 있었다. 다른 곳에서도 주장되었던 것처럼, 틀림없이 엄폐는 행성들의 결집보다 훨씬 더 강하고 더 긍정적인 의미를 가졌다. 목성이 사라졌다가 나중에 물고기자리에서 다시 태어난 것을 보고, 이 현상은 어떤 종류의 중요하고 기념비적인 것을 나타내는 것이리라는 생각, 아마도 팔레스타인에 새로운 왕이 태어났으리라는 생각이 분명히 바빌로니아의 천문학자들에게 강하게 들었을 것이다. 그들이 합보다는 엄폐를 더욱 열심히 정열을 가지고 기록한 것을 보면 이런 생각이 더욱 확고해진다.

반면에 BC 6년에 있었던 행성들의 결집은 부정적인 의미만을 내포한다. 마르스(Mars)[29]는 전쟁의 신이고, 화성은 대부분의 민족들이 피나 전쟁과 관련 지어온 행성이다. 물고기자리에서 삼중합이 (팔레스타인에 중요한 뉴스가 있음을 알리는) 일어난 뒤, 같은 별자리에서 화성이 나타났다는 것은 왕의 탄생보다는 전쟁이나 학살을 예고하는 것이었다.

어떤 사람들은 사자자리는 유대인과 관련이 있고, 레굴루스는 메시야의 오심과 관련이 있다고 주장한다. 만약 그렇다면 BC 821~820년의 삼중합은 성경의 예언을 잘 아는 이들에게 상징적인 의미들을 많이 전해 주었을 것이다. 이 삼중합 때는 두 행성이 보름달의 반지름보다 더 가까이 접근하는 일이 없었으므로 특별히 가까운 합은 아니었다. 하지만, 합이 사자자리, 사자의 발 아래에서 일어났기 때문에 이 합은 특별히 강력하고도 중요한 상징을 내포한다고 주장할 수 있을 것이다.

게다가 이 합에 바로 이어, BC 7년의 경우처럼 행성들의 결집이 일어났는데, BC 7년의 경우에는 목성, 토성, 화성만 모였지만 이 경우에는 수성까지 여기에 합세했다. BC 820년 7월 21일, 바빌론에서 해가 진 뒤 한 시간 반쯤 지난 후에 네 행성이 함께 모인 채 서쪽으로 졌다. 완전히 캄캄해진 뒤라 이들을 볼 수는 없었지만(수성은 항상 완전히 캄캄해진 뒤에

---

29) 로마 신화에서의 군신(軍神). 그리스 신화에서의 아레스(Ares)에 해당.
(역자 주)

는 절대로 볼 수 없다), 행성들의 결집은 바빌론이나 예루살렘에서 완벽하게 볼 수 있었을 것이고, BC 6년의 것보다 훨씬 더 멋있는 장관이었을 것이다.

다시 말하자면 BC 821~820년의 합은 상당히 인상적인 것이었고, BC 7년의 합보다 더하지는 않을지라도 그에 못지 않은 점성술적인 의미를 지니고 있었다. 그렇다면 왜 동방박사들은 이 현상을 예수의 탄생을 알리는 신호로 받아들이지 않았을까? 아마 두 가지 이유 중 하나일 것인데, 그것은 첫째, 삼중합 이론이 틀렸거나, 둘째, 삼중합은 동방박사들이 메시야의 탄생을 알리는 징조를 찾기 시작한 때보다 훨씬 빨리 일어나 버렸을 가능성이다. 바빌로니아가 예루살렘을 정복함으로써 바빌로니아의 천문학과 메시야의 탄생에 관련한 성경의 예언들이 접목되었다고 가정해보자. 동방박사들이 그 이후에 하늘을 조사하기 시작했다면 두 번째 가능성이 옳을 수도 있는 것이다. 메시야에 관한 예언이 언제부터 등장했는지를 알아내는 것은 어렵지만, 아마도 BC 8세기 또는 그보다 조금 더 이른 시기였을 것으로 추측한다. 그렇다고 한다면 BC 821~820년의 삼중합은 그 시기가 약간 빨랐기 때문에 메시야를 알리는 징조로 받아들여지지 못했던 것이다. 또한 성경의 예언 가운데 이 경우처럼 예언을 한 지 몇 년 만에 이루어진 경우가 또 있을까?

이제 BC 563~562년의 삼중합을 살펴보자. 이 합은 별로 인상적이지도 않았고, 다른 특별한 현상과도 관련되지 않았다. 이에 반하여 BC 523~522년의 삼중합은 특별히 멋있지는 않았지만, 이 경우에는 앞에서 본 것처럼 다른 중요한 현상들이 함께 일어났다. 삼중합이 끝난 뒤, BC 522년에 행성들의 결집이 일어났는데, 이때는 금성이 화성보다 5등급 (밝기 차이로 100배) 이상 밝았다. 그 때문에 BC 6년에 일어났던 밑

밋했던 행성들의 결집보다 훨씬 멋있는 장관이 되었던 것이다. 비록 처녀자리(Virgo)가 점성술적으로 유대인들과 별 관련이 없기는 했지만, 이 행성들의 결집과 그에 바로 뒤이어 일어난 금성과 목성의 (이 두 행성은 모든 행성들 중 가장 밝으며 또한 바빌로니아 사람들이 긍정적이고 인자한 행성으로 여겼던 행성들이다) 합은 동방박사들에게 특별히 중요한 무엇을 가져다 주었을 것이다. 즉, 동방박사들이 이 연속된 현상들을 보고 큰 인상을 받기는 했겠지만, 그렇다고 해서 동방박사들이 이런 현상들을 메시야의 탄생과 연관 지었으리라고 추측할 만한 이유는 없다.

마지막으로 BC 146~145년의 합 역시, 두 행성이 아주 가까이까지 접근했었으므로 엄청나게 멋있는 광경이 펼쳐졌을 것이다. 하지만 그것 외에는 점성술적으로 별다른 중요성은 없다. 게자리를 유대인들과 관련시킬 아무런 이유가 없으며, 이 삼중합과 관련해서 특별하게 관심을 가질 만한 다른 아무런 현상도 일어나지 않았다.

그러므로 BC 처음 천 년 동안 일어난 일곱 번의 삼중합 중에 네 개만이 유대인과 모종의 관련을 가지며 메시야의 오심에 관한 징조로 여겨질 수 있었다. 이 삼중합들 중 하나는 특별히 인상적인 것이었고, 물고기자리에서 일어났기에 유대인과 관련되는 것은 필수였다. 우리가 '덜 중요하다'고 빼놓은 삼중합들 중 하나조차도 BC 7년의 합보다 훨씬 멋있는 것이었다. 이런 점에서 만약 다른 것들을 제외하고 BC 7년의 합을 베들레헴의 별로 생각한다면, 그 유일한 이유는 이미 답을 알고 있기 때문일 것이다. 동방박사들은 몰랐겠지만, 이 합은 정말로 예수님의 탄생일에 임박해서 일어났던 것이다.

어떤 사람들은 목성과 토성이 일으키는 보통의 합 중 특

별한 종류가 BC 7년의 삼중합보다 더욱 중요할 수 있다고 주
장한다. 그 적절한 예가 종종 BC 7년의 삼중합과 함께 거론되
는 BC 126년의 목성-토성 합 즈음에 일어났던 독특한 일련
의 합들과 행성들의 결집이다(표 8.2를 보시오). 이들의 주장
에 따르면 이 현상 역시 물고리자리에서 일어났으며, 동방박
사들에게 있어서도 BC 7년의 삼중합만큼 중요했으리라고 한
다. 우리는 앞에서 일반적인 합은 베들레헴의 별을 설명할 수
있는 좋은 후보가 못 된다는 것을 알았다. 하지만 BC 126년의
현상은 보통과는 많이 달랐다. 왜 동방박사들은 BC 126년에
예수를 찾아 떠나지 않았을까? 아마도 그것은 동방박사들이
개별적인 현상 하나 이상의 그 무언가를 기다리고 있었기 때
문일 것이다.

　　그래도 우리는 어느 정도 특별한 천체현상들, 그들 중 어
떤 것은 그 자체만으로도 베들레헴의 별일 수 있는 현상들을
찾았다. 물론 이 조각들은 잘 합쳐지지 않았지만 말이다. 동
방박사들이 삼중합을 하나하나 세심하게 관측했고 아마도 이
각각을 신호로 받아들였을 수도 있다. 물고기자리나 또는 사
자자리에서 일어난 현상들은 그들에게 특별한 점성술적 의미

표 8.2 BC 126년의 목성-토성 합과 그 즈음에 일어난 현상들

날짜	행성들	각거리	비고
BC 126년 1월 25일	수성, 목성	16′	합
BC 126년 3월 16일	수성, 목성, 토성		결집
BC 126년 4월 4일	금성, 목성	12′	합
BC 126년 4월 4일	금성, 목성, 토성		결집
BC 126년 4월 24일	목성, 토성	45′	합
BC 126년 4월 24일	수성, 금성, 목성, 토성, 달		결집

를 주었을 것이다. 하지만 결국은 그 어느 한 현상도 동방박사들이 길을 떠나도록 만들지는 못했다. 다른 모든 경쟁자들을 제치고 확실하게 "내가 바로 당신들이 기다리던 그 신호요" 하고 소리치는 현상은 없었다. 실제로 그 어떤 기록에도 다른 시기에 잘못 메시야를 찾아온 이들은 없었다.

이제 우리의 세계와 우리의 문화에서 뒤로 조금 물러서보자. 오늘날 우리는 맹렬한 속도로 변화하는 세계속에서 살고 있다. 모든 것들은 빠르게 지나간다. 날이 갈수록 우리는 즉각적인 결과를 원한다. 하지만 동방박사들이 살던 세계는 그렇지 않았다. 그들의 성품과, 그들이 일상으로부터 기대하는 바는 우리와 사뭇 달랐다. 모르기는 해도 우리는 '이것'이 바로 베들레헴의 별이요 하고 말해 주는 명쾌한 해답을 원하는지도 모른다. 인내심을 가지고 하늘을 관측하던 동방박사들로서는, 연속된 신호들이 있을지도 모른다는 예언이 일순간의 명쾌한 무언가에 의해 단번에 이루어지기보다는 점차적으로 하나씩 하나씩 신호가 나타남으로써 이루어질 것이라는 생각을 가졌을 수도 있다. 다시 한 번 우리가 답을 알고 있다는 점을 이용해 보면, 내 생각에는 동방박사들이 BC 7년의 삼중합에서 첫번째 신호를 보았다고 말할 수도 있을 것 같다. 그들이 아직은 낙타 준비하는 일을 시작하지 않았지만, 이 신호를 본 이후 또 다른 신호가 있을지도 모른다는 생각에 더욱 자세히 하늘을 보게 됐을 것이다. 마태복음의 기록을 제외하고는, 그리고 아마도 아직 발견되지 않은 기록이나 역사에 있을지는 모르지만, 동방박사들이 그 다음에 무엇을 보았는지는 알려진 바가 없다. 적어도 티그리스강과 유프라테스강 부근에서 우리가 찾을 수 있는 한에서는 말이다. 이제는 '동쪽'으로 멀리 여행을 가서, 거기에 항상 있었던 비밀들을 좀 찾아보기로 하자.

답이 한자(漢字)로 씌어있다?

세계에서 가장 중요하고 완벽한 천문학 자료를 까맣게 몰랐다는 것을 천문학자들이 비로소 깨닫게 된 것은 1950년 대가 되어서였다. 그 이전에도 존재의 사실은 알고 있었지만 이때가 되어서야, 문자 그대로 수천의 중국 천문학 기록들이 관심을 받기 시작했다. 이들 기록들은 수백 년이 아니라, 수천 년간의 기록들을 담고 있는데, 일식과 월식, 혜성, 신성, 초신성, 오로라, 태양 흑점 등 하늘에서 볼 수 있는 모든 것을 기록하고 있다. 또한 이런 것들을 기록한 저 성실한 관측자들은 눈 외에 다른 도구는 일절 사용하지 않았다.

중국 기록을 처음 사용한 것은 40여 년 전이지만, 고대 중국과 한국, 일본 및 아랍의 기록들이 믿을 수 없을 만큼의 지식과 정보의 보고(寶庫)임이 알려진 것은 최근 20여 년간이다. 이제 극동의 기록들은, 수백 년간의 태양 흑점의 양상으로 볼 때나 우리 은하 내에서의 초신성의 생성률을 보려고 할 때나 그외 어떤 천체현상을 연구할 때나 연구를 시작하게 되는 출발점이 된다.

이 기록들의 가치는 중국 천문학자들이 수천 년 동안 하늘을 체계적으로 관찰했다는 것과 기록할 만하다고 생각되는 모든 것을 빠트리지 않고 기록했다는 데 있다. 그들은 일식과 월식, 혜성, 신성과 초신성 같은 현상들을 어느 정도는 이해했다고 생각했다. 그들은 태양 흑점, 오로라, 유성우 같은 일부 현상들에는 별 관심이 없었다. 그들은 아주 성실하게 기록했고, 종종 아주 자세히 기록했기 때문에 관측을 직접 했던 천문학자들은 무엇을 보고 있는지 몰랐을지라도, 우리는 그 기록만을 보고도 천체의 정체를 알아내거나 연구에 활용할 수 있을 정도이다.

중국 기록의 진가가 알려지고 나서, 다른 나라에서 이루어진 관측들도 함께 연구되고 자세히 분석되었다. 여러 경우에 있어 한국의 기록이 다소 덜 완전하지만 중국의 기록을 확인해 주고 있다는 것을 알게 되었다. 최근에는 아랍과 일본의 기록들도 역사적 기록을 완성해 나가는데 도움이 되고 있고, 중국의 관측을 다시 확인하는 데 사용되고 있다. 아랍 기록들이 담고 있는 자세한 내용들에 대해서는 겨우 조사 단계이지만 역사적인 연구의 마지막 장(場)이 되고 있다.

중국과 다른 아시아의 천문학자들이 때로 단순한 의미를 찾기 위해 관측을 하기도 했다. 다른 문화권의 천문학자들이나 점성술사들처럼 이들도 자신들이 보고 기록한 많은 현상들이 미래를 예견하는 데 도움을 줄 수 있다고 믿었다. 하지만 실제로 어떤 현상이든 새롭거나 또는 희귀한 현상이 하늘에서 일어나고 눈에 보이기만 하면 중국인들은 그저 단순한 경외감으로 기록을 남겼던 것 같다. 한 가지 특별한 면에서 주의 깊게 관측해야 할 필요성이 긴급히 요구되었는데, 그것은 중국 사람들이 일식을 매우 두려워했다는 사실이다. 중국인들에게 있어 일식을 정확히 예견하는 것은 엄청나게 중요한 일이었다.

중국인들은 일식이 주기적으로 일어난다는 것을 알고 있었다. 한 장소에서 일식이 얼마 만에 일어나는가 하는 것은 사로스 주기(Saros cycle)라고 부르는 법칙을 따른다. '사로스'는 바빌로니아에서 기원한 단어인데, 현대 천문학에서는 1691년에 핼리 경이 처음 사용했다. 당신이 어떤 특정한 장소, 예를 들어 파리에서 일식을 보았다고 한다면, 당신이 그 장소에서 다음 일식을 보게 되는 것은 한 번의 사로스 주기, 즉 18년과 11.3일 후이다.[1] 이 주기를 사용했던 중국인들은 몰랐지만, 매 18년 11.3일마다 태양, 달, 그리고 가장 중요한 달 궤도의 교점(node : 달 궤도면이 지구 궤도면과 만나는 두 점)은 거의 같은 장소에 오게 된다. 재배열이 정확하지 않기 때문에 일식이 일어나는 위치가 조금씩 움직여 가는데, 일식이 한 번씩 돌아올 때마다 북쪽에서 남쪽으로 또는 남쪽에서 북쪽으로 움직인다. 사로스 주기는 70번 정도의 일식이 일어나는 동안 유지되므로 약 1200년간 지속되며, 사로스 주기를 통해 여러 해 동안 아주 정확하게 일식을 예견할 수 있다. 또한 날짜를 정확히 계산할 수만 있다면 특별한 수학적 지식도 필요 없다.

중국 사람들은 실제로 무슨 일이 일어나는지를 이해하지 못했기 때문에 일식을 두려워했다. 그들은 일식이란 단순히 달이 태양 앞을 지나가는 현상이라는 사실을 몰랐다. 그들은 커다란 용이 태양을 먹어버리기 때문에 태양의 원반(disk)이 사라지는 것이라고 믿었다. 일식이 중국인들에게 잊지 못할 경험이었고, 일반 대중들 사이에는 커다란 공포를 불러일으켰다는 것은 쉽게 짐작할 수 있다. 그러므로 궁정(宮廷) 천문학

자들이 해야 할 업무 중의 하나가 일식을 예견하는 것이긴
했지만, 천문학적인 목적에서는 아니었다. 곧 일식이 일어날
것이라는 사실을 알게 되면, 이들 궁정 천문학자들은 일식이
일어나는 중요한 시점에 북을 치거나 폭죽을 터뜨려서 커다
란 소리를 낼 사람들을 모은다. 이렇게 함으로써 용을 놀라게
해 쫓아버리는 것이다. 이 방법은 한 번도 실패한 적이 없었
다. 태양은 항상 얼마 안 있어 과거의 영광을 되찾았다.

중국 사람들이 기록한 첫 일식은 BC 1948년 또는 BC
2165년의 것이었는데, 정확한 시기는 불분명하다. 필경 이 일
식 때문에, 일식을 예견하지 못했고 용을 놀라게 해 쫓아내지
못했던 희(羲, Hsi)와 화(和, Ho)라는 두 궁정 천문학자들이
처형을 당했을 것이다. 이 경우 태양이 용의 마수를 벗어날
수 있었기 때문에 지구는 운이 좋았지만, 희와 화, 두 사람은
이런 운을 나누어 갖지 못했다. 두 사람은 용서받을 수 없는
직무태만(職務怠慢)으로 참수(斬首 : 목이 잘리는 형)되었다.
이 이야기는 출처가 좀 의심스럽기는 하지만, BC 3세기에 사
라진 기록을 재구성해서 만들어진 것이고 AD 4세기가 되어
서야 재구성되었기 때문에 내용을 확실하게 알아내기는 어렵
다. 하지만 이 이야기는 일식의 예견이 중국인들에게 얼마나
중요했는지를 사실적으로 보여 준다. 일식 하나를 예견하지
못했다고 해서 즉결 심판에 넘긴다는 것은 좀 심하게 보일
수도 있지만, 중국인들은 일식을 정말로 진지하게 생각했다.

중국의 다른 고대 관측들처럼 이 첫 일식도 갑골(甲骨)
문자로 기록되었다. 이것은 거북의 등딱지나 들소(buffalo)의
뼈 또는 다른 커다란 동물의 뼈(oracle bones)에 기록을 새겨
넣는 것을 말한다. 이렇게 내용을 새겨 넣은 뒤 이 뼈들은 엉
뚱한 목적에 이용되지 않도록 땅에 묻었다. 따라서 당연히 뼈

하나에 새겨 넣을 수 있는 내용은 아주 제한될 수밖에 없었다. 갑골문자 기록에는 다른 종류의 관측보다는 일식의 기록이 더욱 많았다.

시간이 지나면서 중국인들은 비단(silk)이나 책을 기록도구로 사용하기 시작했다. 자연히 더 많은 내용을 기록할 수 있었다. 또한 비단이나 책은 더 오래 보존될 수 있었기 때문에 우리는 오늘날 이들이 남긴 천체 기록들을 살펴볼 수 있는 것이다. 중국 천문학자들은 자신들의 관측을 설명하기 위해 자주 그림이나 스케치를 포함시키곤 했다. 20여 년 전에 마왕퇴(馬王堆, Mawangdui)에서 발굴조사를 하던 중 극적인 발견이 이루어졌다. 발굴된 물품들 중 가장 중요한 것으로, 혜성들의 목록과 그림들이 들어 있는 비단으로 만들어진 책이 들어 있었다. 전부 스물 아홉 개의 혜성이 포함되어 있었는데, 각각의 혜성마다 스케치와 함께 그것이 나타나고 나서 땅에 어떤 일이 일어났는지에 대한 짤막한 설명이 담겨 있었다. 이 책은 BC 3세기~4세기 경에 만들어진 것으로 추정되는데, 자료를 모으기 시작한 것은 그보다 수백 년 전부터였을 것이다.

알다시피 아랍인들 역시도 뛰어난 천문 관측과 오랜 기록의 역사를 가지고 있다. 실제로 BC 1000년 이전에 있었던 일식을 기록한 네 개의 기록 중 두 개가 바빌로니아에서 아랍 천문학자들에 의해 관측되었다. 대략 AD 476년부터 1000년까지 유럽은 암흑시대(Dark Ages)였기 때문에 유럽에서는 이 기간의 기록이 거의 남아 있지 않다. 하지만 중국과 아랍의 천문학자들은 이 시기 중에도 하늘을 관측했고 자신들이 본 모든 것을 기록으로 남겼다. 이들 천문학자들 중 일부는, 유럽인들이 수백 년 후에 천체현상이 다시 반복될 때 비로소 관측했던 것을 이때 이미 발견하기도 했다.

　망원경이 발명되기 수백 년 전에 이루어진 또 다른 선구자적인 업적으로는 중국 천문학자들이 육안으로 태양 흑점을 관측했다는 사실이다. 오늘날에도 사람들은 구름이 해를 가리거나 안개가 끼었을 때 맨눈으로도 흑점을 볼 수 있다는 사실을 잘 모르고 있다. 기록을 보면 중국인들은 수천 년 동안 육안으로 흑점을 관측했다. 하지만 흑점을 관측하면서도 이들은 자신들이 보고 있는 것이 실제로는 태양의 표면에서 일어나는 현상이라는 것을 깨닫지 못하고 있었다. 이 기록들을 통해, 갈릴레오가 16세기에 흑점을 '발견'한 것보다 훨씬 이전의 시기부터 흑점의 주기를 연구할 수 있게 되었다. 가장 놀랄 만한 발견 중의 하나는 오랜 세월 동안 태양 표면에서 흑점이 '사라지는' 기간이 존재했었다는 사실이다. 그 이전까지는 1645~1715년의 몬더 극소기(p. 49를 보시오)가 우리가 알고 있는 유일한 것이었다.

　영국의 빅토리아 천문학자인 몬더의 이름을 따서 이름 붙여진 몬더 극소기 동안, 태양 흑점의 11년 주기는 사라졌고 태양 표면에서 흑점은 거의 나타나지 않았다. 이 기간 동안 지구는 이른바 '소빙하기(小氷河期, Little Ice Age)'를 겪었는데, 영국 런던의 템즈강이 때로는 수일, 때로는 수주 동안 얼어 버리는 바람에 결빙된 강 위에 장(場)이 설 정도였다고 한다. 집집마다 통으로 배달되는 우유가 꽁꽁 얼은 채 배달되기도 했다고 한다.

　중국의 기록을 보면, 이보다 이른 시기에 수십 년 동안 맨눈으로 흑점을 보지 못하는 기간들이 있었던 것 같다. 이렇게 흑점이 나타나지 않는 기간들이 있는 걸 보면 몬더 극소기가 유일한 것이 아니었으며, 오히려 흑점 주기의 자연적인

현상일 수도 있다. 물론 우리는 아직도 이런 흑점 극소기가
어떻게, 왜 나타나는지 잘 모르지만 말이다. 또한 우리는 그
것이 왜 끝났는지도 이해하지 못하고 있다.

　아울러 중국의 기록에는 유성우 관측 기록이 많이 있는
데, 이 귀한 자료들을 통해 우리는 지난 이천 년 동안 몇몇의
유명한 유성우들이 어떻게 변해 왔는지를 추적할 수 있었다.
이 극동 아시아 관측 중 일부는 아주 놀랍다(표 9.1을 보시
오). 주요한 유성우들 중 중국 사람들이 가장 먼저 관측한 것
은 BC 74년의 물병자리 에타별 유성우(The Eta Aquarids)였
다. 이 유성우는 오리온자리 유성우(The Orionids)와 함께 수
천 년 동안 인류가 관측했었던 핼리 혜성이 뿌려놓은 잔해들
이 만들어 내는 것이다. 오리온자리 유성우와 물병자리 에타
별 유성우에서 뿌려지는 유성들은 모두 수천 년 전부터 오랜
세월동안 이 유명한 혜성의 꼬리가 되었다가 흩어진 혜성의
핵에서 나온 가스와 먼지들이다. 지금은 이 두 유성우 중에서
물병자리 에타별 유성우가 훨씬 더 강하지만, 둘 중 어느 것
도 가장 강할 때조차 페르세우스자리 유성우(The Perseids)나
사자자리 유성우(The Leonids)에 견줄 바가 못 된다. 하지만
과거에는 지구가 핼리 혜성이 뿌려놓은 짙은 물질 덩어리 속
을 통과할 때 특별히 인상적인 유성우들이 나타났는데, 그 중
BC 288년에 있었던 오리온자리 유성우의 관측이 아주 중요하
다.

　오늘날 거문고자리 유성우(The Lyrids) 역시 가끔 일시
적으로 있는 강한 돌출현상 외에는 일반적으로 비교적 약한
유성우이다. 최근의 여러 해 동안 전문가들도 한 시간에 10~
12개의 유성을 겨우 볼 수 있고, 보통사람은 심지어 유성을
한 개도 못 본 데 반해, BC 15년 3월 15일에 관측했던 중국

표 9.1 오늘날 관측할 수 있는 다섯 개의 가장 잘 알려진 유성우들이 중국 기록에 처음 등장하는 때

유성우	첫 관측
물병자리 에타별 유성우 (The Eta Aquarids)	BC 74년
거문고자리 유성우(The Lyrids)	대략 BC 500년
페르세우스자리 유성우(The Perseids)	AD 36년 7월 17일
오리온자리 유성우(The Orionids)	AD 288년
사자자리 유성우(The Leonids)	AD 902년

주 : 사분의자리 유성우(The Quadratids)나 쌍둥이자리 유성우(The Geminids) 처럼 오늘날 관측할 수 있는 다른 일부 유성우들은 기껏해야 최근 수백 년간만 존재했으며(예전에는 이들이 지구 궤도 근처를 지나지 않았다), 따라서 중국인들에 의해 관측될 수 없었다. 한편 오늘날은 알려져 있지 않지만 과거에는 아주 화려했던 다른 유성우들도 중국 기록에는 보인다.

의 기록을 보면, "별들이 비처럼 쏟아졌다"고 한다. 지난 200 여 년 동안 거의 매 60년마다 상당히 강한 거문고자리 유성 우가 있었다는 것이 최근 알려졌다. 중국의 관측은, 과거에는 더 강한 현상이 있었다는 것을 우리에게 말해 주고 있다.

이렇게 극동의 기록들이 여러 가지 현상을 연구하는 데 사용되는 가운데, 이들 중국의 기록이 가장 뛰어나다고 알려 진 분야는 단연코 혜성과 초신성이다. 로마인들이, AD 79년 에 나타난 대혜성이 베스파시안(Vespasian) 황제의 죽음을 예 고하는 것인지 또는 페르시아 왕의 죽음을 알리는 것인지에 대해 이야기하고 있을 때, 중국사람들은 이 혜성의 위치와 가 시도(可視度, visibility), 꼬리의 길이, 별들 사이의 이동경로 등을 기록하고 있었다. 당연히 베스파시안은 혜성이 페르시아 왕의 죽음을 예고하는 것이라고 해석했다. "페르시아 왕은 털

복숭이인데, 나는 대머리이므로 이 혜성은 페르시아 왕의 죽음을 예고하는 것이다"라고 말했다. 이 말 속에서 그는 혜성이 종종 '털난 별'이라고 불린다는 사실을 이용한 것이다. 중국의 기록을 보면 이 혜성은 AD 79년 4월에 나타났으며, 처음에는 동쪽에서 나타났다가 북쪽으로 옮겨갔으며 20일 동안 보였다.

많은 경우에 중국의 관측은 상당히 정확해서 대략적으로나마 혜성의 궤도를 계산할 수 있을 정도이다. 핼리 혜성이나 템펠 – 터틀 혜성 같은 주기 혜성의 경우에는 이 자료들을 이용해서 수백 년 동안 혜성의 움직임을 계산해 낼 수 있다. 이것은 비교적 간단하다. 예를 들어 우리는 핼리 혜성의 궤도를 비교적 잘 알고 있으며, 또한 시간이 지나면서 이 궤도가 조금씩 바뀐다는 것도 알고 있다. 목성이나 토성이 혜성에 중력을 미침으로써 혜성을 더 빨라지게 하거나 더 느려지게 함으로써 궤도를 바꾸며, 혜성이 세차게 뿜어내는 가스와 먼지들도 혜성을 가속시키거나 감속시킬 수 있다. 이미 알고 있는 혜성의 궤도에 이러한 작은 변화를 가미시켜서 중국의 기록에 있는 하늘 위치에서 관측 가능할 정도로 보이는지를 확인해 봄으로써 정확한 궤도를 알아낼 수 있는 것이다. 현대의 자료와 비교해 보면 중국의 관측들이 썩 정확하지는 않지만, 최소한 혜성이 관측된 위치만 본다면 매번 태양 가까이 접근해 올 때마다 근일점을 지날 때의 시간을 결정할 수 있을 만큼 충분히 정확하다.

중국 천문학자들은 혜성의 꼬리가 태양의 반대쪽을 향한다는 사실을 AD 635년 무렵에는 분명히 알았다. 반면 서양의 천문학자들은 16세기가 되어서야 이런 사실을 '발견'했다. 또한 중국인들은 아침에 태양 가까이에서 사라진 혜성과 저녁 하늘에 나타난 혜성이 같은 것이라는 사실을 (또한 그 반대도) 알았다는 증거도 있다. 비록 그들이 이 현상의 이유는 알지 못했지만(혜성이 태양 가까이 접근하면 근일점에 이르기 얼마 전에 태양의 한쪽 편에서 사라졌다가 근일점에서 충분히 멀어져서 다시 보일 수 있게 되면 반대편에서 다시 나타나게 된다), 현상 자체는 알고 있었다.

중국사람들이 AD 141년에 관측한 핼리 혜성의 기록은, 그들이 관측자로서 아주 뛰어나다는 것을 입증해 주는 아주 흥미로운 보기이다. 미국 캘리포니아(California) 파사데나(Pasadena)에 있는 세계적으로 유명한 제트 추진 연구소(Jet Propulsion Laboratory)의 나사 연구원 천문학자이며, 널리 알려진 혜성 관련 서적의 저자이기도 한 도날드 여맨스(Donald Yeomans)는 중국 기록의 본문을 다음과 같이 번역한다. "(AD 141년) 3월 27일에 동쪽에서 빗자루별(broom star) 하나가 보였는데, 9° 길이나 되는 꼬리를 가지고 있었고 색깔은 창백한 푸른색이었다. 혜성은 4월 하순까지 보였다." 이 설명을 보면 혜성이 3월 22.4일(즉 3월 22일 오전 9~10시 경)에 있었던 근일점 통과 직후에 처음 보였다는 것을 알 수 있다. 혜성의 꼬리가 창백한 푸른색이었다는 사실은 맨눈으로 했던 관측으로는 보기 드물게 자세한 경우이며, 짙은 푸른색을 내는 물질인 이온화된 일산화탄소(ionized carbon monoxide)가 꼬리에 들어 있다는 것을 의미한다. 알려진 거리와 핼리 혜성의 일반적인 특징을 고려해서 AD 141년에 보였던 핼리 혜성의 밝기를 추산해 보면, 중국인들이 관측을 할 무렵에 −1등급 정도였던 것 같다. 계산을 해보면 그 해에 핼리 혜성은 특별히 가깝게 지구를 지나갔었음을 알 수 있다. 이 경우에서처럼 때로는 중국의 기록이 잘 맞지 않는 데가 조금씩 있어서 작은 의문을 일으키기도 한다. 이 경우에 시간에 따른 혜성의 밝기 변화를 계산을 통해 조사해 보면, AD 141년 4월 하순에 중국인들이 마지막으로 관측할 때조차 혜성은 상당히 밝았음을 알 수 있다. 이론적으로는 혜성의 밝기가 1.5등급 정도였을 것이고, 저녁 하늘에서 여전히 관측이 가능했을 것이다.

왜 중국인들은 좀더 긴 시간 혜성을 계속 관측하지 않았을까? 우리가 추산한 것보다, 즉 보통 때와는 달리 실제로는 상당히 어두웠을까? 또는 단순히 중국이 긴 기간 날씨가 계속 안 좋아서 혜성을 볼 수 없었던 것일까? 둘 중 앞의 가능성이 좀더 그럴 듯하기는 하지만 우리는 진실을 알 수 없다.

이런 생각을 보충해 주는 것으로, 다른 때에는 중국인들이 혜성이 안 보이지 않나 싶을 정도로 어두워질 때까지 핼리 혜성을 관측했었다는 것이 알려져 있다. 당연히 이런 경우는 우리가 생각하는 것보다 혜성이 훨씬 밝게 등장했을 것이다. 이런 경우의 한 예가, 혜성이 특별히 밝게 나타났던 1066년의 출현이었다. 하지만 우리가 알고 있는 가장 특별한 경우는 1145년에 핼리 혜성이 다시 돌아왔을 때인데, 이때 중국의 천문학자들은 맨눈으로 7월 7일까지 혜성을 추적하며 관측했고, 이때 혜성은 이미 화성의 궤도를 지나서 지구로부터 3억 km[30]나 떨어져 있었다. 이것은 망원경이 발명되기 전에 혜성이 관측될 수 있는, 태양으로부터 가장 먼 거리이다. 하지만 7월 6일에 혜성은 이미 육안으로 관측할 수 있는 한계보다 훨씬 어두워져서 밝기가 6.5등급 정도였다(사람의 육안으로는 6등급 정도의 천체를 볼 수 있다).

이런 관측들을 보면 핼리 혜성이 매번 태양으로 가까이

---

30) 태양에서 지구까지의 거리인 1억 5천만 km를 1천문단위(astronomical unit, AU)라고 하므로, 이 거리는 2천문단위가 된다. (역자 주)

접근해 올 때마다 그 밝기가 달라진다는 것을 알 수 있다. 중국 기록을 보면, 역사상 여러 번 핼리 혜성이 특별하게 밝았거나 또는 기대 이하로 어두웠다고 적혀 있는데, 이것은 의심할 여지없이 혜성의 밝기가 매 궤도 때마다 달라졌다는 것을 말해 준다.

관측자로서의 중국인들의 우수성을 말해 주는 척도로, 알려진 핼리 혜성 관측의 분석을 들 수 있다. 여기에는 최초의 관측부터 시작해서 베이유의 벽걸이에 기록된 1066년의 유명한 출현까지 망라되어 있다. BC 240년부터 AD 989년까지 전부해서 17번의 혜성 관측 기록이 있는데(표 9.2를 보시오), 중국 천문학자들이 좀더 이전의 것을 두 개 정도 더 관측했던 것 같다. 핼리 혜성은 1986년까지 나타났던 중에 BC 164년이 가장 어두웠던 것으로 알려져 있는데, 중국인들은 이 혜성을 기록하지 못해 유일하게 누락된 혜성으로 되어 있다. AD 7세기까지의 기록으로는 중국의 기록이 거의 유일하게 구할 수 있는 자료이다. 뒤에서 보게 되겠지만 혜성을 관측하는 면에 있어서는 중국사람들이 한국사람들이나 일본사람들에 비해 훨씬 뛰어나다는 사실이 베들레헴 별의 정체를 찾는 데 있어서 중요한 단서가 된다.

표 9.3을 보면 또 다른 문제점, 사실은 좀더 골치 아픈 문제가 존재한다. BC 2세기 이전에 중국 기록의 수가 갑자기 줄어드는 것이다. 이것은 마오(毛, Mao) 주석에 의해 일어난 최근의 것보다 이천 년 훨씬 이전에 있었던 문화혁명(cultural revolution) 때문이었다. BC 213년에 진(秦)나라의 시황제(始皇帝)는 '책들을 불태울 것(분서, 焚書)'을 명령하는데, 이 일이 있고 나서 불과 7년 뒤에 당시의 중국 수도였던 셴양(咸陽, Xianyang, 산시 성의 시안(西安) 근처)이 점령당하는 일

표 9.2 AD 10세기말까지 이루어진 핼리 혜성의 역사적인 관측들

총 출현 횟수	17
중국에서만 관측된 수	12
바빌로니아에서만 관측된 수	1
중국 및 일본에서 관측된 수	3[a]
중국, 일본 및 한국에서 관측된 수	1[b]

주 : 논란이 많은 BC 5세기와 BC 12세기의 혜성은 포함시키지 않았다. 다른 모든 나라의 기록보다 중국의 기록이 훨씬 많음을 알 수 있다. 총 17회 출현했던 혜성 중 중국이 관측하지 못한 것은 단 하나였으며, 60%의 기록이 중국에만 존재하는 것이었다.

[a] 일본에서 핼리 혜성을 최초로 관측된 것은 AD 684년이었다. 이때부터 일본의 기록에는 핼리 혜성이 많이 나타난다.

[b] AD 1000년 이전에 한국에서 핼리 혜성을 관측한 유일한 때는 AD 989년이었는데, 기묘하게도 이때는 핼리 혜성이 가장 잘 안 보이던 때였다.

이 일어난다.

책들을 불태운 사건에도 불구하고 BC 1200년 동안 중국의 기록에는 혜성 또는 혜성이라고 추정되는 천체가 60개나 등장한다. 반면에 바빌로니아의 천문학자들은 같은 동안 단 8개만의 혜성을 기록하고 있다. 그래도 이 숫자는 다른 나라들에서 기록한 것보다는 훨씬 많은 수치이다. 이런 사실을 보면 바빌로니아 사람들은 기록을 남기는 데는 관심이 적었을지 모르지만, 관측은 열심히 했던 것으로 보인다.

가장 오래된 기록을 파괴했다는 것은 BC 1050년부터 존재했던, 중국의 천문학이 특별히 발달했었던 주(周, Zhou)나라의 수많은 고귀한 문서들이 영원히 사라졌다는 것을 의미한다. 하지만 다행히도 예수님의 탄생 즈음의 관측들, 베들레헴 별의 정체에 관한 단서를 줄 수 있는 자료들은 안전하다.

중국의 천문학자들은 관측할 때 몇 가지 종류로 분류를

표 9.3 BC 11세기에 관측된 최초의 혜성부터 로마제국이 멸망한 때까지 중국과 바빌로니아 기록에 나타나는 혜성의 수

세기	기록된 혜성의 수	
	중국	바빌로니아
BC 11세기	2	0
BC 10세기	1	0
BC 9세기	0	0
BC 8세기	0	0
BC 7세기	2	0
BC 6세기	3	0
BC 5세기	6	0
BC 4세기	3	0
BC 3세기	6	2
BC 2세기	22	6
BC 1세기	15	0
AD 1세기	14	0
AD 2세기	19	0
AD 3세기	41	0
AD 4세기	17	0

주 : 중국의 혜성 기록이 BC 2세기에 갑자기 증가하는 것은 관측기술이 꽤나 향상된 점과 BC 3세기에는 진시황제의 분서(焚書) 사건 때문에 많은 기록들이 사라진 반면, 이때부터는 기록들이 잘 보존되었기 때문인 것으로 보인다. 중국인들이 기록한 혜성의 수는(AD 3세기에 특히 많이 관측된 경우는 제외하고), 오늘날 3년에 하나 정도의 밝은 혜성이 나타난다는 사실과 출현률 면에서 일치한다. 상대적으로 바빌로니아의 기록은 양이 훨씬 적고 또 단 이백 년 정도의 일부 시기에만 집중적으로 나타나는 점을 보면, 바빌로니아의 기록 역시 상당한 양이 사라졌거나 또는 아직 번역되지 않았다는 것을 짐작할 수 있다. 이 잃어버린 기록들은 아마도 엄청난 보물창고일 것이다.

했다. 가장 일반적이고 잘 알려진 세 가지 분류는 다음과 같다.

1. 혜성(彗星, Hui‑hsing). 문자적으로 '빗자루 별'을 의미한다. 이것들은 꼬리가 있는 밝은 혜성들이며, 하늘을 '쓸고' 지나갔다.

2. 패성(孛星, Po‑hsing). 문자적으로 '털이 많은 별'(bushy stars)을 의미한다. 이것들은 보통 꼬리가 없는 혜성들이었지만, 밝은 별을 묘사하는데 사용하기도 했다. 사람 눈의 특성 때문에, 밝은 별은 모든 방향으로 빛을 뿜어내는 것처럼 보인다.

3. 요성(妖星, K'o‑hsing). '객성'(客星, 손님별, guest stars)으로 번역되는데, 이전에 별이 없던 지역에 새로 나타난 별을 의미한다. 보통은 신성이나 초신성을 의미하지만, 가끔은 혜성 또는 심지어는 유성을 잘못 봐서 (또는 잘못 기록해서) 이렇게 나타내기도 한다. 몇몇 경우에는 변광성이 변광하는 중 가장 밝은 때에 관측해서 새로운 별로 기록하기도 했다. 이름이 암시하듯이, 일반적으로 요성은 혜성보다는 좀더 상서(祥瑞)로운 징조로 받아들여졌다.

1977년에 데이비드 클라크(David Clark)와 스티븐슨은, 수백 년 동안 중국의 천문학자들이 관측한 모든 요성들을 연구한 결과를 발표했다. 이들은 75개의 기록을 찾아냈는데, 이들 중 일부는 우리가 알고 있는 현상 중 어느 것인지 쉽게 확인할 수 있다. 게성운을 탄생시킨 1054년의 폭발과 1572년의 티코 초신성은 잘 기록되어 있기는 하지만, 1572년 초신성은 객성이 아닌 패성으로 분류되어 있었다. 중국 기록에 있는 객성 중 상당수가 대부분 확실한 역사적인 초신성으로 알려져 있지만, 나머지 대부분은 초신성일 만큼 밝지도 않고 오래 지속되지도 않았던 것으로 보아 대개는 보통의 신성이었을 것이다.

보통의 신성은 백색왜성이 다른 커다란 별 주위를 돌고 있는 쌍성계이다. 이 커다란 별은 거성이거나 또는 보통의 별일 수도 있다. 커다란 별에서 나온 물질은 백색왜성의 표면으로 떨어져서 '느린 핵 반응(slow burning)'을 하게 된다. 이 핵 반응은 아주 천천히 일어나고, 핵 반응이 일어나고 있는 층위에 떨어져 내린 타지 않는 물질들의 층 때문에 반응률이 감소한다. 타지 않는 물질의 무게가 그 아래에서 일어나는 느린 핵 폭발을 막을 수 있을 만큼 충분하지 못하면, 별은 파국(破局)을 경험하게 되는데, 많은 물질들을 우주 공간으로 날려 보냄으로써 백색왜성의 표면을 깨끗하게 쓸어버리게 된다. 이 쌍성계는 다시 안정해지지만 언젠가 충분한 양의 새로운 물질이 쌓이게 되면 또 다시 새로운 파국을 맞게 된다. '반복 신성(recurrent novae)'이라고 부르는 종류의 신성에서는 수십 년마다 비교적 작은 규모의 폭발이 반복적으로 일어난다. 하지만 대부분의 신성에서는 폭발과 폭발 사이의 간격이 수백 년 또는 많게는 수천 년이 되기도 한다.

신성은 초신성과는 상당히 다르다. 폭발력이 훨씬 작아서 가장 밝은 때의 밝기가, 초신성은 태양보다 천억 배 정도 밝은데 비해 신성은 태양보다 5만 배 정도 밝다. 백색왜성으로부터 바깥으로 부는 폭풍 역시 그리 강하지 않은데, 초신성의 10분의 1, 초속으로 약 천km 정도밖에 안 된다. '정도밖에' 안 된다고 말은 하지만 그래도 이 속도는 여전히 맹렬하다. 만약 신성이 런던에서 폭발하면 폭풍은 단 3초 만에 뉴욕에 도착하게 된다.

통칭해서 극동 아시아 자료라고 부르는 중국과 인근 국가들의 천문 관측 기록을 세세하게 조사해서 예수 탄생 부근의 시기에 일어난 혜성이나 밝은 신성 또는 다른 종류의 인상적인 천체의 기록이 있는지를 살펴보았다. 중국의 기록에는 이 시기의 자료가 그리 많지 않다. BC 12년의 핼리 혜성 기록과 BC 10년의 '유령 사건'(즉 틀린 기록)을 제외하면, 올바른 때에 이루어진 극동의 기록은 단 두 개뿐이다. 하나는 중국의 기록이고, 또 하나는 한국의 기록이다. 사실은 이 둘 다 아주 흥미롭다.

『전한서(前漢書, Ch'ien-han-shu)』를 보면 다음과 같은 기록이 있다. "건평(建平, Ch'ien-p'ing)31) 2년 2월에 견우(牽牛, Ch'ien-nui)에 혜성이 나타나 70일 이상 보였다." 이 중국의 기록을 현대 달력으로 환산하면, 이 현상이 나타난 해인 건평 2년은 BC 5년이 된다. 중국의 달력에서 2월은 3월 10일~4월 7일에 해당한다. 혜성은 빗자루 별을 의미하고 견우는 염소자리의 알파별과 베타별을 포함하는 동양의 별자리이다. 그러므로 위의 기록을 제대로 번역하면 이렇게 될 것이다. "BC 5년 3월 10일과 4월 7일 사이에 혜성 하나가 염소자리의 알파별과 베타별 근처에 나타나서 70일 이상 보였다." 흥미롭게도 기록은 이 천체가 두 달 이상 하늘에서 같은 위치에 고정되어 있었다는 것을 암시한다. 만약 혜성이었다면, 이것은 아주 특이한 종류였을 것이다.

다음으로 이 시기의 한국 기록으로서『삼국사기(三國史記, History of Three Kingdoms — the Chronicle of Silla)』를 보

---

31) 중국 전한(前漢)의 제12대 황제인 애제(哀帝)의 연호(年號)로서 BC 6~3년에 사용되었다. (역자 주)

면 이런 내용이 있다. "혁거세왕(Hyokkose Wang) 54년 2월 기유(己酉, Chi - yu)일에 하고(河鼓, Ho - ku)에 패성이 나타났다." 하고(河鼓)는 오늘날의 견우(牽牛, Altair)[32] 및 독수리자리(Aquila)의 남쪽에 있는 여러 별들을 포함하는 옛 별자리 또는 성군(星群, asterism)이다. 패성은 털이 많은 별로서, 사방으로 뻗어 나가는 빛줄기를 가진 아주 밝은 별이거나 꼬리가 없는 혜성이다. 여기서 문제점은 주어진 날짜인데, 이 해의 두 번째 달에는 기유일이 존재하지 않는다. 아마도 저자는 별이 2월 30일에 나타났다고 기록한 것으로 보인다.

이 문제를 해결할 수 있는 한 가지 방법은 '기유(己酉, Chi - yu)'가 실제로는 아주 비슷하게 생겼고, 또 자주 혼동되는 한자인 '이유(己酉, I - yu)'라고 생각하는 것이다(그림 9. 1). 만약 그렇다면 위의 기록은 실제로는 다음과 같을 것이다. "혁거세왕 54년 2월 이유일에 하고에 패성이 나타났다."

혁거세왕 54년 2월의 '이유'일은 BC 4년 3월 31일에 해당한다. 그러므로 이 글은 이렇게 해석될 것이다. "BC 4년 3월 31일에 견우성(牽牛星, Altair) 근처에 털이 많은 별 하나가 나타났다."

변광성 분야에 있어서 최근의 위대한 전문가 중 한 사람으로 러시아의 천문학자이며, 모스크바 스테른베르그 연구소 (Moscow's Sternberg Institute) 연구원인 쿠카르킨(B. V. Kukarkin)이 있다. 쿠카르킨이 이끄는 팀은 1960년대 말부터 1970년대 초까지 21,000개의 변광성 목록을 만드는 일을 끝마쳤다. 이 목록과 그에 딸린 부록은 지금까지도 이 분야에 있

---

32) 고대의 견우(牽牛)는 오늘날 염소자리의 알파별과 베타별 부근의 별자리를 가리킨다. 그런데 세월이 지나면서 오늘날에는 독수리자리의 알파별인 알테어(Altair)를 견우성(牽牛星)이라고 부르게 되었다. (역자 주)

己 酉

已 酉

그림 9.1 한자(漢字) 기유(己酉, Chi-yu)(위)와 이유(已酉, I-yu)(아래)의 서예체 글씨.

어 표준으로 여겨지고 있다. 쿠카르킨과 그의 동료들은 중국 기록에 있는 BC 5년의 별은 BC 5년 3월 24일로부터 2주 내의 기간 안에 나타났고, 최소한 76일 이상 보였다고 주장한다. 이들은 극동 아시아에서 4월에 시작하는 우기(雨期) 때문에 중국 사람들은 이 천체를 보기 어려웠을 것이고, 따라서 76일은 별을 관측할 수 있는 최단기간이었을 것이라고 주장한다. 하지만 이들은 이 현상을 연구했던 연구자들 중 독특한 주장을 내세운다. 즉, 이것은 금성을 관측한 기록이라고 생각되는 AD 1000년 이전의 네 현상 가운데 하나일 뿐이라는 것이다. 하지만 BC 5년 말에는 금성이 염소자리를 지나갔고, BC 5년 11월에는 중국 별(the Chinese star) 가까운 곳을 지나갔을 것이다. 때문에 이 결론은 틀린 것이라고 생각된다. 6개월의 차이 때문에 금성이라는 주장은 받아들여지지 않을 것이다.

이 러시아인들은 BC 4년의 천체에 관해서는 훨씬 자세한 해설을 한다. 이 천체는 2월 23일에 나타났지만, 얼마나 오래 지속되었는지 알 수 있는 단서는 보이지 않는다. 그들은 이 천체가 신성이었다고 주장한다.

본론에 좀더 가까이 가보면, 쿠카르킨과 그의 동료들은 BC 4년의 패성은 팔레스타인에서도 관측되었다고 주장한다. 하지만 그들은 이러한 관측의 근거 자료를 전혀 제시하지 않고 있고, 본문에서 자신들의 주장에 대해 아무런 설명도 하지 않고 있다. 이것은 베들레헴의 별에 관련해서 성경 외에 우리가 찾아볼 만한 글이라고 생각되며, 이 러시아인들은 BC 4년의 천체가 바로 '베들레헴의 별'이었다고 생각했던 것으로 보인다. 만약 그렇다면 그들이 더 자세한 내용을 기록하지 않은 배경은 쉽게 짐작할 수 있다. 그들의 목록은 1971년 모스크바에서 소련체제 하에서 출판되었는데, 그렇기 때문에 분명히 성경처럼 파괴적인 책을 자세히 언급하려고 하지 않았을 것이다.

1977년에 영국 학자들인 데이비드 클라크, 존 파킨슨(John Parkinson), 스티븐슨 등은 '기유'와 '이유'를 혼동해서 생긴, 날짜에 있어서의 이 재미있는 불일치 때문에 몇 가지 기묘한 일치가 생겨난다고 지적했다.

1. 일 년의 차이는 뒤로 하고 보면, 두 기록의 천체가 나타난 날짜(3월)가 같다.
2. 두 천체 모두 하늘의 같은 장소에서 나타났다. 하고 성군과 견우(牽牛, Ch'ien‐nui)는 서로 인접해 있는 별자리이며, 견우는 염소자리의 알파별과 베타별보다 겨우 몇 도(°) 정도 북북쪽에 위치하고 있다(표 9.4를 보시오).
3. 두 천체 모두 혜성 같다고 (각각 혜성, 그리고 패성) 묘사되어 있지만, 둘 중 어느 것도 혜성처럼 하늘을 움직였다는 암시는 없다.

이들은 두 기록을 설명할 수 있는 방법 역시 두 가지뿐이라고 결론짓는다.

  1. 한국의 기록에서 연도만 틀렸을 뿐이고 실제로 두 천체는 같은 기록이다. 실제로, 이 천체는 두 동양 별자리의 경계에서 나타났을 것이다. 즉 북쪽의 견우성과 남쪽의 염소자리 알파, 베타별 사이에 위치하고 있었을 것이다. 따라서 이들의 결론에 따르면, 이 별은 3등급의 별인 독수리자리 시타(θ)별 가까운 곳에 위치하고 있었을 것이다.
  2. 연이은 2년 동안 비슷한 날짜에 하늘의 비슷한 위치에, 혜성 하나와 신성 하나, 또는 두 개의 밝은 신성이 나타났다.

번역해서 우리가 보고 있는 기록들은 수백 년 후에 원본을 필사(筆寫)한 글들이라는 점을 고려하면, 두 가지 설명 중 두 번째보다는 첫번째 설명이 보다 그럴듯해 보인다. 연이은 2년 동안 똑같은 날짜에 똑같은 위치에서 두 개의 밝은 혜성 또는 신성이 나타났다는 생각은 너무 현실성이 없어 보인다. 하늘을 직접 관측하던 중국인들이 남긴 기록을 알고 있는 상황에서 중국이 아닌 한국에서 BC 4년의 천체를 기록했으리라고 보기는 어렵다. 더구나 이것이 한국의 초기 관측임을 고려해 보면 말이다.

표 9.4 중국의 성도(星圖)에서 견우와 하고 성군을 이루는 별들

성군(星群)	성군을 이루는 주요한 별들
견우	염소자리의 알파(α), 베타(β), 크시1(ξ^1), 크시2(ξ^2), 파이(π), 로(ρ), 오미크론(o) 별
하고	독수리자리의 견우(Altair), 요타(ι) 별

두 천체가 정말로 다른 천체일 수 있었을까? 만약 그렇다면 엄청난 우연이 있어야 하므로, 얼핏 봐서는 그럴 것 같지 않다. 나사의 천문학자 여맨스가 목록으로 만든, BC 수세기 동안 중국인들이 관측한 60개의 혜성 중에 단 세 개만이 중국인들과 한국인들이 동시에 관측한 혜성이었다. 게다가 중국인들은 놓치고 한국인들만 관측한 혜성은 하나도 없었다. 중국인들이 관측하지 못한 것을 한국에서 관측할 가능성이 얼마나 될까? 별로 없다. 불행히도 여맨스는 중국인들이 실제로 BC 4년의 천체를 관측했다는 주장을 함으로써 이 쉬운 결론에 작은 물결을 일으킨다. 여맨스는 호평욕(何丙郁, Ho Peng Yoke)이 편집해서 만든 극동 아시아의 관측 기록을 근거로 내세운다. 이것은 후에 스티븐슨이 강력하게 반복해서 받아들인 데이비드 클라크 및 그 동료들의 결론과 정반대다.

또 논란거리가 되고 있는 것 중의 하나는 BC 5년과 BC 4년의 '별'들의 정체이다. 여맨스는 둘 다 혜성이라고 생각하는 반면, 스티븐슨은 둘 다 하나의 밝은 신성이라고 생각한다. 1977년에 클라크, 파킨슨, 스티븐슨은 두 천체가 동일한 신성이며, 혜성이라고 하는 반대편의 주장이 적어도 BC 5년의 경우에는 맞지 않다고 주장했다. 휴즈는 BC 5년의 천체는 혜성이고 BC 4년의 천체는 신성이라는 중간적인 입장을 취한다.

동일한 내용을 보고 여러 사람들이 어떻게 그렇게 다른 결론을 내리는지를 이해하려면, 다른 현상들은 자세히 기록한 반면 어떤 현상은 왜 모호하게 쓰여졌는지를 조사해 보아야 한다. 예를 들어 특별히 완벽하게 기록된 BC 12년의 핼리 혜성 관측으로부터 어떤 결론을 이끌어 낼 수 있을 것이다. BC 12년에 나타난 핼리 혜성은 근일점을 지나가기 꼭 한 달 전인 BC 12년 9월 10일에 지구 궤도의 안쪽, 그리고 위쪽을 지나가면서 지구로부터 2천만 km밖에 안 떨어진 거리를 지났으면서도 별로 인상적이지 않았다. 혜성은 지구 궤도 바로 바깥을 지날 때인 8월 26일에 처음 보였는데, 이때의 밝기는 약 4.5등급이었다. 중국의 기록에서는 이때 패성이라고 기록한다. 근일점을 통과하고 나서 9일 뒤까지, 핼리 혜성이 보였던 56일 동안 혜성은 하늘을 가로질렀고, 중국사람들은 하늘에서 이 혜성의 움직임을 세세히 기록으로 남겼다. 처음에는 작은 개자리에 있다가 새벽 여명 속에서 사라질 때에는 전갈자리의 밝은 별 안타레스(Antares) 근처에 놓여 있었다. 혜성이 지구에 가까이 접근했었음에도 불구하고 별로 밝지 않았는데, 겨우 +1등급 정도였다. 여러 가지 면에서 핼리 혜성의 주변 환경과 모양은 1996년 3월과 4월에 나타났던 햐쿠타케 혜성과 비슷했다. 하지만 핼리 혜성이 햐쿠타케보다 좀 덜 밝았고, 꼬리도 좀 덜 발달했다.

혜성과 밝은 별을 혼동해서 기록하는 일은 중국뿐만 아니라 여러 곳에서 발견된다. 수학자이며 동시에 스페인 발렌시아 대학교의 히브리어과 교수인 헤로메 무뇨즈(Jerome Muñoz)는 1572년 티코의 초신성을 이야기하면서 다음과 같이 썼다. "나는 1572년 11월 2일 하늘에 이 혜성이 나타나지 않았다고 확신한다."

그 자신 혜성이라고 불러놓고도 나중에 무뇨즈는 이 천체를 별이라고 이야기한다. 중국의 기록에서도 티코의 별을 이야기하면서 이런 혼동이 보인다. 『명사록(明史錄, Ming-shih-lu)』에는 1572년 천체에 관해 다음과 같은 기록이 있다. "마치 등불만큼 컸고 직선 불빛이 모든 방향으로 뻗어 나왔다." 이 글에서는 이 천체를 패성 또는 '빛줄기가 나오는 별

(rayed star)'이라고 기록했는데, 『명사고(明史考, Ming-shih -kao)』에는 혜성, 즉 일반적인 혜성을 의미하는 말로 묘사했다. 물론 이 경우에는 분명 혜성이 아니었는데도 말이다. 다시 말하면 분명히 밝은 별인 경우에도 중국인들의 기록에는 혜성이라고 기록되어 있을 가능성이 얼마든지 있다는 것이다.

클라크와 스티븐슨은 중국인들이 기록한 위에 언급한 모든 천체들, 즉 신성 또는 초신성일 가능성이 있는 천체들을 모두 자세히 조사했다. 그들은 혜성, 신성, 초신성 사이에 객관적인 기준을 사용해서 가장 신뢰할 만한 분류를 하기 위해 노력했는데, 그 결과 자신들의 목록에 있는 75개 천체 모두에 신뢰도를 부여했다. 75개 천체 모두에 1에서 5까지의 등급을 매겼는데, 천체가 1등급이면 오랜 동안 지속되는 별 같은 천체이며, 신성 또는 초신성일 확률이 높은 천체를 의미했다.

이들의 목록에서는 단 두 개의 천체만이 혜성이었고, 다섯 개가 패성이었다. 두 개의 혜성 중 하나가 BC 5년의 천체였는데, 클라크와 스티븐슨은 이 천체를 특별히 주목했다. 이 천체는 오랜 동안 지속되었고, 움직였다는 말이 없기 때문에 2등급으로 분류되었다. 다시 말하면 두 사람은 이 천체가 신성 또는 초신성일 가능성이 높다고 받아들였다. 50일 이상 보였던 천체 20개 중에 7개가 초신성일 확률이 아주 높으며 1개는 가능성이 조금 높다. 다른 2개는 신성일 확률이 아주 높으며, BC 5년의 천체를 포함한 5개는 신성과 혜성일 가능성이 반반(半半) 정도이다. BC 5년의 천체가 혜성일 가능성이 있는 것으로 분류된 이유는 조금이라도 움직였다는 언급이 있어서 라기보다는 (이것이 혜성으로 분류하는 일반적인 기준이다) 꼬리에 대한 묘사(혜성)가 있기 때문이다.

BC 5년의 혜성을 혜성으로 해석하게 되면 몇 가지 흥미로운 문제가 생겨난다. 혜성은 '70일 이상' 지속적으로 보였다고 기록되어 있다. 이것은 BC 12년의 핼리 혜성 때보다도 긴 것으로서, 맨눈으로 관측한 중에는 상당히 긴 기간이었다. 이것은 만약 혜성이 하나였다면, 상당히 밝았었으리라는 것을 이야기해 준다. 하늘에서의 위치가 독수리자리 - 염소자리의 경계에 있었다는 이 혜성이 태양에, 따라서 자연히 지구에 가까운 위치에서부터 근일점을 향해 접근하고 있었음을 (또는 멀어지고 있었을 수도 있다) 의미한다. 관측자들은 거의 지구를 향해 오고 있는 혜성을 보았을 것이고, 따라서 혜성의 꼬리는 대부분 뒤에 가려져 있었을 것이다. 이것은 혜성을 패성, 즉 털이 많은 별(bushy stars)로 묘사한 기록과 일치하는 내용이지만, 멋있는 꼬리를 가졌음을 의미하는 혜성이라는 기록과는 맞지 않는 내용이다.

혜성이 이렇게 태양에 가까운 쪽에서 접근해 왔다면 지구를 향해 거의 직선으로 왔을 것이므로, 혜성이 하늘에서 거의 움직이지 않았다는 기록을 잘 설명해 준다. 이 방향은 또한 다른 중요한 의미를 내포한다. 첫째로, 혜성은 지구로부터 멀리 떨어져 있었을 것이므로 밝게 보이려면 예외적으로 크기가 컸을 것이다. 둘째로, 햐쿠타케 혜성처럼, 지구로 접근할 때는 하늘에서 거의 움직이지 않았을지라도 지구를 지나갈 때는 하늘을 빠르게 지나갔을 것이므로, 처음에는 아침 하늘에서 보이다가 나중에는 저녁 하늘에서 보였을 것이다. 이것은 바로 혜성이 가장 밝고 가장 잘 보이는 순간이다. 만약 이런 식으로 지구 가까이를 지나가지 않았다면, 이렇게 커다란 혜성이 근일점을 지나기 전과 후 모두 관측되지 않았다는 것은 있을 법하지 않다. 게다가 아침 하늘에 보이다가 저녁 '별'로 보이는 갑작스런 변화가 있었다면 중국의 기록에 거의 틀림없이 남아 있었을 것이다.

혜성 궤도의 절반 동안 혜성이 태양 뒤에 숨어 있었다고 하더라도 (즉 "혜성은 근일점을 지나기 전 또는 지난 후에만 보였다") 별다른 차이는 없다. 혜성을 관측했던 70일 이상의 기간 동안 지구가 움직이기 때문에 하늘에서 혜성의 겉보기 위치가 상당히 변했을 것이고, 한 지점에 머물러 있지는 않았을 것이다. 태양에서 멀리 떨어져 있거나 또는 거의 직선으로 지구를 향해 오는 혜성만이 일정 기간 위치가 고정되어 보일 것이다. 만약 한국과 중국의 기록이 동일한 천체를 가리킨다면 다음과 같은 사실을 주장할 수 있다. 두 나라의 기록에 나타난 위치가 거의 동일하므로, 이 천체는 틀림없이 거의 움직이지 않았을 것이다. 실제로 이 천체의 위치는 지름 5°의 원 안에 들어오는데, 이것은 보름달 지름의 겨우 열 배 크기이다.[2]

상식적으로 가장 간단하면서도 좋은 설명은 한국의 패성과 중국의 혜성 모두 BC 5년 3월 중순에 관측된 같은 천체를 의미하는 것이며, 아마 이 천체는 혜성이라기보다는 밝은 신성일 가능성이 높지만 혜성일 가능성도 완전히 배제할 수는 없다는 것이다. 혜성을 신성으로 해석하는 것은 이 천체가 마이너스 등급이거나 또는 0등급 정도로 엄청나게 밝았다는 것을 의미하는 것이다.

신성 이론에 반대되는 중요한 주장이 하나 있다. 신성들은 거의 전적으로 우리 은하의 은하 평면 가까운 곳에서 발생한다. 따라서 이 주장은 만약 어떤 천체가 은하 평면보다 상당히 위나 아래에서 생겨났다면 신성이기 어렵다는 것이다. 이 주장은 계속해서 염소자리는 좀 높은 은하위도(Galactic latitude)에 놓여 있으므로 신성이 발생하기에는 좀 어려운 위치라고 주장한다. 이 주장에는 무게가 있다. 만약 사실이라면, BC 5년의 천체가 혜성이라는 주장에 무게가 더욱 실리게 될 것이다.

염소자리의 알파별과 베타별이 은하 평면으로부터 좀 떨어져 있다는 것은(이들은 남쪽으로 25°정도 떨어져 있다) 사실이다. 하지만 견우성은 은하 평면에 아주 가까워서 은하의 적도에서 단 9° 남쪽에 있고[33] 눈으로 볼 수 있는 우리은하의 두께(band) 안에 포함되어 있다. 그러므로 만약 BC 5년의 천체가 중국인들과 한국인들의 두 기록의 중간쯤에 있었다고 가정한다면, 이 가설의 신성은 은위가 −18°정도였을 것이다. 이 천체가 만약 밝은 신성이었다면 우리은하에서 태양에 꽤나 가까이 있었을 것이고, 그렇다면 실제로는 은하 평면에 가까이 있었더라도 우리에게 보이기에는 은하 평면에서 한참

표 9.5 1986년까지 맨눈으로 관측된 신성과 초신성 60개의 은위 분포.

은위 범위	관측된 수	%
≤ 5°	28	47
6~15°	24	40
16~25°	3	5
26~35°	3	5
36~45°	0	0
46~55°	2	3
≥56°	0	0

주 : 여덟 개 중 하나의 신성이 은하 적도(은위가 0°인 곳)로부터의 거리가 15°보다 먼 곳에서 나타난다. 다시 말하면 우리은하의 은하 평면 가까이 나타나는 밝은 천체는 거의 신성이고, 상당수는 은하 평면에서 떨어진 곳에서도 나타난다.

---

[33] 은위(銀緯, Galactic latitude)가 −9°라고 부른다. (역자 주)

떨어져서 나타날 것이다. 지난 이천 년 동안 육안으로 관측된 신성과 초신성들의 관측된 위치를 보면 이 이론을 뒷받침할 수 있다. 표 9.5에 보인 것처럼 총 60개의 신성이 관측되었다.

은위가 15°보다 큰 위치에서 나타난 신성들 중 두 개는 1등급이었고, 또 다른 두 개는 2등급이었다. 이러한 신성으로 1934년의 헤라클레스자리 신성(Nova Herculis)과 1926년의 고물자리 신성(Nova Puppis)이 있다.[3] 그러므로 앞의 천체가 두 나라의 기록에 나타난 대로 두 별자리 사이에서 나타났다면 밝은 신성일 가능성도 얼마든지 있는 것이다. 사실 중국에서 기록한 60개의 밝은 신성 및 초신성 중에 독수리자리에서 나타난 것은 6개(10%)나 된다. 하지만 염소자리에서는 하나도 없었다.

BC 5년의 천체가 '빠른 신성(fast nova)'이었을 수도 있다. 이 이름은 밝기가 급격히 감소하는 종류의 신성을 의미한다. 극단적인 경우에는 밝은 신성이 맨눈에 보일 정도로 밝았다가 일 주일 정도 지난 후에 맨눈에 보이지 않을 정도로 어두워지기도 한다. 보통의 느린 신성(slow nova)은 여러 번 갑자기 밝아지는 변덕스러운 광도 곡선(light curve)을 보이므로, 중국인들이 관측한 별은 빠른 신성이었을 가능성이 높다. 느린 신성은 신성이 되어 밝아진 후 1년 동안 어느 정도의 밝기를 유지하다가 처음의 밝기로 되돌아가는 반면, 빠른 신성은 70일 만에 5~6등급 정도 어두워진다. 실제로 느린 신성은 70일 동안 거의 어두워지지 않으며, 극단적인 경우에는 이 기간에도 여전히 밝아지는 단계에 있는데, 미처 최대 밝기에 이르지 못하는 수도 있다.

이제 우리는 BC 5년 3월 중순에 아마도 독수리자리 시타별 근처에서 신성으로 보이는 별 하나가 나타났다고 결론 내릴 수 있다. 이 신성의 좌표는 적경(赤經, right ascension)이 20시 00분, 적위(赤緯, declination)가 $-3°$ 정도였을 것이다. 대략 두 달 반 동안 보였으며, 정확한 밝기는 알기 어렵지만 최소한 0등급 정도, 또는 그보다 밝았으리라고 짐작할 수 있다. 이 신성은 새벽에 동쪽 하늘 낮은 곳에서 빛났었을 것이다.

BC 5년 3월이라는 날짜와 새벽 동쪽 하늘 낮은 곳에 있었다고 하는 위치는 아주 중요하며, 베들레헴 별의 모양이나 하늘에서의 위치와 딱 일치한다. 어찌 보면 모양이나 형태 등으로 보아, 이 천체가 바로 베들레헴의 별이라고 주장할 수 있을 정도이다. 베들레헴 별의 수수께끼에 대한 답은 1971년에 소련 과학자들이 암시했던 것처럼 실제로 한자(漢字)로 쓰여 있는지도 모른다.

베들레헴의 별은 무엇이었나?

    사람들이 베들레헴 별의 정체에 관해 논의를 계속해 왔던 거의 이천 년 동안 수십 가지의 이론과 설명이 등장했다. 전문가들 중 어떤 이들은 별이 존재했었다는 명확한 증거를 제시하지 못한다는 사실 때문에 실제로는 별이 존재하지 않았다고 믿는다. 상황이 공룡 멸종의 경우만큼 나쁘지는 않지만 (공룡의 멸종을 설명하는 이론은 백여 개 정도 출판되었다) 그래도 고려해야 할 이론들이 여전히 수 없이 남아 있다. 사람들은 공룡의 경우처럼, 이 경우에도 많은 논쟁들이 확실한 (결정적이지는 않더라도) 물리적 증거에 기초하고 있다고 생각할 것이다. 하지만 실제로는 그렇지 않다. 우리가 이제까지 보아온 것처럼 물리적인 증거는 아주 적거나 또는 없다. 반면에 공룡의 죽음을 연구하는 이들은 다른 증거는 없을지 몰라도 조사해 볼 화석은 충분히 있다. 베들레헴의 별을 연구하는 이들은 '화석'은 거의 없지만, 대신 기략이 풍부하고 아주 작은 증거 한 조각만 있어도 많은 추론을 해낼 수 있다.

    이것이 베들레헴의 별 수수께끼가 아직도 풀리지 않은

이유이다. 우리가 '풀린다'는 단어의 의미를, 논리적인 의문이 전혀 없는 상태까지 증명해 낸다는 것으로 생각한다면, 이 수수께끼는 아마도 영원히 풀리지 않을 것이다. 하지만 우리는 많은 근거 있는 추리를 할 수 있고, 또 몇 년 전까지도 몰랐었던 많은 내용들을 이제는 많이 알게 되었다.

현대 과학은 백 년 전에는 생각도 못한 많은 것들을 소유하고 있다. 새로운 이론들이 제시되었고, 옛것들은 개선되었다. 증거들은 전혀 예상치 못한 곳에서 튀어나왔다. 우리가 본 것처럼, 베들레헴 별의 정체를 알려 주는 단서는 이탈리아의 예배당이나 사막의 모래, 동물의 뼈나 비단 위에 쓰여진 한자(漢字), 그리고 미국 사우스 다코다 주의 금광에서도 나올 수 있다. 글 쓰는 이가 남긴 철자의 실수 하나와 사도(使徒)의 실수 하나, 이런 것들이 모두 합쳐져서 진실을 가린다. 이곳저곳에 틀린 결론으로 인도하는 잘못된 흔적들이 존재한다.

베들레헴의 별이 정말로 존재했다면, 이것을 설명하기 위해서는 아래의 몇 가지 조건들을 만족시켜야만 한다.

1. 대략적으로 추정되는 예수님의 탄생 시기와 일치해야 한다.
2. 유일하고 특별하며 인상적인 현상이어야 한다.
3. 드문 현상이어야 한다.
4. 동방박사들에게 특별한 의미를 줄 수 있어야 한다.
5. 동쪽에서 나타나야 한다.
6. 어느 정도의 시간 동안 지속되어야 한다.

과거에 제시되었던 많은 주장들은 이 조건들 중 하나 또는 여러 개를 만족시키지 못하기 때문에 별로 설득력이 없다. 일반적이거나 또는 아주 규칙적으로 반복되는 현상으로 베들레헴의 별을 설명하려고 하는 것 역시 만족스럽지 못하다. 백년에 하나 정도 발생하는 현상은 아주 드물게 일어나는 것처럼 들릴지 모르지만, 예수의 탄생을 기다려 온 천 년 단위의 시간으로 이야기한다면 이것은 자주 있는 현상인 셈이다. 백년에 한 번 일어나는 것이 좁은 관점에서는 특별한 현상으로 보이지만, 동방박사들과 그들의 조상들이 적어도 수백 년간, 그리고 어쩌면 천 년 정도의 기간 동안 하늘을 관측했었다는 점을 생각한다면, 이것은 그리 특별한 것이 되지 못한다. 이런 현상을 보고 동방박사들은 (또는 이들의 할아버지의 할아버지의 할아버지나 아니면 손자의 손자의 손자들이) 백 년쯤 너무 일찍 또는 백 년쯤 너무 늦게 베들레헴에 왔을 수도 있다. 그러므로 우리는 아주 명료한 어떤 것, 그리고 상당한 시간이 흐른 뒤에도 다시 반복될 가능성이 작은 현상을 찾아야 한다. 그렇지 않았다면 동방박사들은 여행을 시작하지 않았을 것이다.

우리는 베들레헴의 별을 설명하기 위해 제시된 현상들의 희귀성과 특별성을 결합시켜야 한다. 그렇다고 해서 '일반적인' 천체가 베들레헴의 별일 수 없다는 것을 암시하는 것은 아니다. 엄폐나 혜성 같은 일반적인 현상들도 특별하게 일어나기만 했다면 동방박사들에 의해 징조로 여겨졌을 수 있다. 먼저 동방박사들이 점성술사였다는 점을 생각해 보면, 그들은 어떤 종류이건 징조일 것 같은 현상은 모두 특별하게 생각했을 것이다. 우리 눈에는 사소하게 보이는 것들도 그 당시에는, 지금은 우리가 상상할 수 없는 이유 때문에 엄청나게 중요했을 수 있으므로, 동방박사들이 어떤 생각을 했었는지를 헤아리는 것은 영원히 불가능할 것이다.

여러 가지 측면에서 다음과 같은 주장들이 제기되었다.

사자자리는 왕과 관련된 별자리이므로 사자자리에서의 합은 왕과 관련한 일이며, 따라서 아주 중요하다. 물고기자리는 유대인과 관련된 별자리이므로, 물고기자리에서의 합은 유대지방에서 어떤 일이 일어났음을 암시한다. 새로 나타난 별은 탄생을 의미하고 밝은 별이 새로 나타났다는 것은 왕의 탄생을 의미하므로 신성이나 초신성은 아주 중요하다. 혜성 역시 신성과 비슷한 이유로 중요하긴 하지만, 일부에서 주장하는 것처럼 혜성은 탄생보다는 죽음과 관련되기 때문에 (지금도 일부 지방에서는 여전히 그렇다) 베들레헴의 별이기는 좀 어렵다. 달이 밝은 행성을 가리는 엄폐 현상 역시, 행성이 사라졌다가 (죽었다가) 잠시 뒤에 다시 부활하는 것이므로 중요한 징조가 된다.

　이러한 모든 천체현상들은 예수님이 탄생한 즈음의 수년 사이에 나타났었다. 이 이론들은 모두 각각을 지지하는 지지자들을 가지고 있다. 만약 이 모두가 충분히 베들레헴의 별일 수 있는 중요한 현상들이라고 한다면, 우리가 내릴 수 있는 결론은 다음의 두 가지 중 하나뿐일 것이다. 동방박사들은 제대로 된 징조를 볼 때까지 매년 적어도 한 번은 사막을 건너갔다가 되돌아왔거나, 또는 어느 한 가지 사건을 정말로 특별하게 만드는 부차적인 어떤 상황이 있었을 것이다. 하늘에 이렇게 가지가지의 징조들이 널려 있는 가운데, 단 하나를 선택하는 것은 정말로 쉽지 않은 일이었을 것이다.

　하지만 우리는 예수님이 아마도 BC 5년 3월~4월쯤에 태어나셨을 것이라는 정답을 알고 있으므로 동방박사들보다는 유리하다. 그러므로 우리는 이 시기 부근의 짧은 얼마 동안 보이지 않았을 모든 현상들을 제거시킬 수 있지만, 동방박사들은 이런 일을 할 수 없었다. 이것은 아주 중요한 점인데도,

베들레헴의 별에 관한 대부분의 이론들은 이 점을 거의 언급하지 않는다. 이것은 단지 언급만 할 항목이 아니라, 분명히 짚고 넘어가야 하는 점이다.

동방박사들과 그들의 선조는 수백 년 동안 세심하게 하늘을 관측해 왔고 수천 개의 합을 보아 왔으며, 수십 개의 혜성과 밝은 신성을 목격했으며, 어쩌면 밝은 초신성도 몇 개 봤을지 모른다. 동방박사들이 아주 최근에야 하늘을 보기 시작했고, 그래서 그들이 본 첫번째 커다란 징조가 바로 베들레헴의 별이었다고 가정하지 않는다면, 위의 후보들 중 그 어느 것도 이들이 찾는 징조가 될 수 있을 만큼 충분하지는 않다. 하지만 아무리 우리가 동방박사들에 대해 잘 모른다고 해도 동방박사들이 이랬으리라는 것은 별로 사실일 것 같지 않다. 그렇다면 저 수많은 세월을 다 보내고 나서 왜 하필이면 이때 동방박사들은 흥분하게 된 것일까? 수많은 학자들이 제시한 여러 이론들 중 그 어느 것도, 고대 기록에 등장하는 천체 현상 중 아주 특별하고 인상적인 단일한 현상으로서 분명히 베들레헴의 별일 수 있는 그런 것을 제시하지 못했다.

그런 대표적인 예가 바로 핼리 혜성이다. 핼리 혜성은 특별히 밝지도 않고 희귀한 현상도 아니다. 핼리 혜성은 예수님이 탄생하기 얼마 전에 출현했었기 때문에 베들레헴의 별일 수 있는 천체이다. 아주 밝은 혜성은 백 년에 네 개 정도가 나오므로, 만약 베들레헴의 별이 혜성이었다면 왜 동방박사들이 밝은 혜성을 볼 때마다 거의 매 25년마다 예루살렘을 방문하지 않았는지를 질문해야 할 것이다. 합 역시 이 기준을 만족시키지 못한다. 이천 년이 지난 지금조차도 우리는 예수님의 탄생 전후 수년 동안 일어났던 합들 중 어느 것이 가장 그럴듯한 베들레헴의 별 후보인지 판단하기 어렵다. 게다가 우리는 예수님이 언제 태어나셨는지를 알고 있으므로 별이 언제쯤 나타났을지 대강은 짐작할 수 있지만, 동방박사들은 어떻게 진짜 신호를 구별해 낼 수 있었을까? 인상적인 합들이 꽤 많았으므로 동방박사들은 탄생 추정지까지 이동하기 위해 낙타보다는 비행기가 필요했을 것이고, 항공사 마일리지는 아마도 경이적인 속도로 증가했을 것이다. 동방박사들이 하늘을 관측해 온 수백 년 동안 그들은 여러 개의 밝은 초신성과 신성 역시 보았을 것이다. 만약 베들레헴의 별이 신성이었다면 어떻게 동방박사들은 그 중 하나에 특별히 주목하게 되었을까? 만약 유성이 답이 되려면 단 몇 주 간격으로 꼭 나타나야 할 시간에 맞추어서 아주 밝거나 특별한 유성 두 개가 연이어 출현해야 하기 때문에 쉽지 않다. 점성술적으로 특별히 중요한 현상을 찾는다 하더라도, 수백 년 동안에는 결국 반복될 것이므로 유일하기란 쉽지 않다.

만약 베들레헴의 별이 '일반적인' 천체현상이었다면, 그것은 단일한 현상이든 또는 여러 현상의 조합(combination)이든 아주 희귀하고 특별해서, 적어도 동방박사들에게는 각별한 현상임이 분명하게 드러나야 한다. 우리가 이 책에서 본 것처럼 단일한 현상 중에는 두드러지는 것이 없다. 가능한 후보가 아주 많다는 사실로부터 우리는 거의 확실하게, 아무 것도 혼자서는 제대로 된 후보가 될 수 없다는 것을 짐작할 수 있다. 따라서 단일한 현상 하나가 일어났었다는 주장은 이제 제외시킬 수 있다. 만약 '별'이 실제로 존재했었다는 주장을 받아들인다면, 수수께끼를 풀 수 있는 유일한 길은 여러 현상들의 조합뿐이다. 다른 모든 사람들에게까지는 아닐지라도 동방박사들에게만은 아주 중요했을 일련의 현상으로는 어떤 것들이 있을까?

이 질문에 대답하기 위해 BC 7년에서 BC 4년 사이에 일어난, 결코 특이하지 않은 세 개의 흥미로운 천체현상들을 자세히 살펴보자.

1. BC 7년 5월과 12월 사이에 물고기자리에서 일어난 목성과 토성의 삼중합
2. BC 6년 초에 물고기자리에서 일어난 화성, 목성, 토성의 결집
3. BC 5년 그리고/또는 BC 4년 봄에 독수리자리/염소자리에서 나타나 중국인들과 한국인들에게 관측된 천체 또는 천체들 (아마도 같은 하나일 것으로 추정되는).

여기에 더하여 최근에 발견된, BC 6년에 달이 목성을 가린 엄폐 역시 아주 중요한 점성술적인 현상이므로 추가해야 할 것이다.

BC 5년의 현상은 아주 흥미롭다. 만약 예수님이 BC 5년 3월 말이나 4월 초에 태어나셨다고 한다면, 중국의 혜성 및 한국의 패성이 나타난 때와 예수님의 탄생일은 완벽하게 일치한다. 예수님의 생일이 정말로 BC 5년 3월이라면, 이 날짜는 중국의 별이 출현한 날짜와 딱 일치한다. 이 경우에는 베들레헴의 별을 더 이상 자세히 찾아 나설 필요가 없을 것 같다. 단순하게 날짜가 일치한다는 사실로 보면, BC 5년의 천체는 바로 베들레헴의 별이었다.

하지만 이것이 이야기의 끝이라고 하기에는 좀 곤란하다. 이 이론 역시 다른 이론들처럼 중요한 문제를 내포하고 있다. 왜 동방박사들은 수많은 세월 동안 그들이 보아왔던 신성들과는 달리 이 신성을 특별히 중요한 것으로 여겼을까? 유일

한 답은 이들이 이미 예수님이 언제 태어나실 것인지를 알고 있었기 때문에 적당한 때에 행동을 시작할 수 있었다는 것이다.

몇 가지 연이은 현상들이 동방박사들을 흥분과 기대 속으로 몰아넣었다. 그들은 무엇인가가 진행 중이라는 것을 알았지만 최종적이고 결정적인 징조를 기다리고 있었다. 여러 해 동안 수차례 반복해서 동방박사들이 하늘에서 어떤 신호를 보았고, 그래서 그들은 '거룩한 땅'에서 무슨 일이 일어날 것이라고 믿게 되었을 것이다. 하지만 시간은 자꾸 지나고 최종적인 조짐이 나타나지 않으면서 그들은 실망을 안게 되었다. 하지만 기다림 가운데 보낸 여러 해가 지나고 (또는 여러 세대가 지나고) 마침내 이번에는 완벽한 조합으로 여러 현상들이 일어났고, 그들은 기다리던 모든 것을 보게 되었다. 동방박사들은 이번에는 이것이 바로 자신들이 기다리던 것임을 알았다. 동방박사들이 본 것은 네 번의 아주 밀접하게 연결된 현상들로서, 그 각각만으로도 그들에게는 아주 중요한 것들이었다.

첫번째 신호: 물고기자리에서의 삼중합

BC 7년에 목성과 토성의 삼중합이 관측되었다. 목성과 토성이 가장 가까워졌을 때의 거리가 거의 1°였으므로 특별히 대단한 합은 아니었다. 하지만 합이 워낙 특별하게 일어났기 때문에 중요한 합이라고 할 수 있다. 5월 초에 두 행성이 하늘에서 서로 가까워지기 시작했다. 5월 29일에 물고기자리에서 두 행성은 1°보다 조금 작은 거리에서 남쪽과 북쪽에 위치

한 채 서로를 스쳐 지나갔다. 동방박사들은 이와 비슷한 현상
들을 과거에 수 없이 보아 온 터라 크게 흥분하지는 않았지
만, 물고기자리가 유대인들과 관련된 별자리라는 사실을 알고
있었으므로 약간의 관심을 가지고 이 현상이 어떻게 변해 가
는가를 계속 주목했을 것이다. 왕의 행성인 목성이 관련되었
다는 사실이 특별히 주목을 끌게 했을 수 있기는 하지만, 목
성이 관여되어 일어나는 둘 또는 여러 행성의 합이 아주 많
다는 사실을 생각하면 가능성이 그리 크지는 않다. 늦봄이 지
나고 초여름이 되는 동안 목성과 토성이 하늘에서 멀어져 가
는 것을 볼 수 있었을 것이고, 다른 특별한 일 ─ 그들이 기
다리던 징조 ─ 이 일어나지 않자 약간은 실망했을 것이다.
하지만 곧 뭔가가 일어난다(그림 10. 1을 보시오).

이제까지 멀어지던 두 행성이 8월 초에 다시 서로를 향
해 천천히, 아주 천천히 접근하기 시작하자 동방박사들은 흥

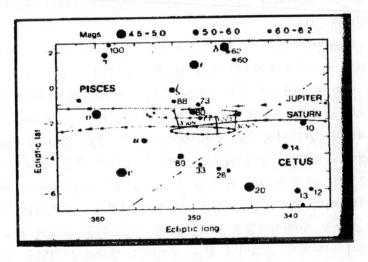

그림 **10.1** 삼중합. (무어, 『현재의 천문학(*Astronomy Now*)』지에서)

분하기 시작했다. 9월 초에는 의심할 바 없이 두 행성이 빠른 속도로 서로를 향해 접근하고 있었고, 새로운 합이 곧 일어날 것이 분명했다. 9월 29일, 두 행성이 하나는 남쪽에, 하나는 북쪽에 위치한 채 반대 방향으로 또 다시 서로를 스쳐 지나 갔다. 이번에는 둘 사이의 거리는 다소 멀었지만, 또 다시 합은 '물고기자리'에서 일어났다. 10월이 되면서 동방박사들은 두 행성이 멀어지는 것을 계속해서 관측했는데, 또 다시 무슨 일이 일어날지를 궁금해 하면서 주의 깊게 하늘을 보았을 것이다. 이번에는 그리 오래 기다릴 필요가 없었다. 꼭 한 달이 지나자, 멀어지던 두 행성들 사이의 거리가 두 번째로 멈추었다. 동방박사들은 더욱 흥분한 채, 두 행성이 세 번째 서로를 향해 접근하는 것을 목격했다. 11월에 목성과 토성은 서로를 향해 더욱 더 가까워졌는데, 그래도 여전히 남북으로 늘어선 둘 사이는 1°보다 조금 큰 거리였다. 마침내 12월 4일에 세 번째 합이 일어났다. 그리고 두 행성은 천천히 그러나 꾸준히 멀어져 갔다.

동방박사들은 이 일에 관해 깊이 숙고했을 것이다. 유대인의 별자리에서 6개월 동안 세 번이나 왕의 행성과 토성이 만났다가 멀어지곤 했다. 이것은 틀림없이 유대에서 뭔가 중요한 일이 일어날 것임을 의미하는 것이었다. 왕의 행성이 관여되어 있다는 사실로 보아 왕과 관련된 무슨 일이 일어날 것이 분명했다. 왕이 태어날 것인가? 누군가 죽을 것이라는 뜻일까? 이제 노인이 되어 삶에 연연해 하고 있는 헤롯 왕에 관한 어떤 징조일까? 토성은 사악함의 상징으로 여겨지는 행성이므로, 동방박사들은 더욱 더 저 혐오스러운 유대의 꼭두각시 지도자와 관련되어 있을 것이라고 생각하게 되었을 것이다. 오랜 동안 동방박사들은 여러 가지 가능성에 대해 깊이 생각했을 것이지만, 과거에 수차례 실망했던 일을 기억하며 또 다른 현상이 일어나는지를 기다렸을 것이다.

두 번째 신호: 물고기자리에서 일어난 행성들의 결집

또 다시 동방박사들은 오래 기다릴 필요가 없었다. 저녁 하늘에서 목성과 토성의 고도는 점점 낮아지면서 지평선 쪽으로 내려갔다. 이에 따라 하루하루가 지날수록 밝은 석양빛에 가려 잘 보이지 않게 되었고, 대신 다른 현상이 일어나고 있었다. 몇 달 전까지만 해도 아주 멀리 있던 화성이 물고기자리에 들어오기 시작한 것이다.

BC 6년 2월에 목성, 토성, 화성의 세 행성이 8°의 거리 이내로 모여들었다. 행성들의 결집이라고 부르는 이 현상 역시 물고기자리에서 일어났다. 비록 아주 특별한 현상은 아니었지만, 점성술적인 중요성은 아주 컸고, 그 영향은 어마어마했다.

세 번째 신호: 물고기자리에서 일어난 두 번의 두 천체 결집

하지만 보다 흥미롭고 눈을 끌 만한 무언가가 막 일어나려고 하고 있었다. BC 6년 2월 20일 저녁에 음력 날짜로 2일 정도 된 초승달이 하늘에서 목성의 아주 가까이를 막 지나갔다. 동방박사들은 화성과 토성이 결집해 있는 위치보다 약간 동쪽의 위치에서 목성과 달이 결집해 있는 인상적인 모습을 보았을 것이다. 동방박사들은 특별히 이런 조합에 관심을 가졌을 것이다. 이제 동방박사들은 유대인과 관련지어 생각하는 별자리인 물고기자리에서 짧은 간격으로 연달아 일어난 세 가지의 현상을 목격한 것이다. 동방박사들은 유대에서 무슨 일인가가 일어난다는 사실을 알게 된 것이다.

한번 생각해 보자. 위의 현상들에 대한 한 가지 가능한 해석은 이런 것이다. 목성은 왕의 행성이며 동시에 자비로운 행성인 반면, 토성은 사악함을 상징하는 행성이고, 화성은 전쟁을 상징하는 행성이다. 동방박사들은 목성과 토성의 만남을 위대한 지도자(오랜 동안 기다려 온 메시야)가 태어나서 사악한 지도자(로마 황제)를 물리치는 것으로 해석했을 것이다. 이 위대한 지도자가 칼로 그의 나라를 해방시킬 것(화성의 붉은 색이 상징하는 대로)이라고 생각했을 것이다. 이 해석은 동방박사들이 발람의 예언으로부터 기대했던 것과 일치했을 것이다:

　나는 한 모습을 본다. 그러나 당장 나타날 모습은 아니다. 나는 그 모습을 환히 본다. 그러나 가까이에 있는 모습은 아니다. 한 별이 야곱에게서 나올 것이다. 한 홀이 이스라엘에서 일어설 것이다. 그가 모압의 이마를 칠 것이다. 셋 자손의 영토를 칠 것이다. (표준새번역)

동방박사들은 이런 일이 언제 일어날 것인지를, '별'이 말해 주기를 인내하면서 희망을 간직한 채 기다려 왔을 것이다. 별들이, 이 경우엔 행성의 모습으로 나타난 별들이, 동방박사들에게 메시지를 전해 주었다. "유대 쪽을 바라보라. 그리고 다른 신호를 기다려라." 길고 긴 세월 동안 하늘을 바라보며 기다려 왔던 동방박사들은 이제 자신들의 질문에 대한 대답을 찾기 위해 조금 더 기다려야 했다.

행성들의 결집이 일어난 뒤 얼마 지나지 않아서 달이 목성을 가리는 엄폐가 두 번 일어났다. 혹 동방박사들이 이 현상들을 관측하지는 않았다 할지라도 최소한 알고는 있었을 것이다. 바빌로니아 명판들에는 이 엄폐에 관한 기록이 전혀 보이지 않지만, 남아 있는 명판이 전부는 아닐 것이다. 현존하는 바빌로니아의 천체 관측 기록은 부분적이라는 사실이 잘 알려져 있고, 우리는 이 책의 앞부분에서 남아 있는 명판들이 아주 중요한 기록들이 아니라는 사실을 살펴보았다. 바빌로니아인들이나 페르시아인들이 행성들의 운동을 어느 정도 예견했었는지에 대해서는 잘 모른다. 그들이 어느 정도 예견 능력을 갖추고 있었다면, 동방박사들 역시 곧 엄폐가 일어날 것이라는 사실을 쉽게 계산할 수 있었을 것이다. 점성술적인 면에서 보면, 이 엄폐들은 유대에서 일어나려고 하는 일들의 내용에 대한 가장 강력한 단서를 제공해 준다. 엄폐는 유대에서 한 왕이 태어날 것임을 분명하게 알려 주었고, 유대인의 경전과 예언에 관해 동방박사들이 알고 있는 지식으로 '그 왕'이 태어날 것을 강하게 느꼈을 것이다.

이제 동방박사들이 필요로 하는 것은 엄폐가 아닌, 쉽게 볼 수 있으면서도 별들 사이에 명백하게 쓰여져 있는 신호였다. 거의 1년 동안 동방박사들은 인내심을 가지고 기다리면서, 다시 한 번 실망할지도 모를 마음의 준비를 하고 있었다. 하지만 이번에는 별들이 그들의 기도에 응답해 주었다. 마침내 네 번째이자 마지막으로, 약속된 메시야가 정말로 곧 오실 것임을 알려 주는 결정적인 신호가 나타났다.

마지막 신호: 신성

행성들의 결집이 일어난 뒤 1년쯤 후, 그리고 달에 의한 엄폐가 일어난 뒤 1년이 채 지나지 않은 BC 5년 2월 또는 3월 초에 염소자리와 독수리자리의 경계에서 신성이 하나 폭발했다. 이 신성은 새벽 동쪽 하늘에서 처음 발견되었다. 중국의 기록에 나타난 지속 시간으로 보건대 이 신성은 상당히 밝았던 것 같다. 우리가 앞에서 살펴본 것처럼 일반적으로 '패성'이나 '혜성'은 아주 밝은 신성이나 초신성을 가리킬 때 사용된다.

신성을 처음 발견하자마자 동방박사들은 자신들의 기다림이 끝났다는 것을 알았을 것이다. 행성들의 삼중합을 보고 동방박사들은 유대로부터의 다른 소식을 기다리면서, 아마도 메시야의 임박한 탄생을 기대했을 것이다. 달에 의한 엄폐를 보고는 새로운 왕이 정말로 유대의 메시야임을 알았을 것이다. 이제 나타난 신성은 메시야가 마침내 태어났다는 것을 말해 주고 있다. 퍼즐의 마지막 조각이 제자리를 찾았고, 이제는 동방박사들이 행동을 개시할 차례였다.

새로 태어난 왕을 찾아 떠나는 여행의 목적지는 당연히 유대인들의 수도인 예루살렘이었다. 예루살렘까지 가는 길은 광막한 사막을 횡단해 지나가야 하는 긴 여정이었기에 동방박사들은 세심한 준비를 해야 했다. 하지만 낙타를 타고 정기적으로 여행하는 다른 대상(隊商)들과 비교하면, 바빌론에서 예루살렘까지 870km의 여정, 혹은 그보다 훨씬 긴 페르시아로부터의 여정이 특별히 먼 길이라고는 할 수 없었다.[1] 하지만 이번의 여행은 그들의 인생 전체에 있어서 가장 중요한 사막 횡단 여행이 될 것임이 분명했다. 동방박사들은 이 여행을 하려면 여러 주가 걸릴 것이라는 점과 새벽에 일어나서 아침까지 계속 걸어야 한다는 것을 알고 있었다. 그들은 살갗을 태울 정도로 뜨거운 햇볕이 내리쬐는 대낮에는 여행을 멈추고 텐트 안에서 잠자며 쉬다가, 뜨거운 열기가 사그라든 오후 늦게 다시 일어났을 것이다. 이렇게 해야 여행객들은 가장 소중한 짐인 물을 최대한 아낄 수 있는 것이다. 이런 점들을 모두 감안하더라도 일 주일 정도, 길어야 이 주일 정도면 여행 물품을 모두 준비하고 출발할 수 있었을 것이다. 별을 기다리는 데 보낸 그 긴 세월에 비하면 여행 준비하는 데 쓴 요 며칠이 뭐 그리 대수로울 것 있겠는가?

시리아 사막의 혹독함만 뺀다면 동방박사들의 여행은 비교적 쉬웠을 것이다. 바빌로니아를 떠나 단순히 서쪽으로 향하면서 이들은 해발 0m에서부터 해발 900m의 높이까지 올라갔을 것이다. 하지만 넘어야 할 산이나 건너야 할 강은 없었다. 그저 그들의 발걸음을 늦추게 만드는, 시리아에서부터 남쪽으로 끝없이 펼쳐져 있는 모래 언덕만이 있을 뿐이었다. 동방박사들이 하루에 6시간씩 이동했다고 한다면 예루살렘까지 가는 데는 7주가 걸렸을 것이다. 상황이 매우 급박하므로 좀 더 속도를 내서 매일 몇 시간씩 더 행군을 했다고 하더라도 도착하는 데까지 4~5주는 걸렸을 것이다. 신성이 나타난 때로부터 6주 정도, 십중팔구는 5주 정도 후에 동방박사들은 예루살렘에 도착해서 헤롯 왕을 접견했을 것이다.

충분한 가능성이 있는 이론으로, 만약 동방박사들이 페르시아로부터 왔다고 한다면 이들의 여행은 더욱 복잡했을 것이다. 우리가 살펴본 것처럼 페르시아로부터 오는 길은 두 배 정도 더 긴 여정인데다, 티그리스 · 유프라테스강의 비옥한 땅에 이르기 전에 자그로스(Zagros) 산맥을 넘어야만 한다. 전체 여정은 더욱 길었을 것이고, 중국인들과 한국인들이 관측한 천체가 보였다고 생각되는 70일 정도의 기간 안에 여행을 마치려면 꽤나 힘들었을 것이다. 하지만 그렇다고 해서 불가능한 것은 아니다.

중국과 한국의 천문학자들이 BC 5년 3월 또는 4월에 보았던 별은 '70일 이상' 보였을 것이다. 70일 이상이라는 것은 적어도 10주 이상 보였을 것을 암시하며, 동방박사들이 바빌론을 출발해서 베들레헴까지 오는 데는 6주 정도면 충분했을 것이다. 동방박사들이, 신성이 출현한 뒤 2~3주 이내에만 출발했다고 가정한다면, 이들이 여행 기간 내내 별을 좇아가는 데는 아무런 문제가 없었을 것이다. 이들이 조금 더 서두르기만 했다면, 별이 보였던 70일 기간 안에 페르시아를 출발해서 베들레헴에 도착하는 것 역시 충분히 가능했을 것이다. 만약 여행에 5주가 걸렸다고 한다면 하루에 24km를 이동했다는 것인데, 이것은 내가 개인적으로 경험한 바에 따르면 낙타가 충분히 이동할 수 있는 거리이다.[2]

동방박사들은 방문 사절이었으므로, 왕을 접견하는 데 필요한 수속이 매우 빨리 이루어졌을 것이고, 별 문제 없이 진행되었을 것이다. 헤롯은 주변 강대국에서 온 중요한 사절들을 함부로 대하려 하지 않았을 것이므로 그들을 환대하고 여행의 피로를 풀 수 있도록 숙소를 제공하고 계속해서 남쪽으로 여행할 수 있도록 준비를 도왔을 것이다. 일 주일 정도 휴식을 취하면서 필요한 물품을 사고, 외교 업무를 마무리하고, 헤롯 왕과 서기관들 및 바리새인들의 의견을 들으면서 동방박사들은 자신들이 찾는 새로 태어난 아기를 어디에서 찾을 수 있는지를 알게 되었을 것이다.

이 시나리오에서 가장 흥미로운 점은 처음에 동쪽에서 보였던 '별'이 동방박사들이 예루살렘에 도착할 무렵에는 더 이상 동쪽에 있지 않았다는 점이다. 2주마다 '별'은 한 시간씩 빨리 뜨다가, 두 달 뒤에는 새벽 동틀 무렵에 거의 정확히 남쪽에 있었을 것이다. 동방박사들이 베들레헴을 향해 출발할 때엔 새벽에 '별'이 그들 앞인 남쪽에 있었을 것이다. 많은 이들이 가정했던 것처럼 '별'이 동쪽에서부터 남쪽으로 움직였으므로 혜성이었을 것이라고 생각할 필요는 없다. 이것은 하늘에서 일어나는 자연스런 현상인 것이다. 자연스럽게 동방박사들은 예루살렘에서부터 베들레헴까지 남쪽으로 내려가면서 '별'을 따라갈 수 있었을 것이다. 물론 이들이 새벽에 여행했어야 한다는 조건이 있기는 하지만, 아마도 그들은 분명히 새벽에 이동했을 것이다.

북위 31.3°인 베들레헴에서, 중국인들과 한국인들이 기록한 신성의 위치인 적위 $-10°$(즉, 천구의 적도보다 $10°$ 남쪽)는 새벽에 남쪽 하늘의 $50°$ 높이에 있었을 것이다. 이 별은 적도보다 조금 남쪽에 사는 사람이 보았을 때에만 천정 부근을 지났기 때문에 그 외의 지역에서는 이 별이 천정에 있지 않았을 것이다. 하지만 동방박사들이 마을 가까이 접근해 감에 따라 이 별은 베들레헴 위, 남쪽 하늘 높이 떠 있었을 것이다.

일설에는 동방박사들이 베들레헴을 향해 출발하기 전에는 이 별이 보이지 않았다고 한다. 그러다가 이 별이 다시 마을 위에 나타나자 동방박사들이 이것을 보고 매우 기뻐했다고 한다. 이것 역시 천문학적으로, 논리적으로 쉽게 설명할 수 있다. 달은 한 달에 한 번 황도 12궁 별자리인 염소자리를 지나가는데, 달빛이 강하므로 '별'을 가려 버렸을 것이다. 달이 '별'을 가리는 엄폐는 일어나지 않았지만, 신성이 달과 가까워질 때의 날짜와 밝기를 계산해 보면, '별'은 며칠 동안, 어쩌면 일 주일 동안 달빛에 가려져 있었을 것이다. 맨눈으로 보았을 때, '별'이 극단적으로 밝지 않았다면 '별'은 달 주변의 엄청나게 밝은 하늘에 가려져서 보이지 않았을 것이다. '별'이 보통의 신성이었다면, 처음 발견되고 나서 여러 주가 지난 뒤까지 아주 밝았을 것이라는 추측은 별로 가능성이 없다. 동방박사들이 베들레헴에 도착할 무렵에는 이 '별'이 꽤나 어두워지기 시작했을 것이다.

달이 한 달에 한 번 신성 가까이를 지나간다는 것 말고도, 또 한 가지 짚고 넘어가야 할 점이 있다. 처음 해뜰 무렵에 동쪽 하늘 낮게 신성이 떠 있을 때 달과 신성은 접근한다. 이때 달은 항상 기울어가는 가느다란 초승달이다. 하지만 두 달 뒤엔 이 접근이 남쪽 하늘에서 달이 훨씬 밝은 하현달(왼쪽 반만 남은 반달)일 때 일어났다. 이때에는 달이 상당히 밝아서 매번 여러 날 동안 '별'을 가렸을 것이다. 또한 한 달에 한 번, 보름달일 때는 아주 밝은 별들을 제외하고는 보이지 않게 된다. 신성이 가장 밝았을 무렵에는 이것이 큰 문제가 되지 않았다. 또한 신성이 동쪽에서 떠오를 때 보름달은 서쪽으로 지고 있었을 것이다. 하지만 시간이 지나면서 신성이 점차 어두워지고 매일 밤마다 점점 빨리 떠오르면서, 하늘에서 신성은 보름달로부터 멀리 떨어져 있음에도 불구하고 보름달 때문에 신성을 관측하는 것은 상당히 어려워졌을 것이고, 심지어는 신성이 안 보이기까지 했을 것이다. 다시 말하자면, 하늘에서 신성이 달에 가까이 있거나 또는 달이 보름달 무렵일 때, 동방박사들은 매달 며칠 또는 어쩌면 일 주일 동안씩 '별'을 못 보았을 수 있다.

BC 5년 3월에는 1일과 30일에 새 달이 나타났을 것(즉,

295

음력으로 1일)이다. 그 사이에는, 월말쯤 달이 기울어져 가는 얇은 초승달일 때 신성 곁을 지났을 것이다. 따라서 달 때문에 신성이 가려져 보이지 않는 일은 없었을 것이다. 하지만 4월에는 상황이 급변한다. 4월 20일과 21일에 하현달이 신성 가까이 염소자리로 들어감에 따라 (신성이 특별히 밝지 않았다면) 신성은 거의 보이지 않았을 것이다. 일 주일쯤 후에는 보름이 되면서 달이 온 하늘을 밝게 비추어서 신성을 보기가 더욱 어려워졌을 것이다. 그리고 5월, 동방박사들이 '별'을 잃어 버린 때에는, 신성이 보름달 가까이 위치한 데다 심하게 어두워져서 5월 30일 무렵의 여러 날 동안, 어쩌면 일 주일 정도 보이지 않았을 것이다. 게다가 험한 날씨라든가 구름 때문에 별이 보이지 않는 밤이 며칠 더 있었다면, 특히 보름달 직전이나 직후에 이런 날들이 있었다면, 동방박사들은 충분히 별을 잃어 버렸을 수 있다. 그리고 이 기간은 그들에게 아주 길게 느껴졌을 것이다.

신성은 최대 밝기를 지난 뒤 6주 정도 후에 3등급이나 4등급, 또는 어쩌면 5등급 정도나 어두워진다(밝기로는 15배~100배 정도). 신성의 종류에 따라서는 더 많이 어두워질 수도 있다. 새벽 하늘에서 아주 밝았던 별이 꽤나 어두워지더라도 깜깜한 밤하늘에서는 여전히 잘 보인다. 하지만 밝은 달이 있거나 얇은 구름이 있을 때는 보기가 쉽지 않다.

왜 동방박사들이 이번에는 거룩한 땅으로 여행해 오고 지난번에는 오지 않았던 걸까? 이유는 간단하다. 앞서 일어난 합들이 아니었다면 이번의 신성 역시 큰 의미를 지니지 못했을 것이고, 신성이 없었다면 앞의 합들 역시 별 의미 없는 현상이었을 것이다. 특별히 중요한 합이 일어나고, 바로 밝은 신성이 출현해야 '특별한' 사건이 될 수 있는 것이다. '밝은'

신성(가장 밝을 때의 밝기가 2등급 정도인)은 거의 25년마다 나타난다. 이런 신성은 발견되더라도 보통은 별다른 주목을 끌지 못한다.

반면에 아주 밝은 신성(가장 밝을 때의 밝기가 0등급 정도이거나 또는 그보다 밝은)은 특별한 천체로 취급되고, 중국인들이 관측한 꽤 긴 기간과도 잘 일치한다. 이런 신성은 꽤나 드물어서 잘해야 100년에 하나 정도 관측된다. 16개월 이내에 밝은 신성과 삼중합이 일어날 확률은 아주 작다. 또한 이 두 현상이 함께 예수님의 탄생 무렵에 일어날 확률은 만분의 1보다도 작다. 이 정도로 작은 확률이면 거의 0에 가깝다고 할 수 있다.

행성들의 결집 같은 다른 관측 사실까지 포함하고(모든 삼중합에 행성들의 결집이 뒤따르는 것은 아니다) 하늘에서 신성이 나타난 위치가 이미 삼중합이 일어난 장소에서 아주 가까운 곳이라는 점까지 감안한다면, 이렇게 독특한 현상들이 연이어서 함께 일어나는 것은 수천 년에 한 번 정도라는 점도 알 수 있게 된다.

[9] 박사들이 왕의 말을 듣고 갈새 동방에서 보던 그 별이 문득 앞서 인도하여 가다가 아기 있는 곳 위에 머물어 섰는지라.
[10] 저희가 별을 보고 가장 크게 기뻐하고 기뻐하더라.
[11] 집에 들어가 아기와 그 모친 마리아가 함께 있는 것을 보고 엎드려 아기께 경배하고 보배합을 열어 황금과 유향과 몰약을 예물로 드리니라.

베들레헴의 별에 대해 오로지 과학적인 설명만을 원하는 이들에게 우리의 설명을 더욱 돋보이게 만드는 것은, 하나가 아닌 여러 개의 사건들이 연달아 일어났고 밝은 별이 그 절정을 장식했다는 것이다. 이 경우에 마태가 역사적인 이유에서라기보다는 종교적인 이유에서 (실제로는 존재하지 않는) '별'을 자신의 복음서에 끼워 넣었다는 비판론자들의 주장은 틀린 것이며, 베들레헴의 별은 실제로 존재했고, 혜성이나 행성들의 합이 아닌 진짜 '별'이었다. 물론 지금 우리는 망원경으로 이 별을 찾아 내지는 못한다. 하지만 뒤에서 보게 될 테지만 베들레헴의 별이 어느 별인지는 확인할 수 있다.

베들레헴의 별에서 좀더 깊은 의미를 찾고자 하는 이들에게, 천체들의 이런 드문 조합 ── 여러 번의 합과 예수님이 탄생한 바로 그 즈음에 동쪽 하늘에서 빛난 밝은 신성 ── 이 기적 같은 일이 아니라고 누가 말할 수 있겠는가?

끝맺는 말

베들레헴의 별은 실제 어느 별인가?

BC 5년 3월 중순에 오늘날의 염소자리와 독수리자리의 사이에서 나타났던 아주 밝은 천체 —— 아마 틀림없이 신성이었을 '그 별'은 지금은 어디에 있는 걸까? 만약 이 별이 중국의 기록에 나타난 대로의 하늘 위치에 있던 신성이라면, 이 별은 틀림없이 두 별자리를 구획 짓는 경계보다 약간 북쪽에 있었을 것이다 —— 즉, 염소자리에서 나타났다기보다는 은하수의 띠 가운데쯤에서 나타났을 것이다.

몇 년 전에 나는 역사적인 신성이 나타났다고 알려진 하늘의 영역에 있는 일정한 범위의 변광성들을 조사함으로써 신성들을 확인해 볼 수 있겠다는 생각을 했었다. 신성 폭발을 일으키는 쌍성계는 보통, 신성 폭발이 일어나지 않는 때이더라도 어느 정도의 변광 현상을 보인다.

베들레헴의 별을 확인해 볼 수 있는 보다 더 명확한 방법이 있다. 모든 경우에 그렇다고는 할 수 없지만 신성 폭발은 오랜 기간에 걸쳐 다시 반복되곤 한다. 심지어는 수차례 작은 폭발을 일으키는 반복 신성이라는 것도 있다. 반복 신성은 적어도 몇 년의 간격을 두고 폭발을 일으킨다(표 E.1을 보시오). 큰 폭발을 일으키는 신성은 수백 년 또는 수천 년의 간격을 두고 폭발한다.

표 E.1 맨눈에 잘 보이거나 또는 맨눈에 간신히 보였던 반복 신성의 네 가지 보기

별	폭발한 해	가장 밝을 때의 등급
북쪽왕관자리 T별	1866, 1946	2.0
뱀주인자리 RS별	1901, 1933, 1958, 1967	5.1
나침반자리 T별	1890, 1902, 1920, 1945, 1965	7.0
화살자리 WZ별	1913, 1946, 1979	7.0

주: 보통은 자주 폭발이 일어날수록 신성 폭발시 별의 밝기는 덜 밝다. 신성 폭발 때 북쪽왕관자리 T별의 경우에는 거의 9등급이나 밝아진 반면(밝기로는 4000배 증가), 이보다 더 자주 폭발을 일으킨 나침반자리 T별의 경우에는 7등급밖에 밝아지지 않았다(밝기로는 600배 증가). 보통의 신성은 15등급 정도 밝아진다(백만 배의 밝기 증가).

불운하게도 독수리자리와 염소자리에는 변광성이 상당히 많이 있다. 『일반 변광성 목록(General Catalogue of Variable Stars, GCVS)』에는 하늘에 있는 모든 변광성이 수록되어 있다. 1969년에 나온 이 목록을 보면 독수리자리에는 1,182개의 변광성, 염소자리에는 61개의 변광성이 있다고 수록되어 있다. 두 별자리에 존재하는 신성의 비율도 비슷해서, 독수리자리 쪽이 염소자리의 경우보다 20배 정도 많다.

하늘의 작은 영역에 변광성이 이렇게 많이 있고, 또 BC 5년별의 위치는 잘 알려져 있지 않았다. 그러므로 최근의 신성들만을 조사해서 이들 중 하나가 BC 5년의 신성 폭발 이후 재폭발을 일으켰을 가능성을 살펴보는 것이 훨씬 쉬운 접근

방법일 것이다.

아마도 BC 5년 신성이 있었던 곳이라고 생각되는 독수리자리에는 여러 개의 별이 '신성' 또는 '신성 같은' 별로 수록되어 있다. 이들 중 어느 별이라도 다 베들레헴의 별이었을 수 있다. 하지만 이들 중 그 어느 것도 중국인들이 관측한 별의 위치에는 가깝지 않다. 가장 가까운 별의 목록상 이름은 독수리자리 DO별(DO Aquilae)인데, 이 별조차도 기록상의 위치보다 북서쪽으로 한참이나 떨어져 있다. 독수리자리 DO별은 꽤 큰 망원경으로 봐야 보이는 18등급의 아주 어두운 별이었다가, 1925년에 9등급의 신성으로 관측되었다. 이 신성은 '느린 신성'의 하나인데, 이것은 최대 밝기에서부터 어두워지는 데까지 아주 오랜 시간이 걸린다는 뜻이다. 독수리자리 DO별은 은경(銀經)이 $31.7°$, 은위(銀緯)가 $-11.8°$이다. 하지만 클라크와 스티븐슨은 오래 전에 BC 5년별의 은경을 $30°$, 은위를 $-25°$로 추정했었다. 하지만 이들은 나중에 자신들이 추정한 위치가 너무 남쪽으로, 약 $5°$정도, 어쩌면 $10°$정도까지 치우쳐 있었다고 수정했다. 독수리자리 DO별의 은경은 BC 5년별의 추정 위치와 아주 일치하지만, 은위는 좀더 북쪽으로 치우쳐 있다.

클라크와 스티븐슨이 추정한 중국별의 은위가 어느 정도 틀릴 수 있음을 감안한다면, 진짜 은위는 $-15°$ 정도로 낮았을 수도 있다. 그렇다면 독수리자리 DO별의 위치와 BC 5년별의 위치는 크게 다르지 않다. 실제로 우리의 생각이 맞다면, 두 별의 위치는 표 E. 2에서 보는 것처럼 아주 잘 일치하는 편이다.

후에 스티븐슨이 주장한 대로 원본 기록의 두 성군(星群) 사이에서 신성이 나타났다면, 신성의 위치는 독수리자리 DO별로부터 $수°$ 이내였을 것이다. 우리의 생각이 크게 틀리지 않

표 E.2 BC 5년에 관측된 중국별의 최적 추정 위치와 1925년에 신성폭발을 일으켰다가 지금은 다시 어두워진 독수리자리 DO별의 위치 비교

	은경	은위
BC 5년별	30°	-15° (?)
독수리자리 DO별	31.7°	-11.8°

주: (?)는 불확실함을 의미한다.

다면 이 거리의 차이는 대략 3.5° 정도였을 것이다. 다시 말하자면, 베들레헴의 별은 독수리자리 DO별이 과거에 일으킨 신성 폭발이었을 수 있다는 것이다. 하늘에서 독수리자리 DO별의 위치는 독수리자리 42번 별에서 독수리자리 26번 별 쪽으로 3분의 1쯤 간 곳인데, 이 두 별은 어두운 (거의 6등급) 별들이고, 동양의 별자리에서 중요한 별들 중 하나인 요타(ι) 별의 약간 남쪽에 있다. 독수리자리 42번과 26번 별 모두 맨눈으로는 쉽게 볼 수 없는 별들이고, 성도(星圖)가 없으면 찾기 어려운 별들이다.

동방박사들이 하루 중 별을 본 때인 '새벽'은 천문학자들에 의해 여러 가지로 분류되는 용어이다. '시민 박명'은 적어도 영국에서는 '전조등 켜는 시각'으로 운전자들에게 잘 알려져 있는 시각이다. 즉, 저녁에 어둑어둑해지며 땅거미가 질 때 자동차의 전조등을 켜고 새벽에 끄는 때를 말한다. 이것은 태양이 지평선 아래 6° 위치에 있을 때이고, 하늘이 아직은 밝아서 아주 밝은 별들만 조금 보일 무렵이다. '항해 박명'은 태양이 지평선 아래 12° 위치에 있을 때를 말한다. 이때 태양이 막 진 곳 또는 태양이 막 떠오르려고 하는 곳에는 넓은 빛줄기가 있지만, 그 외의 하늘은 대부분 캄캄하고 별들이 가득차 있다. 마지막으로 '천문 박명'이 있는데, 이것은 태양이 지평

선 아래 18° 위치에 있을 때이다. 이때 하늘은 완전히 캄캄하지만 아침해가 뜨기 직전과 저녁해가 진 직후에 아주 희미한 빛이 지평선에 조금 보일 뿐이다.

그러므로 '동방박사들이 본 별이 새벽에 어디에 있었는가'라고 묻는다면, 이것은 아주 불분명한 질문이 되며 답이 여러 개일 수밖에 없다.

BC 5년 2월 20일에 독수리자리 DO별은 지방시각으로 오전 2시 17분에 떠서, 2시간 반 후인 항해 박명 시각에는 남동쪽 지평선 위 39° 위치에 있었을 것이다(그림 E. 1). 태양으로부터의 희미한 빛이 지평선 위로 처음 스며나온 천문 박명 시각인데도 이 별은 지평선 위 30° 높이 새벽 하늘에서 그 아름다운 자태를 뽐내고 있었을 것이다.

이렇게 두 별을 같은 천체라고 생각하는 데 있어 하나의 문제는 1925년에 관측된 독수리자리 DO별의 폭발이 비교적 약했다는 것이다. 이 별이 베들레헴의 별이 되려면 1925년보다 5천 배는 더 강했어야 했을 것이라는 점이다. 하지만 이것은 별로 큰 문제거리는 되지 않는다. 만약 독수리자리 DO별이 정말로 BC 5년에 커다란 폭발을 일으켰다면, 이 폭발 때문에 오랜 동안 또 다른 큰 폭발은 일어나지 않았을 것이고, 이 천체가 새롭고 중대한 폭발 위기에 다다를 때까지는 작은 폭발만이 이어졌을 것이기 때문이다.

독수리자리 DO라는 어두운 별이 이천 년 전에 중국의 천문학자들과 동방박사들에 의해 관측된 바로 그 별이라는 주장은 분명 대담한 추측이긴 하지만, 전혀 불가능한 것은 아니다.

중국인들이 관측한 BC 5년의 별이 다른 별이라는 주장들도 있는데, 이들을 간단히 살펴보자. 아래에 기술한 것처럼

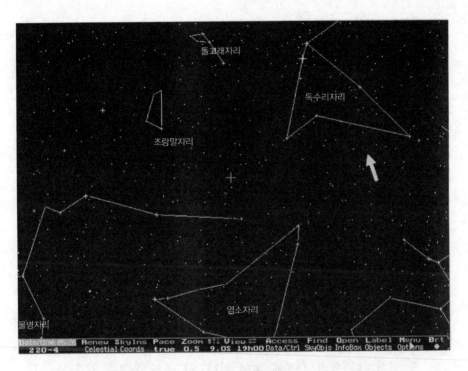

그림 E.1 BC 5년 2월 20일 새벽 항해 박명 시각의 동쪽 하늘. 화살표 표시는 독수리자리 DO별을 나타낸다. (사진 출처 : 『행성들의 운동(*Dance of the Planets*)』, ARC 과학 시뮬레이션.)

여러 사람들이 비슷한 추측들을 했지만, 그 결론은 내가 내린 결론과 달랐다.

 BC 5년에 중국에서 관측된 천체와 BC 4년에 한국에서 관측된 천체는 두 개의 동떨어진 기록 때문에 상황이 무척 복잡해졌다. 그래서 어떤 이들은 이 두 별을 전혀 다른 천체로 해석했고, 또 어떤 사람들은 이들을 동일한 별로 해석했다. 일반적으로 1970년대 후반 이전까지는 연구자들이 이들을

서로 다른 천체로 해석했고, 오늘날에는 대부분의 연구자들이
이들을 동일한 천체로 해석한다.

1955년에서 1958년 사이에 중국의 과학 역사가인 시제종
(席澤宗, Xi Ze-zong)은 고대 중국의 관측을 정리한 목록을
만들면서 BC 5년 천체의 위치 가까이에 전파원이 있다고 주
장했다. 이 주장대로라면 이 별은 초신성인 것을 의미한다.
나중에 시제종과 보슈렌(簿樹人, Bo Shu-ren)은 시제종이 이
일을 할 때 BC 5년과 BC 4년별의 위치를 혼동함으로써 엉뚱
한 별을 이야기했다고 수정했다. 지금은 BC 5년별이 나타났
던 근처에 전파원이 존재하지 않는다는 사실이 알려져 있으
므로, 베들레헴의 별은 초신성이 아니라고 밝혀졌다.

시제종의 오류를 수정하면서 시제종과 보슈렌은 1965년
과 1966년에 새로운 후보 별을 찾아냈다. 그들은 BC 4년별이
반복 신성인 독수리자리 V500번 별(V500 Aquilae)이 폭발한
것이라고 주장했다. 독수리자리의 이 신성은 BC 5년별의 추
정 위치보다 훨씬 서쪽에 놓여 있다. 이 별의 은경은 47.6°, 은
위는 -9.5°여서, 독수리자리 DO별보다 BC 5년별의 위치에서
더 많이 벗어나 있다.

독수리자리 V500번 별은 1943년에 6등급의 신성으로 관
측되었고 (따라서 2차 세계대전 때문에 많이 연구되지 못했
다), 신성으로 폭발하기 전에는 17등급보다도 어두웠다. 쿠카
르킨과 그의 러시아 동료들은 독수리자리 V500번 별이 BC 4
년별이라는 주장에 반대하며, BC 4년별은 '확인되지 않은 별'
이라고 말한다.

1969년에 중국의 또 다른 과학 역사가인 캉타오(江濤;
Tao Kiang)는 BC 5년의 중국별이 초신성일 것을 암시하는
주장을 또 다시 제기했다. 그는, 확률은 높지 않지만, 필사

PSR 1929+10이 BC 5년별에 의해 만들어졌을 수 있다고 지적했다. 만약 그의 말이 맞다면, 펄사는 초신성 폭발에 의해서만 만들어지는 천체이므로, BC 5년별은 초신성이었어야 한다. 하지만 이 펄사는 BC 5년별의 추정 위치에서 너무나 멀리 떨어져 있고(은경은 47°, 은위는 -3.9°), 따라서 이 이유 때문에 쿠카르킨과 그의 러시아 동료들은 이것 역시 '받아들이기 어려운 주장'이라고 말한다.[1] 만약 캉타오가 옳았다면, 스티븐슨과 그의 동료들이 제시한 중국별의 위치는 분명히 엄청나게 틀렸을 것이다.

따라서 과거에 제시된 주장들 중에는 신뢰할 만한 것이 보이지 않으므로, 처음의 질문으로 돌아가 보자. BC 5년에 중국사람들이 관측한 별을 오늘날 천문학자들이 알고 있는 별들 중에서 찾을 수 있을까?

가장 큰 어려움은 BC 5년별의 위치가 분명하지 않다는 데 있다. 이 별의 위치만 정확히 알 수 있다면 일은 상당히 쉬워진다. 하지만 불행하게도 우리가 할 수 있는 최대한의 일은 이 별의 위치를 직경 10°정도의 원 내에서 추정해야만 한다는 것이다. 하늘에서 이 정도 크기의 원은 아주 큰 편이어서, 우리가 아무리 열심히 찾는다 할지라도 성공할 가능성이 거의 없다.

베들레헴의 별을 확인하는 문제에 있어서 적어도 이론적으로나마 좀더 개선되고 확실한 방법은 BC 5년별이 신성이었다고 가정하는 것이다. 지금으로선 이것이 너무나 방대하고 성공하기 어려운 작업이어서 우리 능력 밖의 일인 것처럼 보이기는 하지만, 그렇다고 별로 해될 것은 없다.

신성이 폭발하면 가스 구름이 초속 1000~5000km의 속도로 팽창해 나온다. 만약 우리가 생각하는 하늘의 위치에서,

그리고 태양으로부터 그리 멀지 않은 거리에서 이렇게 팽창하는 가스 구름을 가진 나이 많은 신성을 찾으면 ——클라크의 소설 『별』에 나온 예수회 수사 천문학자가 했던 것처럼, 시간을 거슬러 이 가스 구름의 운동을 계산해 봄으로써—— 이 신성의 나이가 이천 년 정도라는 것을 알게 된다. 이렇게 되면 베들레헴의 별 사건은 정말로 종결지어질 것이고, 우리는 마침내 '그 별'을 찾게 될 것이다.[2] 한데 이 가스 구름은 이제 보이지 않을 것이므로 그것을 찾아낼 수 있는 유일한 방법은 이 가스 구름들이 내는 희미한 전파 신호를 수신해 내는 길뿐이다. 이것은 아주 어려운 일이고 성공한다는 보장도 없지만, 실행해 볼 만한 흥미진진한 실험이 될 것이다.

그때까지 우리가 할 수 있는 일은 저 셀 수 없이 많은 별들 중에 어느 별이 베들레헴의 별인지 거의 확실하게 알고 있다고 주장하는 것뿐이다. 만약 내가 옳다면, 그 별은 독수리자리 DO라는 이름의 별일 것이다. 이것이 옳다고 밝혀진다면 정말 놀라운, 경이적인 일일 것이다. 지금은 아주 어두워서 이름도 없는 다른 별일 수도 있다. 그렇다 해도 이 별은, 만 년 후의 일이 될지도 모르지만, 다시 한 번 폭발을 일으켜서 우리의 하늘에 밝을 빛을 드러낼지도 모른다.

베들레헴에서 보이는 천구의 모습

    과거의 어느 날이건 하늘에서 별들과 행성들의 정확한 위치는 쉽게 계산할 수 있다. 그러므로 베들레헴의 별이 나타난 정확한 날짜와 위치에 관한 기록은 없더라도, 중국 별이 나타났을 만한 여러 가능한 날짜에 하늘에서 별이 어떤 모양으로 동방박사들에게 보였을까 하는 것을 알아볼 수 있다.

    페르시아와 바빌론, 그리고 예루살렘은 거의 같은 위도 상에 있기 때문에 이 세 지방에서 보는 하늘은 거의 똑같다. 이 경우 동방박사들이 페르시아인인가, 바빌로니아인인가는 별로 중요하지 않다. 이들의 근원지가 테헤란이든 또는 예루살렘이든 큰 차이는 없다. 다만 장소마다 박명 시간이 달라질 뿐이다. 논의를 전개해 나가기 위해 동방박사들이 BC 5년에 페르시아의 테헤란에서 하늘을 보고 있었다고 가정해 보자. 베들레헴의 별이 나타났을 때 이들은 무엇을 보았을까?

    중국 별이 나타난 정확한 날짜가 알려져 있지 않으므로, 여러 가지 가능성을 조사해 볼 필요가 있다. 중국 별이 처음 관측되었을 가능성이 가장 높은 두 날짜인 BC 5년 2월 20일과 3월 10일을 먼저 조사해 보자.

2월 20일

테헤란 시각으로 항해 박명은 오전 5시 51분에 있었을 것이다. 이 시각에 태양은 지평선 아래 12°에 위치해 있었고, 지평선은 한결 밝아지기 시작했으며, 동쪽에서 올라오는 붉은 빛줄기 때문에 동쪽에서는 아주 밝은 별들만 약간 보였다. 천정은 아직까지 무척 어두웠고, 하늘의 대부분에서는 밝아오는 새벽에 대항하면서 수많은 별들이 여전히 빛을 발하고 있었다(그림 A. 1을 보시오).

달은 이제 막 서쪽 지평선 아래로 내려갔다. 음력으로는 11.8일 정도여서 달의 90%가 보였으며, 달이 진 시각은 오전 5시 10분이었다. 항해 박명 시각에 달은 서쪽 지평선 아래 8°에 위치해 있었다. 수성은 오전 5시 37분에 동쪽에 떠올랐고, 항해 박명 시각에는 해가 뜨는 쪽 지평선 위 2° 높이에 떠 있었는데, -0.1등급으로 밝은 편이어서 고도는 낮았지만 볼 수는 있었을 것이다. 붉은 색 밝은 별 같은 화성은 남쪽 하늘을 지배한다. 화성은 전갈자리의 머리에 위치하고 있는데, 42°높이에서 -0.2등급으로 빛나므로 아주 쉽게 찾을 수 있었을 것이고, 안타레스에 가까이 있지만 밝기에 있어서는 안타레스보다 더 밝았다(안타레스는 전갈자리에서 가장 밝은 알파별인데, 화성처럼 붉은 색이어서 그 이름이 '화성에 대항하는 자'라는 뜻이다). 화성과 안타레스의 두 붉은 색, 밝은 별들은 하늘에서 멋있는 짝을 이루고 있었을 것이다.

헤라클레스자리는 천정에 있다. 헤라클레스자리는 별자리들 중 다섯 번째로 큰 별자리이긴 하지만, 특별히 밝은 별들도 거의 없고 아주 인상적인 별자리도 아니다. 헤라클레스자

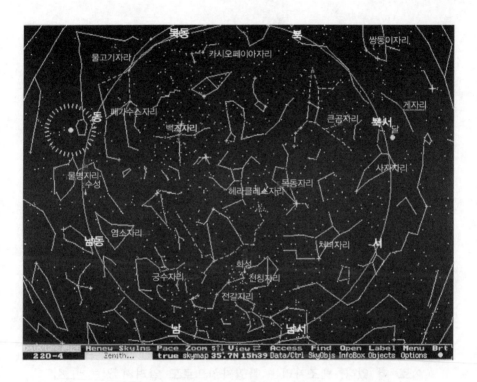

그림 A.1 BC 5년 2월 20일 새벽 항해 박명 시각에 본 하늘. 왼쪽 위, 큰
점 둘레에 빗살이 있는 천체가 태양이다. (사진 출처 : 『행성들의
운동(*Dance of the Planets*)』, ARC 과학 시뮬레이션.)

리는 두 개의 밝은 별들, 직녀와 아크투르스(Arcturus) 사이에
놓여 있다. 헤라클레스자리의 동쪽, 그리고 그림 A.1에서 천
정보다 약간 동쪽에는 거문고자리가 있고, 거문고자리에서 가
장 밝은 알파별이 바로 직녀이다. 목동자리에서 가장 밝은 알
파별이며, 하늘에서 네 번째로 밝은 별인 아크투르스는 그림
A.1에서 보는 것처럼 천정을 지나 막 서쪽으로 내려가기 시
작했다.

사자자리는 서쪽 지평선에 걸친 채 막 지고 있고, 처녀자리는 사자자리보다는 약간 높이 떠 있지만, 역시 서쪽 지평선을 향해 지고 있는 중이었을 것이다. 북서쪽에 있는 큰곰자리는 지고 있는 듯이 보이기는 하지만, 지평선 아래로는 내려가지 않는 채 북극 주변을 돈다. 큰곰자리가 지평선 쪽으로 내려감에 따라 북동쪽에서는 (그리스·로마 신화에서 에티오피아의 여왕인) 카시오페이아자리가 떠오른다.

남쪽 하늘에서 가장 인상적인 별자리는 전갈자리이다. 별자리에서 전갈의 꼬리 끝에 있는 침은 고도가 너무 낮아서 대부분의 유럽 지역이나 미국의 북부 지방에서는 보이지 않는다. 그러나 페르시아와 바빌론, 그리고 예루살렘 지방에서는 이 침을 포함한 전갈자리 전체를 볼 수 있다. 남동쪽 하늘에는 우리은하의 중심이 위치하고 있는 궁수자리가 잘 보인다.

거문고자리 직녀의 동쪽으로는 백조자리가 $45°$ 정도의 높이로 떠 있다. 백조자리는 북십자성으로도 알려져 있는데, 십자가의 가로 막대가 백조의 날개가 되고 세로 막대는 백조의 긴 목을 나타낸다. 은하수는 은하중심이 있는 전갈자리와 궁수자리에서 가장 굵고(남쪽), 동쪽의 백조자리를 지나 북동쪽 하늘의 카시오페이아자리를 지나면서 점점 가늘어진다.

베들레헴의 별이 나타난 곳은 동쪽 또는 남동쪽 지평선 위 낮은 하늘이다. 남동쪽 지평선 바로 위에는 염소자리가 위치하고 있다. 독수리자리는 염소자리보다는 약간 높게, 백조의 머리 바로 아래에 위치하고 있다. 염소자리의 알파별인 알게디(Al Geidi)는 $27°$ 높이에 떠 있는데, 이것은 새벽 여명이 미치는 경계이다. 독수리자리 시타별은 동-남동쪽 하늘에 $35°$ 높이에 떠 있다.

중국 별이 정말로 독수리자리 시타별 근처에 나타났다면, 새벽에 무척 높이 떠 있었을 것이고, 태양과 함께 떠오른다고 말하기는 다소 어려운 정도였을 것이다. 항해 박명 때는 강하게 솟아 오르는 햇빛에 가까이 있기는 했어도, 쉽게 보였을 것이다. 만약 베들레헴 별의 위치가 우리의 생각보다 훨씬 낮아서 염소자리 알파별 근처였다고 하더라도, 여전히 지평선보다는 훨씬 높았을 것이다. 독수리자리 시타별과 염소자리 알파별이 동쪽에서 뜨는 시간차는 정확히 29분밖에 안 되기 때문에 베들레헴의 별이 두 위치 중 어느 쪽에 있었다 하더라도 별이 보이는 데 있어서는 큰 차이가 없었을 것이다.

별이 태양과 같이 떠오르려면, 다시 말해서 항해 박명 때 별이 지평선 바로 위에 있으려면 베들레헴의 별은 염소자리의 남쪽 끝, 거의 현미경자리에 있어야만 한다. 이곳은 중국 기록에 나타난 위치를 생각하면 너무 남쪽이고, 혜성이라면 가능하겠지만 신성이 존재하는 위치로 보기에는 가능성이 거의 없다. 베들레헴의 별이 좀 어두운 별이었다면 항해 박명 시각 즈음 새벽 여명 때문에 겨우 보였을 것이다. 그러므로 베들레헴의 별이 정말로 태양과 함께 떠올랐고, 독수리자리의 남쪽에 위치해 있었다면 분명히 아주 밝지는 않았을 것이다. 그렇지 않다면 달이 지기 전까지 달빛 때문에 보이지 않았을 수도 있다. 하지만 이 두 가지 설명 모두 새벽 하늘을 비추는 밝게 빛나는 별이라는 이미지와는 정반대가 된다.[1]

그렇지만 이건 그리 중요한 문제는 아니다. 베들레헴의 별이 신성이었다면, 이 별은 새벽 하늘에 갑자기 나타났을 것이다. 전에 이 별을 본 적이 없는 관측자로서는 충분히 이 별이 동쪽에서 떠올랐다고 생각할 수 있다. 물론 이들이 보고 있는 천체가 하늘에 꽤 높이 떠 있어서 별이 금방 떠올랐다고 보기가 좀 어렵기는 하지만 말이다. 이 경우에 '엔 테 아 나톨레'라는 말은 단순히 별이 새벽 하늘에 처음 보였다는 것이 되고, 또 다른 번역인 '새벽 여명이 처음 떠오를 때'라는 말과 일맥상통한다(2장을 보시오).

이때 태양은 물고기자리 중 서쪽 물고기를 나타내는 별의 고리(Circlet; 페가수스 사각형의 바로 아래, 다섯 개의 별이 이루는 조그만 오각형) 바로 아래에 있다. 태양과 독수리자리 시타별 사이의 거리는 50°보다 약간 큰 정도이다. 이것은 상당히 큰 거리여서 이 정도 위치의 별은 해보다도 여러 시간 먼저 떠오른다. 하지만 막상 여명이 밝아오기 시작하면 아주 밝은 별들 일부만이 하늘 높은 곳에서 겨우 보였을 것이다.

3월 10일

이 날에는 테헤란 시각으로 항해 박명이 오전 5시 29분에 있었다. 대부분의 별이나 별자리가 2월 20일의 경우와 거의 같거나 비슷하지만, 몇 가지 완전히 달라지는 것이 있다(그림 A. 2를 보시오).

달은 전혀 보이지 않는다. 그믐을 막 지난 음력 2일이고, 달은 해가 진 직후에 잠깐 보일 뿐이어서 새벽에는 전혀 보이지 않는다. 수성도 하늘에서 보이지 않는다. 수성은 태양에 너무 가까워서 볼 수 없고, 해보다 30분 정도 먼저 떠오른다. 화성만 여전히 계속 보인다. 화성은 이제 더 밝아져서 -0.8등급인데, 2월보다 남쪽 하늘에서 더 밝게 빛을 내고 있다. 화성은 전갈자리의 머리 부근, 36°의 높이에 떠 있어서 아주 쉽게 찾을 수 있다. 화성과 화성의 경쟁자인 안타레스가 이렇게 나란

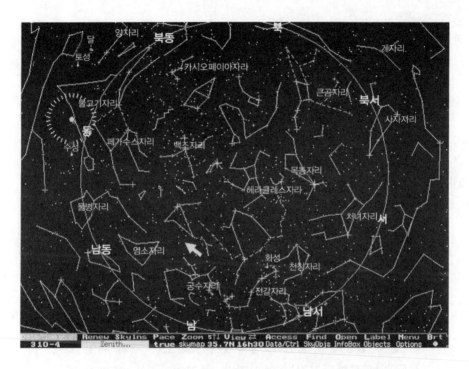

그림 A.2 BC 5년 3월 10일 새벽 항해 박명 시각에 본 하늘. 화살표 위치가 베들레헴의 별이 있었다고 추정되는 위치이고, 왼쪽 위, 큰 점 둘레에 빗살이 있는 천체는 태양이다. (사진 출처 : 『행성들의 운동(Dance of the Planets)』, ARC 과학 시뮬레이션.)

히 하늘에 떠 있는 모습은 점성술사들을 상당히 흥분케 했을 것이다. 점성술사들은 이런 현상을 보고 틀림없이 전쟁이나 싸움, 왕이나 귀족들의 죽음 등 불길한 징조를 이야기했을 것이다. 제왕들의 왕권이 흔들릴 때, 또는 왕좌에 올라 있는 정적을 제거하려 할 때는 이런 징조들이 종종 사용되곤 했다.

　이제는 거문고자리와 그 알파별인 직녀가 천정 부근을 차지하고 있다. 백조자리와 그 알파별인 데네브(Deneb; 별자리에서의 위치대로 백조의 꼬리를 뜻하는 이름이다)는 동쪽 하늘 높이 천정 근처에 있다. 헤라클레스자리는 천정의 그 반대쪽에 있고, 목동자리와 그 알파별인 아크투르스는 서쪽 지평선 쪽으로 반쯤 내려갔다.

사자자리는 서쪽으로 져서 이제는 거의 볼 수 없게 되었다. 사자의 꼬리 부분에 있는 별 몇 개만이 겨우 지평선 위에 남아 있는 상태이다. 처녀자리는 서쪽 지평선 위에 겨우 떠 있는데, 곧 질 것이다. 북서쪽 하늘에는 큰곰자리가 꽤 낮게 떠 있다. 카시오페이아자리는 북동쪽 하늘에서 큰곰자리와 비슷한 높이에 있으면서 떠오르는 중이다.

궁수자리는 이제 남쪽에 있는데, 이 부근에 우리은하 중심 근처에 있는 저 신비하고 엄청난 별들의 무리가 보인다. 전갈자리는 지평선과 나란하게 남서쪽으로 뻗어 있다.

동쪽에는 페가수스자리가 막 떠올랐고, 물병자리 대부분의 별이 남동쪽에 보인다. 동쪽에서 올라오는 새벽 여명 속에서도 안드로메다자리는 보이지만, 물고기자리는 보이지 않는다. 물고기자리가 어느 정도 지평선 위로 떠오르기는 했지만, 대부분 어두운 별들이어서 새벽 여명에 묻혀 버리고 만다.

베들레헴의 별은 남동쪽 하늘에서 나타났고, 이 시기에는 항해 박명 시각에 이미 꽤 높이 떠올라 있다. 염소자리는 지난달보다 남동쪽 지평선 위에 더 높이 떠올라 있다. 독수리자리도 역시 남동쪽에 상당히 높이 떠 있다. 염소자리 알파별은 이제 34° 높이에 떠 있어서 새벽 여명이 미치지 못하는 곳에 놓여 있다. 독수리자리 시타별은 44° 높이에, 천정과 지평선의 중간쯤에 놓여 있다.

베들레헴의 별이 BC 5년 3월 10일 경에 독수리자리 시타별 근처에 나타났다면, 새벽에 상당히 높이 있었을 것이다.

알게디 근처의 염소자리에서 나타났더라도 그 고도는 여전히 꽤 높았을 것이다. 만약 염소자리의 알게디 근처에서 나타났다고 하더라도, '새벽 하늘 낮게' 있었다고 묘사하기는 어렵다.

이 시기에 태양은 물고기자리에 위치해 있다. 태양과 독수리자리 시타별 사이의 거리는 65°정도이다. 혹 베들레헴의 별이 신성이 아니라 혜성이었다 하더라도, 밝은 혜성이 이 위치에서 갑자기 나타날 가능성이 없지는 않다. 하지만 하늘에서 태양으로부터 너무 멀리 떨어져 있으므로, 그럴 가능성은 적어 보인다.

5월 29일

중국 별은 이 날짜 즈음에 마지막으로 관측되었다. 우리가 앞에서 본 것처럼, 베들레헴의 별 자체는 여전히 하늘에서 빛나고 있었다고 할지라도, 중국에서는 우기가 시작되어 이 때부터 관측을 못 했을 가능성도 충분히 있다.

항해 박명은 2월 중순보다도 두 시간 정도 빠른 오전 3시 51분에 시작된다(그림 A.3을 보시오). 달은 왼쪽 40% 정도만 남은 채 기울어져 가는데, 반달보다 약간 작은 크기로 물고기자리에 있으며 고도는 동쪽 지평선 위 31°의 높이이다. 음력으로는 23.1일 정도이고, 달이 뜬 시각은 오전 1시 9분이었다. 토성은 유일하게 보이는 밝은 행성인데, 동쪽 지평선 위 16° 높이에, 양자리에 있다. 목성은 10분쯤 뒤인 오전 4시 1분에 뜰 예정이고, 새벽 여명과 함께 겨우 보일 것이다. 목성보다 훨씬 어두우면서도 태양에 꽤나 가까이 있는 수성은 4시 9분에 뜨는데, 보기가 거의 불가능할 것이다. 두 행성 모

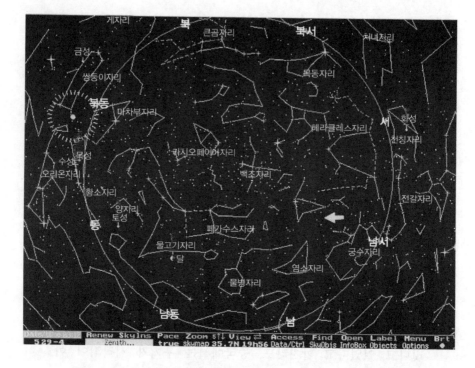

그림 A.3 BC 5년 5월 29일 새벽 항해 박명 시각에 본 하늘. 화살표 위치가 베들레헴의 별이 있었다고 추정되는 위치이고, 왼쪽 위, 큰 점 둘레에 빛살이 있는 천체는 태양이다. (사진 출처 : 『행성들의 운동(*Dance of the Planets*)』, ARC 과학 시뮬레이션.)

두 황소자리에 있다.

베들레헴의 별은 이제 서-남서쪽에 있다. 성경은 동방박사들이 베들레헴에 도착했을 때 이 별이 남쪽에 있었다고 암시해 주므로, 이 별이 언제 남쪽에 있었는지를 추산해 낼 수 있다. 이 별이 남쪽에 있었던 때는 5월 초였던 것으로 보이고, 새벽에 거의 남쪽에 있었던 때는 4월 중순이었던 것으로 보인다. 독수리자리 시타별은 이제 46° 높이에 있고, 염소자리 알게

디는 35° 높이에 있다. 두 별 모두 저녁 석양이 미처 사라지기 전에 동쪽에 떠올랐을 것이고, 이들이 있는 서쪽 하늘은 여전히 아주 어두워서 두 별 다 밤새도록 잘 보였을 것이다. 독수리자리 시타별은 저녁 항해 박명이 끝나고 나서 20분 뒤에 떠올랐다.

하늘의 남쪽과 동쪽 대부분은 고래자리, 물고기자리, 물병자리, 조각가자리처럼 크기는 커서 꾸불꾸불 뻗쳐 있지만, 별로 인상적이지 않은 별자리들로 들어차 있다. 그런데 이들의 공통적인 또 하나의 특징은 밝은 별이 거의 없다는 것이다.

은하수는 궁수자리가 지평선에 닿아 있는 남서쪽 하늘에서부터 시작해서, 천정의 백조자리를 지나고 카시오페이아자리를 지나 북동쪽 지평선의 마차부자리까지 이어진다. 큰곰자리는 북쪽에서 가장 낮은 고도에 위치해 있으면서 지평선을 따라 올라갈 태세를 갖추고 있다. 아크투르스는 북서쪽에서 이제 막 지려 하고, 거문고자리의 직녀는 여전히 높이 떠 있으며, 헤라클레스자리도 여전히 지고 있기는 하지만, 그래도 천정과 지평선 사이의 중간 정도 높이에 떠 있다.

베들레헴의 별이 어두워져서 안 보인 것이 아니라면 중국 사람들이 이 시기에 이 별을 보지 못했을 특별한 이유는 없다. 달은 기울어져 가고 있었고, 앞으로 두 주 정도는 이 별에 별로 영향을 끼치지 못할 정도의 밝기이다. 오히려 이 별은 이제 저녁 하늘에 보일 정도로 위치를 옮겼기 때문에 앞으로도 관측을 계속하기에 더 좋은 위치인 셈이다. 우리가 생각할 수 있는 것은 중국에 우기가 닥쳤고, 장마와 밝은 달 때문에 별 보기에 좋은 날을 다시 얻게 되는 때까지 여러 날이 걸렸으리라는 것이다. 이 기간이 꽤나 길어서, 다시 관측을 할 수 있을 만큼 좋은 날씨가 오기 전에 이미 별이 조금씩 어두워져서 시야에서 사라졌거나 또는 별이 어두워져서 더 이상 밝은 별로 인식되지 않았을 것이다. 불행하게도 어느 쪽이 진실이었는지 우리는 아마 영원히 알아내지 못할 것이다.

연구를 위한 주석

1장   마태의 별

1. 영문판 새개역표준성경은 다른 영문 번역판에서 많이 보이는 "동쪽에서(in the east)"라는 친숙한 용어를 택하는 대신 "동쪽에서 떠오를 때"라는 표현을 택하고 있다.

2. '아기(child)'라는 단어의 원본 그리스어에서의 용어는 동방박사들이 갓 태어난 아기 예수를 방문한 것을 보여 주는 대부분의 크리스마스 연극의 내용과 반대된다. 용어대로 하자면 예수는 동방박사들이 찾아왔을 때 태어난 지 여러 달이 된 아이였을 것이다.

2장   하늘에 정말 별이 있었나?

1. 그리스어 원문은 "Εν τη 'ανατολη"이다.

2. 그리스어 원문은 "Εν ται 'ανατολαι"이다.

3장   첫 크리스마스

1. 디오니시우스는 예수님이 탄생하신 해로 로마제국이 시작한 이후 753년(A. U. C. 753)이라는 잘못된 값을 주고 있다.

2. 덜링과 페린 지음, 『신약성경 : 선포와 조직, 신화 그리고 역사(*The New Testament : Proclamation and Paranesis, Myth and History*)』 (3판) (뉴욕 : 하르코트 브레이스 요바노비치, 1997).

3. 이 날짜는 이 책에서 생각하는 날짜와 아주 비슷해서(연도가 아니라 날짜가), 혹시 히폴리투스가 지금은 남아 있지 않는 어떤 정확한 자

료들을 가지고 있지 않을까 하는 생각을 갖게 한다. 이에 대해 부정적인 견해를 가진 사람들은, 만약에 많은 사람들이 다양한 생각을 한다면 일부는 마침내는 반드시 정답을 맞추게 될 것이라고 주장한다.

4. 디오니시우스가 0년을 셈하는 것을 "잊었"기 때문에 새천년은 1999년 12월 31일의 다음날 시작하지 않는다. 왜냐하면 AD 1년 1월 1일, 즉 그리스도교 달력이 시작한 이래 단지 1999년만이 지났기 때문이다. 올바른 새천년은 AD 2000년 12월 31일의 다음날 시작한다. 하지만 클라크 경이 "0이 세 개 있는 해가 가까워지면" 틀림없이 0이 세 개 있는 해가 공식적인 새천년이 될 것이라고 말한 것처럼, 이런 혼동이 있다고 해서 사람들이 새천년을 기념하는 데 방해받지는 않을 것이다.

4장 핼리 혜성과 그 외의 후보들

1. 현대적인 별자리의 구획은 1932년에야 국제천문연맹(International Astronomical Union)의 결정에 의해 이룩되었다. 그러므로 동방박사들이 두 행성이 두 개의 각기 다른 별자리에 들어 있다고 생각하지는 않았을 것이다.

2. 우리말의 반달은 영어로 quarter이다. 반달은 상현달(음력 7~8일, 오른쪽 절반이 보임)과 하현달(음력 22~23일, 왼쪽 절반이 보임)이 있는데, 영어로는 상현달을 first quarter, 하현달을 last quarter라고 한다. Quarter는 ¼이라는 뜻인데, 여기서 의미하는 바는 모양이 ¼ 크기라는 뜻이 아니고, 한 달의 주기 중 ¼(상현의 경우) 또는 ¾(하현의 경우)이 지났다는 의미이다.

3. 표 4.2에 나와 있는 102회의 엄폐 중 이론적으로 9개는 바빌론에서 볼 수 있었다. 하지만 실제로는, 동방박사들이 볼 수 있도록 밤에 일어난 엄폐는 이들 중 단 두 개(둘 다 화성의 엄폐)뿐이었다. 두 경우 모두 화성은 무척 밝았지만 (대략 −1등급 정도), 달이 보름달일 때 일어났으므로 밝은 달빛 때문에 별다른 큰 인상은 남기지 못했을 것

이다.

5장 유성과 유성우

1. 엄밀히 말하면 핼리 혜성의 나이는 태양계의 나이와 같다(즉 거의 50억 년이다). 여기서 말하는 나이는 혜성이 태양계의 안쪽으로 들어온 이후의 시간, 즉 지구에서 볼 수 있었던 때부터를 말한다.
2. 그 날 저녁 런던은 날씨가 사납고 안개가 끼고 얼어붙는 것 같은 날씨여서 강의 장소까지 가는 것이 무척이나 힘들고 불편했지만, 매력적인 강의 덕택에 이런 불편함들을 깨끗이 잊을 수 있었다.
3. 클라크, 『별』.

6장 베들레헴 초신성?

1. 클라크의 소설에 있는, 저자의 기억을 적은 부분에는 놀랍게도 출판에 관한 자세한 내용이 적혀 있지 않았다. 이 내용들을 친절하게 알려준 로커스 공상과학소설 안내소(Locus Science Fiction Guide, http://www.sff.net/locus)의 콘텐토(William G. Contento) 씨에게 감사한다.
2. 이제는 이것보다 더 밝은 것이 있음이 알려졌다. 1999년 1월 23일에 북쪽왕관자리(Corona Borealis)에서 감마선 폭발원(gamma ray burst, GRB)이 발견되었다. 기원은 불명확하지만, 이 폭발원의 거리는 백억 광년이나 되는 반면 밝기는 9등급까지 밝아졌다. 밝기가 태양밝기의 10,000,000,000,000,000배나 되는 이 천체는 그 어떤 초신성보다도 밝은 것이다.
3. 실제로는 우리 눈이 다른 색깔에 비해 붉은 색을 효과적으로 잘 받아들이지 못하므로, 붉은 별은 같은 밝기의 푸른 색 별이나 흰색별보다 어두워 보일 수 있다. 존 허셜 경(卿)이 베텔지우스와 푸른 색 별인 리겔을 비슷한 밝기로 보았다면, 베텔지우스는 리겔보다 훨씬 더 밝았을 것이다.

7장 동방박사 세 사람?

1. 스페인어로는 동방박사를 '동방의 왕들'이라는 의미를 가진 los Reyes de Oriente 또는 Sus Majestades, los Reyes de Oriente라고 하며, 이것을 영어로 옮기면 Their Majesties, the Kings of Orient가 된다.

2. 스페인에서는 왕들이 착한 어린이들에게는 선물을 남기고, 나쁜 어린이들에게는 석탄을 남기고 간다는 풍습이 있다. 이런 풍습 때문에 크리스마스 때에는 설탕으로 만든 달고 맛있는 석탄이 꽤 많이 판매된다.

3. 미국 빙햄튼 소재 뉴욕주립대학교의 역사가 트렉슬러가 쓴 책 『동방박사들의 여행 ─ 그리스도인 이야기의 역사에 있어서의 의미들(*The Journey of the Magi ─ Meanings in History of a Christian Story*)』을 보면, 동방박사들에 대한 묘사가 현재까지 수백 년을 내려오면서 어떻게 변화해왔는지에 관한 상당히 광범위한 설명이 있다. 여기에 제시된 자료들 중 일부는 이 책에서 가져 왔다.

4. 본래는 다윗 왕을 염두에 두고 쓴 글이지만, 시편 전체가 다윗을 지나 앞으로 오실 메시야를 염두에 두고 있는 것으로 보인다.

5. 영국의 감리교 목사이며, 현재 에섹스(Essex) 지방의 핀톤온씨(Finton-on-Sea) 지방에 사는 그릿햄 목사는 그리스도교와 천문학을 포함해서 다양한 분야에 관심을 가지고 있다. 베들레헴의 별에 관한 그의 인터넷 사이트는 내가 본 중에 가장 뛰어난 것이며, 그리스도인으로서, 그리고 동시에 과학적인 관점에서 아무런 선입견 없이 바라본 역사와 성경에 관한 엄청난 양의 자료들을 제공한다. 나는 독자들이 그의 홈페이지인 "http://ourworld.compuserve.com/homepages/p_greetham/Wisemen/home.html"을 방문해서 예수 탄생에 관한, 그리고 그것과 관련된 사건들에 대한 매력적인 통찰을 살펴보기를 강력히 권한다.

6. 스페인 까딸란(Catalan) 지방(까딸로니아, 발렌시아, 마호르까, 그리고 안도라 지방)에서 호안(Joan)은 남자아이에게 흔한 이름이다. 이것은 후안(Juan)의 까딸란 방언식 이름이며, 요한(John)의 스페인식 이름

이기도 하다. 발타사르의 이름에는 여러 가지 발음이 있다. 극작가였던 셰익스피어가 자신의 이름을 철자만 조금씩 바꾸어 열세 가지의 다른 방식으로 표현했던 것처럼, 이 이름들의 철자도 나중에서야 완벽하게 표준화되었다.

7. 에티오피아에는 세계에서 가장 오래된 그리스도교 교회가 남아 있다. 이걸로 봐서 이러한 설명은 그럴 듯해 보인다. 19세기에 '원주민들을 교화(敎化)하기' 위해 에티오피아에 파송되었던 선교사들은 이 교회를 발견하고는 상당히 놀라고 혼동스러워 했다. 게다가 에티오피아는 오랜 동안 고립되어 있었음에도 불구하고 이 나라에는 상당한 유대인 식민지가 있었는데, 그 이유로 해서 몇 년 전에 이스라엘 정부가 수행한 유명하고 인상적이었던 세파르디 유대인(Sephardic community : 스페인・포르투갈계의 유대인들을 말한다) 구출작전이 있었다. 처음에 어떻게 해서 접촉이 시작되었는지는 분명하지 않지만, 에티오피아는 오랜 과거 언제인가 분명히 유대인들 및 초기 그리스도교 교회와 중요한 교류를 하고 있었다. 아프리카 출신의 동방박사가 에티오피아인이었으리라는 것은 그럴 듯한 가정이다.

8. 출애굽기 30장 34~36절을 보면 성별(聖別) 의식 때 붓는 기름의 제조법이 나온다.

   [34] 여호와께서 모세에게 이르시되 너는 소합향과 나감향과 풍자향의 향품을 취하고 그 향품을 유향에 섞되 각기 동일한 중수(重數)로 하고
   [35] 그것으로 향을 만들되 향 만드는 법대로 만들고 그것에 소금을 쳐서 성결(聖潔)하게 하고
   [36] 그 향 얼마를 곱게 찧어 내가 너와 만날 회막 안 증거궤 앞에 두라. 이 향은 너희에게 지극히 거룩하니라.

9. 『네이처(Nature)』 264권 (1976) : 513~517.
10. 왕립천문학회 계간지(Quarterly Journal of the Royal Astronomical Society) 32 (1991).
11. 다니엘서 2장 2절.
12. 다니엘서 2장 24절.

13. 공동번역에서는 이 구절을 '주님의 길을 훼방하다'라고 번역하고 있
다. 사도행전 13장 10절을 보라.

14. 구약성경 다니엘서에는 바빌론의 느부갓네살 왕과, 예루살렘의 함락
이후 그와 유대인과의 관계를 이야기해 주는 글이 상당히 실려 있
다. 이 글들로 보건대 바빌론인들이 유대인의 전통과 예언에 상당한
영향을 받았음을 알 수 있다.

15. 이 천문 일기들은 일반에 공개되지 않고 있으며 연구를 위해서만
볼 수 있다(워커의 사무실에 있는 서랍 하나에는 명판 조각들이 가
득차 있는데, 이것들은 아주 조심스럽게 보관되어 있고 꼭 필요할
때만 밖으로 가지고 나가게 되어 있다). 바빌로니아 명판에 관련된
문제를 잘 드러내 주는 일화하나가 있는데, 이것은 이 명판들이 단
지 진흙이 마른 것에 지나지 않는다는 사실에 관련된 것이다. 확실
한 소식통으로부터 들은 이야기에 따르면, 미국의 한 박물관에서 지
하실에 명판들을 보관했었고 완벽히 안전하다고 여겨지고 있었는데,
엄청난 홍수가 지나간 후 지하실에 물이 들어찼을 때 보니 명판 대
신 바닥에 작은 진흙 조각들만 굴러 다니더라는 것이다.

16. 이 명판의 분류번호는 BM 35429이다.

17. 이 두 이야기가 비슷한 걸로 보아 하나는 이름과 장소만 바꾸면서
다른 하나를 변조한 것이 아닌가 싶다. 하지만 증명하기는 어렵다.

8장 삼중합

1. 일반적으로 명왕성은 그 궤도가 너무나 기울어져 있어서 다른 행성
들과 합을 일으키는 일이 드물기 때문에 예외적이다. 또한 명왕성은
해왕성보다 7등급 정도 더 어둡기 때문에 명왕성이 일으키는 합은
별로 관심을 받지 못할 것이고, 거의 보이지도 않을 것이다.

2. 최근에 나는 이런 모습이 얼마나 멋있는지를 직접 볼 수 있는 기회
를 가졌다. 밤새 관측하고 난 뒤, 새벽 하늘을 보려고 밖으로 나갔을
때 나는 지평선 위 낮은 하늘에, 아름답고 밝은 별 두 개 —— 목성
과 수성 —— 가 떠 있는 모습에 잠시 넋을 잃었다. 얼마 안 있어 바

로 해가 떴지만 두 행성의 모습은 엄청나게 인상적이었다. 네 개의
행성이 만들어 내는 장관은 훨씬 더 충격적일 것이다.

9장 답이 한자(漢字)로 씌어 있다?

1. '0.3'일 (8시간) 때문에 한 장소에서 일식을 관측한 뒤 사로스 주기가
한 번 지나고 나서 반드시 일식을 볼 수 있는 것은 아니다. 때로는 8
시간 옮겨지는 현상 때문에 다음 일식이 밤에 일어나게 되는데, 물론
이렇게 되면 일식은 전혀 발생할 수 없게 된다.
2. 이 거리는 북두칠성(Big Dipper) 국자(또는 쟁기) 끝에 있는 두 별
사이의 거리와 같다. 이 두 별을 잇는 직선 위에서 두 별 사이 거리
의 다섯 배만큼 가면 북극성(Polaris)이 있다.
3. 또 다른 신성인 1848년 뱀주인자리 신성(Nova Ophiuchi) 역시 꽤 높
은 은위(18°)에서 나타났다. 일부 기록을 보면 이 신성은 꽤 밝았다(2
등급)고 하며, 어떤 기록에서는 무척 어두웠다(4등급)고도 한다. 1866
년에 북쪽 왕관자리에서 나타났던 밝은 신성(Nova Coronae)은 은위
가 +48°였다.

10장 베들레헴의 별은 무엇이었나?

1. 일부 전문가들이 주장하는 것처럼, 만약 동방박사들이 바빌론이나 페
르시아가 아닌 아라비아에서 왔다면 그들의 여행은 아주 쉬웠을 것
이다. 아라비아에서 출발했다면 배로 해안을 따라 여행한 뒤, 홍해의
끝머리에서 상륙했을 것이다. 여기서부터는 왕의 고속도로(King's
Highway)라고 부르는 상인들의 유명한 길이 있어서 꽤 빨리 북쪽의
예루살렘까지 갈 수 있었을 것이다. 이 길에는 건너야 할 사막이 없
다. 배와 말을 이용하면 길어야 몇 주, 보통은 2주 정도면 도착할 수
있을 것이다.
2. 나는 란사로테(Lanzarote)의 카나리아 섬에서 한 번 낙타를 타 본 적
이 있다. 띠만파야(Timanfaya) 국립공원에서는 방문객들이 근처에

있는 언덕 위까지 사막 모래길을 낙타를 타고 갈 수 있는데, 이 언덕 위에 올라서면 공원 내의 화산들을 한눈에 내려다볼 수 있다. 낙타들은 몰이꾼에 이끌리어 매우 천천히, 그러나 정말로 꾸준히 언덕을 터벅터벅 걸어 올라간다. 이것은 아주 좋은 경험이었다. 만약 낙타를 세차게 몰아서 행군한다면 짧은 기간 동안은 하루에 100km 정도를 이동할 수 있을 것이다.

끝맺는 말 베들레헴의 별은 실제 어느 별인가?

1. 쿠카르킨과 그의 러시아 동료들은, BC 5년별은 금성이었고 (하지만 이것은 우리가 이 책에서 본 것처럼 가능성이 적다) BC 4년 별은 혜성이었다고 주장한다.
2. 클라크는 자신의 이야기와 소설에서 여러 가지 반어적인 예측을 했었는데, 이들이 잘 들어맞았으므로, 이런 식으로 그를 옹호하는 것은 칭찬받을 만한 일일 것이다.

부록 베들레헴에서 보이는 천구의 모습

1. 중국의 관측 기록을 따라 베들레헴의 별이 아주 밝았다고 가정할 때. (물론 증명되지는 않았지만.)

옮긴이의 글

지극히 높은 곳에서는 하나님께 영광이요
땅에서는 기뻐하심을 입은 사람들 중에 평화로다.
(누가복음 2장 14절)

평소에도 그렇지만 크리스마스 때만 되면 항상 '베들레헴
별'의 정체가 무엇일까 하고 궁금해했었다. 천문학을 공부하면서
도 정작 시간을 내어 이에 관한 공부는 못하던 중 1999년에 출
판된 저자의 책을 접하면서 여러 가지 호기심을 풀 수 있었다.
아직까지 우리 나라에는 베들레헴의 별에 관해, 일반인들이 쉽게
접할 수 있는 책은 없는 듯 하다. 이러한 시점에서 이 책은 베들
레헴 별의 정체에 대한 궁금증을 가지고 있는 이라면 누구든지
읽을 수 있는 책이면서도 참으로 시기 적절하게 나온 책이 아닌
가 한다.

성경, 고고학, 천문학, 그리고 중국과 한국을 비롯한 동양의
고대 문헌까지 살펴보면서, 저자는 이 책에서 추리소설을 쓰듯이
차근차근 수수께끼를 하나씩 해결해 간다. 독자들은 이 책을 읽
으면서 마치 탐정소설을 읽는 듯한 느낌과 흥미진진함을 맛보게
될 것이다. 천문학을 모르는 이들도 읽을 수 있도록 우리말로 쉽
게 풀어쓴다고 노력하기는 했지만, 그래도 어렵다고 느끼는 부분
이 있다면 그냥 읽고 지나가도 무방하리라 본다. 글 전체를 읽으

며, 전체적인 흐름을 파악해 가는 과정에서 독자들은 자신도 모르게 최신의 천문학 지식들에 이미 익숙해져 있는 스스로를 발견하게 될 것이다.

서양인이 찾아내고 연구한 우리 나라의 옛 문헌을 접하면서 야릇한 감상을 느낀다. 우리에게 이렇듯 소중한 자산이 있었는데 우리는 그 보배로움을 인식조차 못하고 있지 않았던가! 서양인들이 한자를 풀이해가며 찾아낸 그 속 깊은 뜻을 다시금 영어로 읽고 있는 우리 스스로를 반성하는 기회로 삼고 싶다.

베들레헴 별의 정체를 밝혀내는데 있어 이 책이 결코 완결판은 아니다. 아직도 연구할 부분이 많이 있으며 다른 의견도 얼마든지 있을 수 있다. 우리가 뛰어 들어 비밀을 밝혀주기를 기다리고 있는 자료들과 천체들이 여기 저기에서 우리에게 소리치고 있는지도 모르는 일이다. 그러나 여기까지 우리의 발걸음을 인도한 저자의 노력에는 아낌없는 박수를 보낸다.

책이 나오기까지 도움을 주신 많은 분들께 감사드리는 마음이다. 2000년 전의 하늘에서 일어났었던 '비밀'의 내용에 한 걸음 다가설 수 있도록 허락해 주신, 그리고 한국의 많은 이들과 함께 그 비밀을 나눌 수 있도록 허락해 주신 하나님께 감사드립니다. 선뜻 출판을 승낙하시고 역자의 느린 진행을 참아 주신 전파과학사의 손영일 사장님께 감사드립니다. 표지를 예쁘게 만들어 주신 안문식 실장님과 편집을 해 주신 단지기획의 이현주씨, 이인실씨께도 감사드립니다. 이 책을 만들어내는 데 쏟은 시간 때문에 여러 가지로 답답하셨을 텐데도 묵묵히 참아주신 이명균 선생님께도 감사드립니다. 항상 관심과 사랑을 베풀어 주시는 일산 동산교회의 황의성 목사님과 이경온 사모님께 늘 감사하고 있습니다. 처음 일을 시작할 때 많은 조언을 해 준 벗 최용준과 바쁜

시간을 내서 교정을 해 준 김기태 형께도 감사드립니다. 영어로
쓰여진 중국 관련 내용의 원래 한자(漢字)를 찾아내는 데 큰 도
움을 주신 백금명(白金明) 박사님께도 감사드립니다. Jinming
Bai, I deeply appreciate your kind and great help! 번역한답시
고 많은 시간 함께 하지 못한 남편에게 끊임없이 격려와 힘을
불어넣어 주고 또 시간을 내서 교정을 보아 준 아내 김의순 님
께도 사랑과 함께 감사를 드립니다. 허리가 아프심에도 불구하고
아이들을 잘 돌봐 주시는 어머니께도 감사드립니다. 항상 늦게
들어오는 아빠를 기다려주고 웃음을 안겨주는 토끼 같은 아이들,
김혜인, 김준희에게 사랑을 전합니다.

2001. 12.
김 상 철

찾아보기

〈ㄱ〉

가스파르(Gaspar) 193
가시도(可視度, visibility) 255
가톨릭 교회 소사(小史) 58
갈릴레오 갈릴레이(Galileo Galilei)
 118
갈보리(Calvary) 13
거문고자리 유성우(The Lyrids)
 136
게 초신성(Crab Supernova) 184
견우(牽牛, Altair) 265
견우(牽牛, Ch'ien-nui) 264
고드윈슨, 해롤드(Harold
 Godwinson) 106
고어(J. E. Gore) 98
골고다(Golgotha) 13
골로새서 20
공관복음(共觀福音) 16
구레뇨(Quirinius) 68
구약성경 26
구전 전승 8
그레고리력(Gregorian calendar) 56
그리스도교 구전 15
그릿햄, 필립(Phillip Greetham)
 119
금(金) 15, 202
금성 51
금성 명판(Venus Tablet) 211
기록 252
기적 7, 8, 32, 35

꺼릴리드 유성체류 141

〈ㄴ〉

나사렛(Nazareth) 예수 13
나일강 39
노르망디의 윌리엄(William of
 Normandy) 106
누가 15
누가복음 17
느부갓네살(Nebuchadnezzar) 204
니고데모(Nicodemus) 28
니네베 서판(Ninevah tablet) 94

〈ㄷ〉

다니엘서 204
다윗왕 26
달 37
달력 53
덜링, 데니스(Dennis Duling) 61
도드, 로버트(Robert Dodd) 134
도마(Thomas) 28
독수리자리 DO별(DO Aquilae)
 300
독수리자리 V500번 별(V500
 Aquilae) 304
독수리자리 시타(θ)별 268
독수리자리(Aquila) 265
동방박사 23
동방박사들의 경배 101, 102
동방박사의 별(The Star of the

Magi) 161
동쪽 38
두 살 이하의 사내아이를 모두
  죽이라고 한 명령 67
등급 척도 179
디오니시우스 엑시구스(Dionysius
  Exiguus) 58
떠오르는 39
떼이데(Teide) 천문대 141

〈ㄹ〉

레굴루스(Regulus) 218
로마 달력 54
로시 로브(Roche Lobe) 168
루이스 데 우레타(Luis de Urreta)
  199
립스코움, 트레버(Trevor
  Lipscombe) 87

〈ㅁ〉

마가 15, 18
마가복음 17
마르또스-루비오(Alberto
  Martos-Rubio) 213
마르코 폴로(Marco Polo) 222
마르쿠스 아그립파(Marcus
  Agrippa) 114
마르쿠스 초운(Marcus Chown)
  127
마르터(Justin Martyr) 207
마리너 2호 96
마리아 15, 22
마사다(Masada) 20
마틴, 어니스트(Ernest Martin) 84
메소포타미아(Mesopotamia) 207
메시야 25
메시에, 샤를르(Charles Messier)

111
멜키오르(Melchior) 193
모세 25
목성 51, 92
몬더(Maunder) 49
몬더 극소기(Maunder Minimum)
  50
몰나르, 마이클(Michael Molnar)
  125
몰약(沒藥) 15, 202
무뇨즈, 헤로메(Jerome Muñoz)
  270
무어, 패트릭(Patrick Moore) 51
물고기자리(Pisces) 119
물병자리 에타별 유성우(The Eta
  Aquarids) 136
미람(Miramme) 46
민수기 25

〈ㅂ〉

바빌로니아 천문학 212
바빌론 204
바빌론 유수(Babylonian captivity)
  206
바빌론 천문 기록 210
바아 코제바(Bar Cozeba) 27
바예수(Bar-Jesus) 205
바울(Paul) 20
바티칸 사본(Codex Vaticanus) 21
반복 신성(recurrent novae) 263
발락(Balaq) 25
발람(Balaam) 24
발타사르(Balthasar), 193
발테사르(Joan Balthesar) 199
백색왜성(white dwarf) 169
베네라(Venera) 97
베데(Venerable Bede) 199

베드로(Peter) 18
베드로서 86
베들레헴 별의 존재 조건들 278
베들레헴 초신성 172
베들레헴에서 보이는 천구의 모습 307
베스타(Vesta) 119
베스파시안(Vespasian) 255
베이유의 벽걸이(Bayeux Tapestry) 109
베텔지우스(Betelgeuse) 167
보슈렌(薄樹人, Bo Shu-ren) 304
보켄코터, 토마스(Thomas Bokenkotter) 58
부틀란(Ibn Butlan) 185
브라헤, 티코(Tycho Brahe) 186
브리또, 안드레스(Andrés Brito) 74
BC 5년별 299
빠른 신성(fast nova) 275
빠에스(Pedro Paez) 201

〈ㅅ〉
사도행전 20
사로스 주기(Saros cycle) 250
사분의자리 유성우(The Quadratids) 136
사자자리 유성우(The Leonids) 136
삼국사기(三國史記) 264
삼중합(三重合, triple conjunction) 217
새개역표준성경(New Revised Standard Version) 40
성 니콜라우스 193
성(聖) 로렌스(Lawrence)의 눈물 131
성경 연대기 편람(Handbook of Biblical Chronology) 74

성경의 천문학(The Astronomy of the Bible) 49
소(小) 플리니 33
소시게네스(Sosigenes) 55
솔 인빅투스(Sol Invictus) 74
수메르(Sumer) 209
수스리가, 로렌티우스(Laurentius Suslyga) 60
스크로베그니(Scrovegni) 성당 100
스테른베르그 연구소(Sternberg Institute) 265
스톨로비, 수잔(Susan Stolovy) 63
스튜어드 천문대 63
스티븐슨(Richard Stephenson) 213
스펙트럼(분광띠, spectrum) 163
시내산 사본(Codex Sinaitacus) 21
시노트, 로저(Roger Sinnott) 115
시리우스(Sirius) 39
시제종(席澤宗, Xi Ze-zong) 304
시차 효과(parallax effect) 121
시혼(Sihon) 25
신성(新星) 10, 36
신화 32, 33
쌍둥이자리 유성우(The Geminids) 136
쌍성 165

〈ㅇ〉
아라비아 201
아람어 10, 17
아랍 기록들 248, 249
아랍인 252
아슈르바니팔(Ashurbanipal) 도서관 209
아우구스투스 황제(가이사 아구스도) 23
아켈라오(Archelaus) 65

아타나시우스(Athanasius) 28
아후라-마즈다(Ahura-Mazda) 221
안디옥 동전 125
알게디(Al Geidi) 310
앗시리아 94
야훼 25
엄폐(掩蔽 ; occultation) 37
에드워드 참회왕(Edward the Confessor) 106
에베소인들에게 보낸 서신 29
에티오피아 199
에피파니우스(Epiphanius), 살라미스(Salamis)의 감독 78
엘루마(Elymus) 205
여맨스, 도날드(Donald Yeomans) 257
역사로서의 성경(The Bible as History) 78
역사적인 사건들 36
열심당 20
염소자리(Capricornus) 219
예루살렘 성전(聖殿)의 파괴 19
예수의 죽음 85
예수의 탄생 7, 8, 53
오리겐(Origen) 30
오리온자리 유성우(The Orionids) 136
오키프, 존(John O'Keefe) 146
옥(Og) 25
요세 벤 할라프타(Yose ben Halafta) 57
요세푸스(Jusephus) 20
요셉 23
요한(John) 16
요한복음 15
우리 은하의 초신성들 182

우물 효과 50
워커(Christopher Walker) 210
월식 61
유럽 우주 기구(ESA ; European Space Agency) 103
유성(流星, 별똥별, meteors, shooting stars) 131
유성우 135, 254
유세비우스(Eusebius) 18
유월절 61
유향(乳香) 15, 196, 201
율레티드(Yuletide) 74
율리우스력(Julian calendar) 55
이그나시우스(Ignatius), 안디옥(Antioch)의 21
이단에 대항하여 18
이델러, 크리스챤 루드비히 (Christian Ludwig Ideler) 233
이레니어스(Irenaeus) 16
이사야 195
이쉬타르(Ishtar) 94
이스타르(Istar) 94
일반 변광성 목록(General Catalogue of Variable Stars, GCVS) 299
일본의 기록 190
일식 86, 212, 249
일식 예보 214

〈ㅈ〉
적색거성(赤色巨星 ; red giant) 167
전한서(前漢書) 264
제트 추진 연구소(Jet Propulsion Laboratory) 257
조로아스터교(Zoroastrianism) 203
주크닌 이야기(Chronicle of Zuqnin) 197

334

중국 천문학 기록들 189, 248, 290
중국, 한국, 일본의 기록 104
지오토 디 본도네(Giotto di
  Bondone) 101
진시황제(秦始皇帝) 259
질량 이동(mass transfer) 168
징조 33

〈ㅊ〉
찬드라세카 한계(Chandrasekhar
  Limit) 171
창세기 26, 218
채드윅, 헨리(Henry Chadwick) 30
챈트(C. A. Chant) 146
천년(millennium) 85
천문 기록 31
천왕성 118
천정(天頂, zenith) 49
초대교회사(初代敎會史) 18
초신성 159
축퇴된 물질(degenerate matter)
  170

〈ㅋ〉
칼데아(Chaldea) 208
칼릭스투스(Calixtus) 3세 110
캉타오(江濤; Tao Kiang) 304
케플러, 요하네스(Johannes Kepler)
  8, 186, 232~233
켈러, 베르너(Werner Keller) 78
콘트라 셀숨(Contra Celsum) 30
쿠카르킨(B. V. Kukarkin) 265
퀘이사(quasar) 162
Q 자료 19
크롱크, 게리(Gary Kronk) 103
크리스마스 58, 74
클라크(David Clark) 262

클레멘트, 알렉산드리아의 78
키르히, 고트프리트(Gottfried Kirch)
  153

〈ㅌ〉
터툴리안(Tertullian) 195
터틀, 호레이스(Horace Tuttle) 153
템펠, 에른스트(Ernst Tempel) 153
템펠 – 터틀(Tempel – Tuttle) 혜성
  152
토라(Torah) 24
토성 113
톨레미(Ptolemy) 179
트렉슬러(Richard Trexler) 198
티티우스 아리스토(Titius Aristo)
  34

〈ㅍ〉
파킨슨, 존(John Parkinson) 267
파피아스(Papias) 18
팔리쯔쉬, 요한(Johann Palitzsch)
  111
페르세우스자리 유성우(流星雨,
  Perseids meteor shower) 131
페르시아(Persia) 40
페린, 노르만(Norman Perrin) 61
폴리캅(Polycarp) 21
플라톤 16
피니건, 잭(Jack Finegan) 74

〈ㅎ〉
하늘의 풍경들(The Scenery of the
  Heavens) 98
한국 및 일본의 관측 189
한국의 기록 190
합(合) 36
해리스, 존(John Harris) 118

해왕성 117
핼리 혜성 92
핼리, 에드몬드(Edmond Halley)
    110
행성들의 합 8
햐쿠타케(Hyakutake) 혜성 138
허블 우주망원경(Hubble Space
    Telescope) 172
허셸, 존(John Herschel) 180
헌트, 개리(Garry Hunt) 98
험프리스, 콜린(Colin Humphreys)
    73
헤로도투스(Herodotus) 203
헤롯왕 14, 23, 62
헤릭, 에드워드(Edward C. Herrick)
    131

혜성(彗星) 30, 33, 34, 37, 252
혜성-서술적(敍述的) 목록
    (Comets-A Descriptive Catalog)
    103
호적(戶籍) 23
홈스테이크 금광 51
화구(火球, fireball) 132
화성 92
휴즈, 데이비드(David Hughes) 30
흑점 253
흑점 관측 49
히브리어 20
히포의 어거스틴(Augustine of
    Hippo) 197
히폴리투스(Hippolytus) 77
힌드, 존(John Hind) 113

천문학자의 관점에서 본

베들레헴의 별

찍은날 2001년 12월 20일
펴낸날 2001년 12월 25일

지은이 마크 키저
옮긴이 김 상 철
펴낸이 손 영 일

펴낸곳 전파과학사
출판 등록 1956. 7. 23(제10-89호)
120-112 서울 서대문구 연희2동 92-18
전화 02-333-8877 · 8855
팩시밀리 02-334-8092

한국어판 ⓒ 전파과학사 2001 printed in Seoul, Korea
ISBN 89-7044-224-3 03400

Website www.S-wave.co.kr
E-mail S-wave@S-wave.co.kr